数理统计

潘兴侠 主编　　李波 邢秋菊 徐伟 副主编

清華大学出版社
北 京

内容简介

本书是数学、计算机相关专业高年级本科生专业主干课程或理工类专业研究生的公共基础课程教材，其理论性强，应用广泛。本书内容共分为6章，包括数理统计基础、参数估计、假设检验、回归分析、方差分析、多元统计分析。本书在编写时特别注重概念发现和理论形成的介绍，既注重理论的严谨性，又注重知识的应用性；同时，还介绍了各种统计方法的Excel软件实现过程，提升了课程的应用性。部分节后编写了配套练习题，方便读者自我检测。

图书在版编目（CIP）数据

数理统计 / 潘兴侠主编. -- 北京 ：清华大学出版社，2025. 1.

ISBN 978-7-302-68158-8

Ⅰ. O212

中国国家版本馆 CIP 数据核字第 2025U1F628 号

责任编辑：聂军来
封面设计：常雪影
责任校对：刘　静
责任印制：丛怀宇

出版发行：清华大学出版社

网　　址：https://www.tup.com.cn，https://www.wqxuetang.com
地　　址：北京清华大学学研大厦A座　　**邮　　编**：100084
社 总 机：010-83470000　　**邮　　购**：010-62786544
投稿与读者服务：010-62776969，c-service@tup.tsinghua.edu.cn
质量反馈：010-62772015，zhiliang@tup.tsinghua.edu.cn
课件下载：https://www.tup.com.cn，010-83470410

印 装 者：三河市东方印刷有限公司
经　　销：全国新华书店
开　　本：185mm×260mm　　**印　　张**：12.75　　**字　　数**：306千字
版　　次：2025年1月第1版　　**印　　次**：2025年1月第1次印刷
定　　价：49.00元

产品编号：105912-01

前　言

数理统计是伴随着概率论的发展而发展起来的一个数学分支，是关于数据资料的收集、整理、分析和推断的一门学科，是研究如何有效地收集、整理和分析受随机因素影响的数据，并对问题做出推断或预测，为采取某种决策和行动提供依据或建议。数理统计是应用数学中最活跃的学科之一，在国民经济和科研技术研究中的地位越来越高。数理统计方法在工农业生产、自然科学和技术科学以及社会经济领域中都有广泛的应用。

习近平总书记在党的二十大报告中指出："教育、科技、人才是全面建设社会主义现代化国家的基础性、战略性支撑。"数理统计作为一种强大的数据分析和预测工具，在决策支持、未来预测、质量控制、资源配置、风险管理等方面都有不可替代的作用。大数据信息化时代，大学生数据分析能力和统计素养的提升越来越重要。在高等教育中设立"数理统计"课程，旨在提升大学生分析处理复杂数据的能力，以更好地适应大数据信息化时代的要求。本课程强调构建具有时代特征的学习内容，将知识建构、技能训练与素养提升相结合，以"面向应用、培养创新"为目标，培养学生分析解决复杂数据的能力，为社会培养高素质技术型人才。

本书坚持以习近平新时代中国特色社会主义思想为指导，深入贯彻党的二十大精神，立足于应用型人才的培养定位，秉持"学生全面发展"理念，以真实情境为线索，注重概念的发现和理论的形成过程的介绍，旨在培养大学生实际复杂数据分析的能力。

本书具有以下特点。

1. 注重思想方法

本书注重各种统计方法基本思想和应用情境的介绍，弱化理论推导。注重概念发现和理论形成过程的介绍，让学生知其然也知其所以然，提升学生统计素养。

2. 重视统计应用

本书结合工科专业实际问题，编制融入专业背景、突出航空特色、兼具贴近时事热点的教学案例，着重训练学生实际复杂数据分析的能力。

本书共 6 章，包括数理统计基础、参数估计、假设检验、回归分析、方差分析、多元统计分析，涵盖了数理统计的完整内容，教师可以根据专业需求选讲。第 1 章是数理统计基础，介绍了数理统计的基本概念，包括总体与样本、统计量的概念、抽样分布等，这些是本课程的基础，是与概率论内容的重要衔接。第 2 章是参数估计，是统计推断的第一个核心内容，主要介绍点估计、区间估计。第 3 章是假设检验，是统计推断的第二个核心内容，是一种重要的统计方法，主要包括假设检验的基本概念和原理、一个正态总体参数的假设检验、两个正态总体参数的假设检验、置信区间与假设检验的关系、非正态总体参数的假设检验、非参数假设检验等。第 4 章是回归分析，介绍了一元线性回归分析和多元线性回归分析的基本理论与实际应用。第 5 章介绍了单因素和双因素方差分析的基本思想与实际应用。第 6 章是多元统计分析，介绍了多元数据的分布理论和几种常见的多元数据分析方法，包括判别分析、聚类分析、主成分分析、因子分析、典型相关分析、对应分析等。同时，本书还配套编制了小节测试（部分），方便读者自我检测。附录提供了一些重要分布的数据表，以便读者查阅。

本书可作为计算机人工智能应用数学、金融数学、统计学、大数据、经济学、管理学、工学等相关学科的高年级本科生或研究生的教材或参考书，同时也可根据需要作为上述有关学科领域的实际工作者的参考用书。本书教学参考学时为32～56学时，学时少的可选择不学第6章多元统计分析及第3章3.5节非正态总体参数的假设检验、3.6节非参数假设检验、第4章4.3节多元线性回归分析这些内容。

在本书的编写过程中我们得到了南昌航空大学数学与信息科学学院、南昌航空大学研究生院、南昌航空大学教务处领导和同事的大力支持，在此对他们表示衷心的感谢。

由于编者水平有限，书中难免存在不足之处，敬请读者批评指正。

编　者

2024年3月

目录

第 1 章

数理统计基础

众所周知，数理统计学是伴随着概率论的发展而发展起来的。数理统计学研究怎样有效地收集、处理、分析、解释带有随机性的数据，以对所考查的问题做出推断或预测，直至为做出一定的决策和行动提供依据与建议。数理统计是应用数学中最重要、最活跃的学科之一。随着计算机技术的发展，数理统计的理论和应用也得到了长足的进展，在科学研究和国民经济的各个领域中发挥着重要作用。目前，数理统计已经涉及金融、经济、生物、工程技术、医学、地质等诸多领域。

本章主要介绍数理统计中的一些基本概念、常用的统计量和抽样分布，以及几个抽样分布定理，为后续内容的学习奠定基础。

1.1 数理统计的基本概念

用数理统计解决实际问题时，首先要确定研究对象和研究目的，其次是科学地收集数据并进行整理，然后对数据进行合理地分析，最后把数据分析的结果应用到实际问题中。掌握数理统计的思想和方法对确定研究对象、提出问题以及如何准确地解释数据分析的结论具有指导意义。

用数理统计方法解决一个实际问题时，一般可分为如下几个步骤：建立数学模型→收集数据→整理数据→进行统计推断→做出预测→决策。需要注意的是，这些环节互相交错，不可分割。各个步骤的内容如下。

(1) 选择和建立模型。模型是指关于所研究总体的某种假定，一般是确定总体分布的类型。另外，建立模型要依据概率的知识、所研究问题的专业知识、以往的经验以及从总体中抽取的样本(数据)。

(2) 收集数据。收集数据的方式一般有 3 种，包括全面观测、抽样观测和安排特定的实验。**全面观测**又称为普查，即对总体中每个个体都加以观测，测定所需要的指标。**抽样观测**又称为抽查，是指从总体中抽取一部分测定其相关的指标值，这方面的研究内容构成数理统计的一个分支学科，称为抽样调查。**安排特定的试验**以收集数据，这些特定的试验要有代表性，并使所得的数据便于分析。这里所包含的数学问题，构成数理统计的另一分支学科——试验设计的内容。

(3) 整理数据。整理数据的目的是把包含在数据中的有用信息提取出来。整理数据通常有两种形式：一种是绘制适当的图表(如散点图等)，以反映隐含在数据中的粗略的规律性或一般趋势；另一种是计算归纳若干数字特征，以总结出样本某些方面的性质，如样本均值、样本方差等简单描述性统计量。

(4) 统计推断。统计推断是指根据总体模型及从总体中抽出的样本,做出有关总体分布的某种论断。数据的收集和整理是进行统计推断的必要准备。统计推断也是数理统计学的主要任务。

(5) 统计预测。统计预测的对象是随机变量在未来某个时刻所取的值,或设想在某种条件下对该变量进行观测时将取的值。例如,预测一种产品在未来 3 年内的市场销售额;预测某个 10 岁男孩 3 年后的身高、体重等。

(6) 统计决策。统计决策是指依据所做的统计推断或预测,并考虑到行动的后果而制订的一种行动方案。其目的是使损失尽可能小,反过来说,是使收益尽可能大。例如,一个商店要确定今年内某种商品的进货数量,商店的统计工作者根据抽样调查,预测本商店该产品今年销售量为 1000 件。假定每积压一件商品损失 20 元,而少销售一件商品损失 10 元,据此做出关于进货数量的决策。

数理统计的主要内容之一就是通过对数据进行收集和整理后,进行合理分析,进而做出统计推断。首先我们需要讨论如何收集和整理数据,即**随机抽样**。

数据是进行统计推断的依据。区分数据类型是十分重要的,因为不同类型的数据要用不同的方法来处理和分析。数据的类型很多,根据所采用的计量尺度,一般可分为**定性数据**和**定量数据**。**定性数据**又包括**分类数据**和**顺序数据**。**分类数据**表示对事物进行分类的结果,数据代表类别,用文字表述,由分类尺度计量形成。例如,按照天气状况可以把天气分为晴天、多云、降雨等;按照植物类别可以把植物分为花、草、树等。为了便于数据处理,可以用数字表示各个类别,但这些数字只是代码,没有大小关系,也不能用于计算。**顺序数据**也是对事物进行分类的结果,但这些类别是有顺序的,由顺序尺度计量形成。例如,雨可以分为小雨、中雨、大雨、暴雨等;人的受教育程度可以分为小学、中学、大学等。也可以用数字来表示其分类与顺序,但这些数字只起顺序作用,类与类之间的差别不能做运算。**定量数据**又称为数值型数据或数量数据,是使用自然数或度量衡单位对事物进行测量的结果,其结果表示为具体数值。例如,人的年龄、身高、体重等;产品的重量、规格等。数据也可以按照收集方法的不同,分为**观测数据**和**实验数据**。**观测数据**是指通过调查或观测而收集到的数据。例如,有关社会经济现象的统计数据几乎都是观测数据。**实验数据**是指在实验中控制实验对象而收集到的数据。自然科学领域的大多数数据都是实验数据。数据还可按照被描述对象与时间的关系,分为**截(横断)面数据**和**时间序列数据**。**截(横断)面数据**是指在同一时间点上收集到的数据。例如,同一时间全国各地不同的温度、湿度、气压等。**时间序列数据**是指在不同的时间点上收集到的数据。例如,2023 年 7 月 1 日到 31 日南昌市每天的温度、湿度、气压等。当数据同时具有时间序列和截面两个维度时,可称为时间序列—截面数据,简称为**面板数据**,通常以表格形式来表达。

一般可从以下三方面来描述和了解数据的分布特征:一是数据分布的**集中趋势**,反映各数据向中心位置靠拢或聚集的程度;二是数据分布的**离散程度**,反映各数据远离中心数据的程度;三是数据分布的**偏度与峰度**,反映数据分布的形状。

描述数据**集中趋势**的常见方法有**平均数**、**众数**、**中位数**、**分位数**。

定义 1.1.1 设 $x_1, x_2, \cdots, x_n$ 是一组观测数据,则称 $\bar{x} = \frac{1}{n}\sum_{i=1}^{n} x_i$ 为该组数据的**平均**

数,也称为**均值**。

平均数是衡量集中位置最主要的度量值,主要用于定量数据,不适合用于分类数据和顺序数据。

有时得到的数据可能是分组数据,例如调查工资收入时,收入可能位于某个区间范围,如 4000～5000 元。当数据是分组数据时,此时平均数的近似公式为 $\bar{x}=\frac{1}{n}\sum_{i=1}^{m}x_i\nu_i$,其中 m 为分组的组数,x_i 是第 i 组数据的组中值,ν_i 是第 i 组数据的频数,即有 $\sum_{i=1}^{m}\nu_i=n$。

例 1.1.1 为了了解某公司员工的收入情况,对不同岗位的 20 名员工进行了调查,得到其工资收入数据,如表 1-1 所示。

表 1-1 工资收入数据

单位:元

7500	1250	2630	3760	4520	8460	2010	5500	6700	5150
3970	6500	4280	5600	3080	3500	4800	4000	4500	8050

则可计算得这 20 名员工的平均工资为 $\bar{x}=\frac{1}{n}\sum_{i=1}^{n}x_i=4788$ 元。

若得到的工资数据为分组数据,如表 1-2 所示。

表 1-2 员工工资分组数据

单位:元

序　号	分组区间	组中值	频数(人数)
1	(1000,3000]	2000	3
2	(3000,5000]	4000	9
3	(5000,7000]	6000	5
4	(7000,9000]	8000	3
总计	—	—	20

则平均工资的近似值为 $\bar{x}=4800$ 元。

定义 1.1.2 在观测数据 $x_1,x_2,\cdots,x_n$ 中,出现频数最多或频率最高的数值称为该组数据的**众数**。

Excel 软件实现

众数主要描述分类数据的集中位置,也可用于定性数据或定量数据集中位置的度量。一般情况下,只有在数据量较大时众数才有意义。

众数不受极端数据的影响,具有较强的稳定性。有时,频数最多的数可能不止一个,这时就存在多个众数。如果在数据中有两个众数,则称为**双众数数据**。如果有 3 个或 3 个以上的众数,则称为**多众数数据**。在多众数的情况下,众数对于描述定性数据的平均大小就没有多大意义了。

设 $x_1,x_2,\cdots,x_n$ 是一组观测数据,将该组数据按从小到大的顺序排序,记为 $x_{(1)}\leqslant x_{(2)}\leqslant\cdots\leqslant x_{(n)}$,则称 $x_{(1)},x_{(2)},\cdots,x_{(n)}$ 为有序数据。显然,$x_{(1)}$ 为该组数据中的最小值,而 $x_{(n)}$ 为最大值。

定义 1.1.3 称有序数据 $x_{(1)},x_{(2)},\cdots,x_{(n)}$ 中间位置的数为数据 $x_1,x_2,\cdots,x_n$ 的**中位数**,记为 $m_{0.5}$,即

$$m_{0.5}=\begin{cases}x_{\left(\frac{n+1}{2}\right)}, & n\text{ 为奇数}\\ \dfrac{1}{2}\left[x_{\left(\frac{n}{2}\right)}+x_{\left(\frac{n}{2}+1\right)}\right], & n\text{ 为偶数}\end{cases}\tag{1.1.1}$$

中位数主要用于描述有序数据的集中位置，也可用于度量定量数据的集中位置，但不适用于分类数据。

中位数将数据分为两部分，一部分数据比中位数大，另一部分数据比中位数小，但每部分包含的数据个数相同。对于对称分布的数据，平均数与中位数比较接近；对于非对称分布的数据，平均数与中位数则有一定的差异。与众数类似，中位数也不受异常值的影响，具有稳定性，是数据分析中重要的数字特征。

定义 1.1.4 对有序数据 $x_{(1)}\leqslant x_{(2)}\leqslant\cdots\leqslant x_{(n)}$，给定常数 $p(0<p<1)$，称

$$m_p=\begin{cases}x_{([np]+1)}, & np\text{ 不是整数}\\ \dfrac{1}{2}\left(x_{(np)}+x_{(np+1)}\right), & np\text{ 是整数}\end{cases}\tag{1.1.2}$$

为数据 $x_1,x_2,\cdots,x_n$ 的 p **分位点**或 p **分位数**，其中$[np]$表示 np 的整数部分。

分位数是一种度量定量数据位置的方法。易见中位数是特殊的分位数，即 0.5 分位数。称 0.25 分位数为下四分位数，记为 m_L；0.75 分位数为上四分位数，记为 m_U。下四分位数、中位数、上四分位数把全部数据四等分，每一份各占数据总量的 25%。

例 1.1.2 为了解高等数学课程某学期的期末考试成绩，在全校随机抽取了 30 名学生，将其考试成绩由小到大排序，如表 1-3 所示。

表 1-3 学生考试成绩

单位：分

35	42	48	51	55	59	60	64	66	68
70	71	71	71	71	74	76	76	78	78
79	80	82	85	88	88	88	90	91	94

试求该组数据的平均数、众数、中位数、0.3 分位数和 0.8 分位数。

解 平均数为 $\bar{x}=\dfrac{1}{30}\sum\limits_{i=1}^{30}x_i=71.633$ 分；众数为 71 分，即 30 名学生的考试成绩中，考试成绩为 71 分的学生最多；中位数为$\dfrac{1}{2}\left(x_{(15)}+x_{(16)}\right)=72.5$ 分，说明有一半的学生成绩低于 72.5 分，一半的学生成绩高于 72.5 分；0.3 分位数为 $m_{0.3}=\dfrac{1}{2}\left(x_{(9)}+x_{(10)}\right)=67$ 分，说明有 30%的学生成绩低于 67 分；0.8 分位数为 $m_{0.8}=\dfrac{1}{2}\left(x_{(24)}+x_{(25)}\right)=86.5$ 分，说明有 80%的学生成绩低于 86.5 分。

Excel 软件实现

集中趋势的度量值是一组数据水平的一个概括和代表，但它不能反映对数据组的代表程度。对数据组的代表程度取决于该组数据的离散程度。离散程度越大，集中趋势的测量值对数据组的代表性就越差；离散程度越小，其代表性就越好。描述定量数据离散程度的方法通常有**极差**、**方差**、**标准差**、**变异系数**等。

定义 1.1.5 设一组数据为 $x_1,x_2,\cdots,x_n$，按由小到大的顺序排列后的有序数据为 $x_{(1)},x_{(2)},\cdots,x_{(n)}$，称 $R=x_{(n)}-x_{(1)}$ 为该组数据的**极差**。

极差又称**全距或范围误差**，反映数据的变异范围和离散幅度，极差越大，反映数据的取值范围越大，其离散程度越大。反之，极差越小，反映数据的取值范围越小，数据越集中。但极差只利用了一组数据两端的信息，未能反映出中间数据的分散情况，因而不能准确地描述出整体数据的分散程度。

定义 1.1.6 对一组观测数据 $x_1,x_2,\cdots,x_n$，称 $s^2=\frac{1}{n-1}\sum_{i=1}^{n}(x_i-\bar{x})^2$ 为该组数据的**方差**，称 $s=\sqrt{\frac{1}{n-1}\sum_{i=1}^{n}(x_i-\bar{x})^2}$ 为**标准差**。

方差(标准差)是实际应用和理论研究中使用比较广泛的离散程度描述方法，它反映的是每个数据与其平均数相比平均偏离的程度。因此，方差能较好地反映数据的整体离散程度。当数据比较分散时，方差就比较大；当数据分布比较集中时，方差就比较小。标准差与数据的计量单位相同，其实际意义要比方差更好。因此，在实际应用中，更多地使用标准差。

定义 1.1.7 设 $x_1,x_2,\cdots,x_n$ 是一组观测数据，称 $\mathrm{CV}=\frac{s}{\bar{x}}\times 100\%$ 为该数据组的**变异系数**，其中，s 为标准差，$\bar{x}$ 为平均值。

变异系数又称**标准差率**，主要用于比较不同数据的离散程度，变异系数大说明数据的离散程度大，变异系数小说明数据的离散程度小。

例 1.1.3 接例 1.1.2，计算数据的极差、方差、标准差和变异系数。

解

$$\text{极差 } R=x_{(30)}-x_{(1)}=59$$

$$\text{方差 } s^2=\frac{1}{29}\sum_{i=1}^{30}(x_i-71.633)^2=221.8954$$

$$\text{标准差 } s=\sqrt{\frac{1}{29}\sum_{i=1}^{30}(x_i-71.633)^2}=14.8962$$

$$\text{变异系数 } \mathrm{CV}=\frac{14.8962}{71.633}\times 100\%=20.8\%$$

集中趋势和离散程度是数据分布的两个重要特征，如果要全面了解数据分布的特点，有时还需要知道数据分布的形状是否对称、偏斜的程度以及分布的扁平程度等，这就要考查数据组的偏度和峰度。

偏度由统计学家皮尔逊于 1895 年首次提出，是度量数据分布对称性的指标。

定义 1.1.8 设一组数据为 $x_1,x_2,\cdots,x_n$，称

$$\mathrm{sk}=\frac{\frac{1}{n}\sum_{i=1}^{n}(x_i-\bar{x})^3}{\left[\frac{1}{n}\sum_{i=1}^{n}(x_i-\bar{x})^2\right]^{\frac{3}{2}}} \tag{1.1.3}$$

为数据组的**偏度**。

峰度由皮尔逊于 1905 年首次提出，是度量数据平峰或尖峰程度的指标。

定义 1.1.9 设一组数据为 $x_1,x_2,\cdots,x_n$，称

$$\mathrm{ku}=\frac{\frac{1}{n}\sum_{i=1}^{n}(x_i-\bar{x})^4}{\left[\frac{1}{n}\sum_{i=1}^{n}(x_i-\bar{x})^2\right]^2}-3 \tag{1.1.4}$$

为数据组的**峰度**。

峰度通常是与标准正态分布比较而言的。如果一组数据服从标准正态分布，则峰度等于零；若数据分布比正态分布更平，则峰度小于零；若数据分布比正态分布更尖，则峰度大于零。峰度越大，说明该数据组中的极端值越多。

类似于平均值、中位数和众数，极差、方差、标准差、变异系数、偏度和峰度均可通过相应的函数在 Excel 中实现，此处不再详细介绍。

习题 1.1

(1) 在对大一新生进行体检时，测得某学院 30 名男生的身高数据如表 1-4 所示。

表 1-4　身高数据　　单位：cm

171	169	180	175	165	177	172	169	170	170
165	167	169	168	175	177	180	170	178	177
167	166	175	173	175	168	163	174	169	182

试计算上述数据的众数、中位数、0.8 分位数、变异系数。

(2) 某高校有相距 23.5km 的新、老两个校区，为了分析教师从老校区到新校区乘坐校车所花的时间，现从某一学期中随机抽取 14 趟校车进行检测，得到运行时间(单位：min)为：67.0,71.0,55.0,62.5,80.2,58.7,64.5,77.0,89.5,59.7,70.5,61.2,66.5,65.8。试计算这组数据的均值、方差、标准差、峰度、偏度、下四分位数、中位数。

(3) 工业工程师通常会定期进行"工作量"分析，以确定生产一个单位产品所需要的时间。表 1-5 记录了某个假期放假前后各 30 天工人执行某项任务每天所需的总工时数。

表 1-5　总工时数　　单位：h

放假前	128	119	95	97	124	128	142	98	108	120
	113	109	124	132	97	138	133	136	120	112
	146	128	103	135	114	109	100	111	131	113
放假后	116	118	138	85	105	117	108	119	95	105
	108	119	95	97	124	128	112	98	86	120
	115	115	98	101	111	89	113	115	108	122

试计算放假前和放假后数据的极差、方差、标准差、偏度以及峰度。

1.2　总体与样本、统计量

1.2.1　总体与样本

在数理统计中，把研究对象的全体称为**总体**，构成总体的每个元素称为**个体**。例如，要研究某大学学生的身高情况，那么该大学的全体学生是该问题的总体，每个学生是一个个体；要研究鄱阳湖中鱼类的重量，那么鄱阳湖中鱼类的全体就是该问题的总体，每条鱼是一个个体。

每个个体有很多特征，例如学生有身高、年龄、体重、学习成绩等；电子元件有规格、耗电量、寿命等。然而我们只关心某些数量的指标值，例如学生的身高、电子元件的寿命等。如果不考虑实际背景，总体就是一些数的集合，这些数有一定的统计规律。若考查的数量指标用 X 表示，则 X 是一个随机变量，X 的可能取值就是总体中的数，研究总体的分布规律实际上就是研究随机变量 X 的分布规律。因此，总体就是一个随机变量。

定义 1.2.1 一个随机变量 X 或其相应的分布函数 $F(x)$ 称为一个**总体**。

如果要对每一个研究对象观测两个或多个数量指标，那么用多维随机向量表示总体，这是多元统计分析研究的对象。

根据总体中所含元素的个数是有限的还是无限的，可以分为**有限总体**和**无限总体**。本书主要讨论无限总体。

对于无限总体，要研究总体的分布规律或某些特征，但又无法一一测得数据(例如，要研究日光灯管的质量，不可能对每个日光灯管进行测定)，因此，需要从总体中随机抽取一定数量的个体进行观测，这一过程称为**抽样**。对总体 X 进行 n 次独立重复观测，将 n 次观测结果依次记为 $X_1,X_2,\cdots,X_n$。由于某一次抽样与另外一次抽样所得的观测结果一般取不同的数值，因此重复抽样中每一个 X_i 应该看作一个随机变量。同时，为了使抽取出的 n 个个体能够较准确地反映总体的情况，要求每次抽样必须满足下面两个性质。

(1) 代表性：抽取出的每一个个体 X_i 都能反映总体 X 的特性，即要求每一个个体 X_i 与总体 X 有相同的分布。

(2) 独立性：上一次抽样不影响下一次抽样的结果，即要求 $X_1,X_2,\cdots,X_n$ 相互独立。

上述抽样方法称为**简单随机抽样**，利用简单随机抽样得到的样本，称为**简单随机样本**，简称**样本**。

因为总体中的每一个个体是随机试验的一个观察值，在随机试验中，它取的每一个值或取值区间都有对应的概率，所以总体对应一个随机变量，从而总体是有分布的。例如，元件寿命的分布往往是指数分布。

在后面章节中我们不区分总体与其对应的随机变量，一般都用随机变量表示总体，有时也用其分布作为总体。

下面是简单随机样本的定义。

定义 1.2.2 设总体 X 的分布函数是 $F(x)$(或概率密度函数为 $f(x)$)，若随机变量 $X_1,X_2,\cdots,X_n$ 相互独立且每个 $X_i(i=1,2,\cdots,n)$ 与总体 X 有相同的分布，则称随机变量 $X_1,X_2,\cdots,X_n$ 为来自总体 X 的容量为 n 的**简单随机样本**，简称**样本**，它们的观察值 x_1，$x_2,\cdots,x_n$ 称为**样本值**，n 称为**样本容量**，样本 $X_1,X_2,\cdots,X_n$ 也记作 $(X_1,X_2,\cdots,X_n)$。

注意：本书如不作特别说明，所提到的样本均指简单随机样本。

例如，在大一新生中随机抽取 10 个学生，得到他们的身高 $x_1,x_2,\cdots,x_{10}$，就称这一组数据是一个样本，样本容量为 10。

每个容量为 n 的样本都可看作 n 维空间中的一个点，样本所有可能的取值构成了 n 维空间的一个子集，称为**样本空间**。样本作为随机变量具有概率分布，称为**样本分布**，样本分布可由总体分布完全确定。

设总体 X 的分布函数为 $F(x)$，由于 $X_1,X_2,\cdots,X_n$ 相互独立且与总体 X 有相同的分布，于是得到样本 $X_1,X_2,\cdots,X_n$ 的联合分布函数为

$$F(x_1,x_2,\cdots,x_n)=\prod_{i=1}^{n}F(x_i) \tag{1.2.1}$$

设总体 X 是连续型随机变量，且概率密度函数为 $f(x)$，则样本 $X_1,X_2,\cdots,X_n$ 的联合概率密度函数为

$$f(x_1,x_2,\cdots,x_n)=\prod_{i=1}^{n}f(x_i) \tag{1.2.2}$$

设总体 X 是离散型随机变量，其分布律为 $p_i=P\{X=x_i\},i=1,2,\cdots$，则样本 $X_1,X_2,\cdots,X_n$ 的联合分布律为

$$p_{i_1 i_2\cdots i_n}=P\{X_1=x_{i_1},X_2=x_{i_2},\cdots,X_n=x_{i_n}\}=\prod_{j=1}^{n}P\{X=x_{i_j}\}=\prod_{j=1}^{n}p_{i_j} \tag{1.2.3}$$

式中，$i_j=1,2,\cdots$；$j=1,2,\cdots,n$。

1.2.2 统计量的概念

在统计推断问题中，样本只是原始数据，无法直接得到总体的规律。那么，往往需要对样本进行数学上的“加工”，这样才能有效地利用其中的信息，即构造样本的各种函数。例如，要了解某学期所有学习“概率论与数理统计”课程的学生的期末考试情况，学校随机地抽取 50 位学生，得到一个容量为 50 的样本 $X_1,X_2,\cdots,X_{50}$，计算其样本均值 $\overline{X}=\frac{1}{50}\sum_{i=1}^{50}X_i$，这样可以从样本均值得到所有学生的近似平均成绩；还可以通过计算样本方差 $S^2=\frac{1}{49}\sum_{i=1}^{50}(X_i-\overline{X})^2$ 判断学生的期末成绩差距是否较大。

由此可见，把分散在样本中我们关注的信息提炼出来，针对不同的研究目的构造不同的样本函数，是统计推断的基础；同时，为了使提炼出的信息是已知的，这个函数不能含有未知参数，这样的函数在统计学中称为统计量。

定义 1.2.3 设 $X_1,X_2,\cdots,X_n$ 是来自总体 X 的一个样本，$T(X_1,X_2,\cdots,X_n)$ 是样本 $X_1,X_2,\cdots,X_n$ 的函数，若函数 $T(X_1,X_2,\cdots,X_n)$ 中不含任何未知参数，则称 $T(X_1,X_2,\cdots,X_n)$ 是一个**统计量**。

如果 $x_1,x_2,\cdots,x_n$ 为样本 $X_1,X_2,\cdots,X_n$ 的观测值，则称函数值 $T(x_1,x_2,\cdots,x_n)$ 为统计量 $T(X_1,X_2,\cdots,X_n)$ 的一个观测值。

例 1.2.1 设总体 $X\sim N(\mu,\sigma^2)$，$\mu\in\mathbf{R}$ 未知，$\sigma>0$ 已知，$X_1,X_2,\cdots,X_n$ 是来自总体 X 的一个样本，则 $\frac{1}{n}\sum_{i=1}^{n}X_i$，$\frac{1}{n-1}\sum_{i=1}^{n}(X_i-\overline{X})^2$，$\frac{1}{\sigma^2}\sum_{i=1}^{n}X_i$ 都是统计量，但 $\frac{1}{n-1}\sum_{i=1}^{n}(X_i-\mu)^2$ 和 $\frac{1}{\sigma^2}\sum_{i=1}^{n}(X_i-\mu)^2$ 含有未知参数 μ，因此都不是统计量。

下面介绍几种常见的统计量。

设 $X_1,X_2,\cdots,X_n$ 是来自总体 X 的容量为 n 的一个样本。

(1) **样本均值** $\overline{X}=\frac{1}{n}\sum_{i=1}^{n}X_i$，它反映了总体均值 $E(X)$ 的信息。

(2) **样本方差** $S^2=\dfrac{1}{n-1}\sum\limits_{i=1}^{n}(X_i-\overline{X})^2$，它反映了样本中各分量相对于其平均值的离散程度。

(3) **样本标准差** $S=\sqrt{\dfrac{1}{n-1}\sum\limits_{i=1}^{n}(X_i-\overline{X})^2}$，也称样本均方差。

(4) **样本 k 阶原点矩** $A_k=\dfrac{1}{n}\sum\limits_{i=1}^{n}X_i^k$，$k=1,2,\cdots$，它反映了总体 k 阶原点矩 $E(X^k)$ 的信息。

(5) **样本的 k 阶中心矩** $B_k=\dfrac{1}{n}\sum\limits_{i=1}^{n}(X_i-\overline{X})^k$，$k=1,2,\cdots$，它反映了总体 k 阶中心矩 $E[(X-E(X))^k]$ 的信息。

设 $x_1,x_2,\cdots,x_n$ 为样本 $X_1,X_2,\cdots,X_n$ 的观测值，则 $\bar{x}=\dfrac{1}{n}\sum\limits_{i=1}^{n}x_i$，$s^2=\dfrac{1}{n-1}\sum\limits_{i=1}^{n}(x_i-\bar{x})^2$，$s=\sqrt{\dfrac{1}{n-1}\sum\limits_{i=1}^{n}(x_i-\bar{x})^2}$，$a_k=\dfrac{1}{n}\sum\limits_{i=1}^{n}x_i^k(k=1,2,\cdots)$，$b_k=\dfrac{1}{n}\sum\limits_{i=1}^{n}(x_i-\bar{x})^k$ $(k=1,2,\cdots)$分别称为样本均值、样本方差、样本标准差、样本 k 阶原点矩、样本 k 阶中心矩的观测值。

例 1.2.2 为了了解某种橡胶的性能，随机抽取容量为 20 的样本，测量每个样本的硬度，得到样本值如下：

65,70,70,68,69,66,67,68,72,75,76,65,62,66,67,68,75,72,77,60

分别计算样本均值、样本方差、样本标准差。

解 利用公式，可得样本均值为 $\bar{x}=\dfrac{1}{20}\sum\limits_{i=1}^{20}x_i=68.9$，样本方差为 $s^2=\dfrac{1}{19}\sum\limits_{i=1}^{20}(x_i-\bar{x})^2=20.83$，样本标准差为 $s=\sqrt{\dfrac{1}{19}\sum\limits_{i=1}^{20}(x_i-\bar{x})^2}=4.564$。

Excel软件实现

习题 1.2

(1) 某制药厂生产了一种感冒药，其不合格品率 p 未知，每 n 件产品包装为一盒。为了检查药物的质量，现随机抽取 m 盒，检测其中不合格的件数。问：在该次检查中，总体、样本的分布各是什么？

(2) 设有两组样本，分别为 $X_1,X_2,\cdots,X_n$ 和 $Y_1,Y_2,\cdots,Y_n$，且具有如下关系：

$$Y_i=b(X_i-a),\quad i=1,2,\cdots,n$$

其中，a，b 均为常数。试求样本均值 $\overline{X}$ 和 $\overline{Y}$ 之间的关系，以及样本方差 S_X^2 和 S_Y^2 之间的关系。

(3) 设 X_1,X_2,X_3 是来自总体 $X\sim\Gamma(1,0.02)$的样本，求：

① 样本 X_1,X_2,X_3 的联合概率密度函数；

② $P\{\min\{X_1,X_2,X_3\}\leqslant 0.6\}$和 $P\{\max\{X_1,X_2,X_3\}\leqslant 10\}$。

(4) PM2.5 是重要的衡量空气污染程度的指标。三个检测员分别在华北、华东、华南检测了不同数量空气质量检测子站的 PM2.5 数据。抽检的数量 n_i、样本均值 $\bar{x}_i$ 与样本标准差 s_i 如表 1-6 所示。

表 1-6　PM2.5 数据表

地　　区	样本容量 n	样本均值 $\bar{x}_i$	样本标准差 s_i
华北	25	65.78	9.489
华东	32	62.97	12.363
华南	27	58.52	11.552

试求合并后的样本均值和样本方差。

提示：设 $x_1,x_2,\cdots,x_n$ 和 $y_1,y_2,\cdots,y_m$ 是从总体 X 中先后两次取出的样本，其对应的样本均值和样本方差分别为：$\bar{x}$ 和 $\bar{y}$，s_x^2 和 s_y^2。将两次抽取的样本进行合并，得到样本容量为 $n+m$ 的样本，其样本均值和样本方差记为 $\bar{z}$ 和 s_z^2，则有

$$\bar{z}=\frac{n\bar{x}+m\bar{y}}{n+m},\quad s_z^2=\frac{(n-1)s_x^2+(m-1)s_y^2}{m+n-1}+\frac{nm(\bar{x}-\bar{y})^2}{(m+n)(m+n-1)}$$

1.3 抽样分布

1.3.1 抽样分布的定义

统计量的分布称为**抽样分布**。在数理统计中，抽样分布是进行统计推断的重要依据。根据概率论的知识，如果总体 $X\sim N(\mu,\sigma^2)$，$X_1,X_2,\cdots,X_n$ 是来自总体的一个容量为 n 的样本，则 $\overline{X}=\frac{1}{n}\sum_{i=1}^{n}X_i\sim N\left(\mu,\frac{\sigma^2}{n}\right)$；如果总体 $X\sim b(1,p)$，$X_1,X_2,\cdots,X_n$ 是来自总体的一个容量为 n 的样本，则 $T=\sum_{i=1}^{n}X_i\sim b(n,p)$。这都可以看作抽样分布。

设 $X_1,X_2,\cdots,X_n$ 是来自总体 X 的一个容量为 n 的样本，对于 $1,2,\cdots,n$ 中的任意一个值 k，按如下方式定义样本 $X_1,X_2,\cdots,X_n$ 的一个函数 $X_{(k)}$：对于 $X_1,X_2,\cdots,X_n$ 的每个观察值 $x_1,x_2,\cdots,x_n$，把 $x_1,x_2,\cdots,x_n$ 按照从小到大的顺序排成一列：$x_{(1)},x_{(2)},\cdots,x_{(n)}$。规定 $X_{(k)}$ 相应的观察值为 $x_{(k)}$。记作

$$X_{(k)}=(X_1,X_2,\cdots,X_n\text{ 中第 }k\text{ 个小的值}),\quad k=1,2,\cdots,n$$

特别地，$X_{(1)}=\min\{X_1,X_2,\cdots,X_n\}$，$X_{(n)}=\max\{X_1,X_2,\cdots,X_n\}$。称 $X_{(1)},X_{(2)},\cdots,X_{(n)}$ 为**顺序统计量**，也称各个 $X_{(k)}$ 为顺序统计量。当顺序统计量 $X_{(1)},X_{(2)},\cdots,X_{(n)}$ 的值 $x_{(1)},x_{(2)},\cdots,x_{(n)}$ 给定时，对于任意实数 x，定义函数

$$F_n(x)=\begin{cases}0, & x<x_{(1)}\\ \dfrac{k}{n}, & x_{(k)}\leqslant x<x_{(k+1)},k=1,2,\cdots,n-1\\ 1, & x\geqslant x_{(n)}\end{cases}$$

称 $F_n(x)$ 为总体 X 的**经验分布函数**。

定理 1.3.1（格列汶科定理）　设总体 X 的分布函数为 $F(x)$，经验分布函数为 $F_n(x)$，

对于任意实数 x，有 $P\{\lim_{n\to\infty}\sup_{-\infty<x<+\infty}|F_n(x)-F(x)|=0\}=1$。

证明 略。

由此可见，抽样分布对统计推断具有十分重要的作用。大部分统计推断是基于正态分布的假设，下面主要介绍以标准正态分布为基石而构造的三个著名的抽样分布，即 χ^2 分布（卡方分布）、t 分布和 F 分布。

1.3.2 几个重要的抽样分布

1. χ^2 分布

定义 1.3.1 设随机变量 $X_1,X_2,\cdots,X_n$ 相互独立，且 $X_i\sim N(0,1)$，$i=1,2,\cdots,n$，则称统计量 $\chi^2=X_1^2+X_2^2+\cdots+X_n^2$ 服从**自由度为 n 的 χ^2 分布**，记为 $\chi^2\sim\chi^2(n)$，其中 n 为独立随机变量的个数，称为 χ^2 分布的自由度。

定理 1.3.2 设 $\chi^2\sim\chi^2(n)$，则 χ^2 的概率密度函数是

$$f(y)=\begin{cases}\dfrac{1}{2^{n/2}\Gamma(n/2)}y^{n/2-1}\mathrm{e}^{-y/2}, & y\geqslant 0\\ 0, & y<0\end{cases}$$

其中，$\Gamma(n/2)=\int_0^{\infty}x^{n/2-1}\mathrm{e}^{-x}\,\mathrm{d}x$。

证明 略。

χ^2 分布具有如下性质。

性质 1.3.1 设 $X_1,X_2,\cdots,X_n$ 独立同分布，且 $X_i\sim N(\mu,\sigma^2)(i=1,2,\cdots,n)$，$\mu\in\mathbf{R}$，$\sigma>0$，则 $\dfrac{1}{\sigma^2}\sum_{i=1}^{n}(X_i-\mu)^2\sim\chi^2(n)$。

性质 1.3.2 设 $\chi^2\sim\chi^2(n)$，则期望 $E(\chi^2)=n$，方差 $D(\chi^2)=2n$。

性质 1.3.3 设 $\chi_1^2\sim\chi^2(n_1)$，$\chi_2^2\sim\chi^2(n_2)$，且 χ_1^2 与 χ_2^2 相互独立，则 $\chi_1^2+\chi_2^2\sim\chi^2(n_1+n_2)$。

性质 1.3.3 称为 χ^2 分布的**可加性**。

推论 设 $\chi_i^2\sim\chi^2(n_i)$，$i=1,2,\cdots,k$ 且 χ_i^2 相互独立，$i=1,2,\cdots,k$，则 $\sum_{i=1}^{k}\chi_i^2\sim\chi^2\left(\sum_{i=1}^{k}n_i\right)$。

χ^2 分布的概率密度函数如图 1-1 所示。

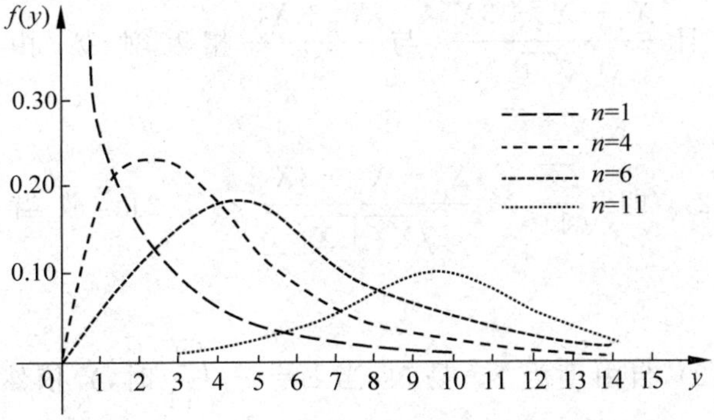

图 1-1 χ^2 分布的概率密度函数图形

2. t 分布

定义 1.3.2 设 $X\sim N(0,1)$，$Y\sim\chi^2(n)$，且 X 与 Y 相互独立，则称 $T=\dfrac{X}{\sqrt{Y/n}}$**服从自由度为 n 的 t 分布**，记为 $T\sim t(n)$。

t 分布也被称为学生氏(Student)分布。可以证明 T 的概率密度是 $f(x)=\dfrac{\Gamma((n+1)/2)}{\sqrt{\pi n}\Gamma(n/2)}\left(1+\dfrac{x^2}{n}\right)^{-\frac{(n+1)}{2}}$，$x\in\mathbf{R}$。

t 分布具有如下性质。

性质 1.3.4 当 $n=1$ 时，T 的概率密度函数是 $f(x)=\dfrac{1}{\pi}\cdot\dfrac{1}{1+x^2}$，$x\in\mathbf{R}$。

性质 1.3.5 当 $n\geqslant2$ 时，期望 $E(T)=0$；当 $n\geqslant3$ 时，方差 $D(T)=\dfrac{n}{n-2}$。

性质 1.3.6 当 n 充分大($n>45$)时，T 的概率密度函数 $f(x)\to\dfrac{1}{\sqrt{2\pi}}\mathrm{e}^{-\frac{x^2}{2}}$，$x\in\mathbf{R}$，即 T 近似服从正态分布。

t 分布的概率密度函数如图 1-2 所示。

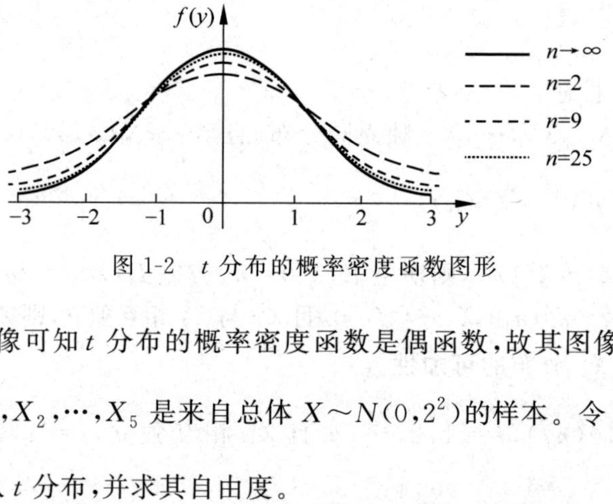

图 1-2　t 分布的概率密度函数图形

由于 t 分布的图像可知 t 分布的概率密度函数是偶函数，故其图像关于 y 轴对称。

例 1.3.1 设 $X_1,X_2,\cdots,X_5$ 是来自总体 $X\sim N(0,2^2)$ 的样本。令 $Y=c\dfrac{X_1-X_2+3X_3}{\sqrt{X_4^2+X_5^2}}$，求 c 的值，使得 Y 服从 t 分布，并求其自由度。

解 因为 $X_1-X_2+3X_3\sim N(0,44)$，所以 $\dfrac{X_1-X_2+3X_3}{\sqrt{44}}\sim N(0,1)$。又因为 $\dfrac{X_4^2+X_5^2}{2^2}\sim\chi^2(2)$，且 $\dfrac{X_1-X_2+3X_3}{\sqrt{44}}$ 与 $\dfrac{X_4^2+X_5^2}{2^2}$ 相互独立，由 t 分布的定义得 $\dfrac{\dfrac{X_1-X_2+3X_3}{\sqrt{44}}}{\sqrt{\dfrac{\dfrac{X_4^2+X_5^2}{2^2\times2}}{}}}\sim t(2)$，即 $\sqrt{\dfrac{2}{11}}\times\dfrac{X_1-X_2+3X_3}{\sqrt{X_4^2+X_5^2}}\sim t(2)$。故当 $c=\sqrt{\dfrac{2}{11}}$ 时，$Y=c\dfrac{X_1-X_2+3X_3}{\sqrt{X_4^2+X_5^2}}\sim t(2)$，自由度为 2。易知，当 $c=-\sqrt{\dfrac{2}{11}}$ 时，Y 依然服从 t 分布，即 $Y\sim$

$t(2)$。这是因为 $-(X_1-X_2+3X_3)\sim N(0,44)$，$-\dfrac{X_1-X_2+3X_3}{\sqrt{44}}\sim N(0,1)$。

3. F 分布

定义 1.3.3 设 $X\sim\chi^2(n)$，$Y\sim\chi^2(m)$，且 X 与 Y 相互独立，则称随机变量 $F=\dfrac{X/n}{Y/m}$ 服从**自由度为 (n,m) 的 F 分布**。记为 $F\sim F(n,m)$，其中 n 称为**第一自由度**，m 称为**第二自由度**。

可以证明，F 的概率密度函数如下：

$$f(x)=\begin{cases}\dfrac{\Gamma\left(\dfrac{n+m}{2}\right)}{\Gamma\left(\dfrac{n}{2}\right)\Gamma\left(\dfrac{m}{2}\right)}\left(\dfrac{n}{m}\right)^{\frac{n}{2}}x^{\frac{n}{2}-1}\left(1+\dfrac{n}{m}x\right)^{-\frac{n+m}{2}}, & x>0\\ 0, & x\leqslant 0\end{cases}$$

F 分布具有如下性质。

性质 1.3.7 若 $F\sim F(n,m)$，则 $\dfrac{1}{F}\sim F(m,n)$。

性质 1.3.8 若 $T\sim t(n)$，则 $T^2\sim F(1,n)$。

F 分布的概率密度函数如图 1-3 所示。

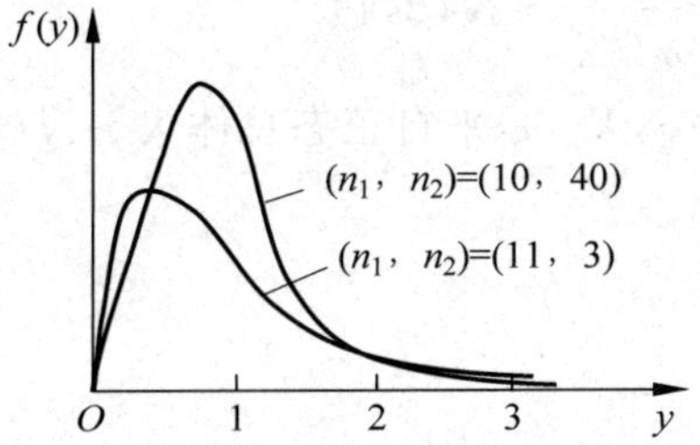

图 1-3 F 分布的概率密度函数图形

例 1.3.2 设 $X_1,X_2,\cdots,X_7$ 是来自总体 $X\sim N(0,2^2)$ 的样本。令 $Y=\dfrac{3}{4}\left[\dfrac{(X_1-X_2)^2+(X_3+X_4)^2}{X_5^2+X_6^2+X_7^2}\right]$，判断统计量 Y 的分布。

解 因为 $X_1-X_2\sim N(0,8)$，$X_3+X_4\sim N(0,8)$，$\dfrac{X_i}{2}\sim N(0,1)$，$i=5,6,7$。所以 $\dfrac{X_1-X_2}{2\sqrt{2}}\sim N(0,1)$，$\dfrac{X_3+X_4}{2\sqrt{2}}\sim N(0,1)$，$Y_1=\dfrac{1}{4}(X_5^2+X_6^2+X_7^2)\sim\chi^2(3)$。又因为 $\dfrac{X_1-X_2}{2\sqrt{2}}$ 与 $\dfrac{X_3+X_4}{2\sqrt{2}}$ 相互独立，所以 $Y_2=\dfrac{(X_1-X_2)^2}{8}+\dfrac{(X_3+X_4)^2}{8}\sim\chi^2(2)$，且 Y_1 和 Y_2 相互独立。根据 F 分布的定义，得 $Y=\dfrac{Y_2/2}{Y_1/3}=\dfrac{3}{4}\left[\dfrac{(X_1-X_2)^2+(X_3+X_4)^2}{X_5^2+X_6^2+X_7^2}\right]\sim F(2,3)$。

Excel 软件实现

1.3.3 正态总体的均值与方差的分布

在大部分实际问题中，所讨论的都是正态总体。下面是来自正态总体的样本的一些统计量的分布。

定理 1.3.3 设 $X_1,X_2,\cdots,X_n$ 是来自正态总体 $X\sim N(\mu,\sigma^2)$ 的样本，$\overline{X}$ 为样本均值，则

$$\overline{X}\sim N\left(\mu,\frac{\sigma^2}{n}\right) \tag{1.3.1}$$

证明 因为样本均值 $\overline{X}=\frac{1}{n}\sum_{i=1}^{n}X_i$，根据正态分布的可加性，可知 $\overline{X}$ 也服从正态分布。且

$$E(\overline{X})=E\left(\frac{1}{n}\sum_{i=1}^{n}X_i\right)=\frac{1}{n}\sum_{i=1}^{n}E(X_i)=\frac{1}{n}n\mu=\mu$$

$$D(\overline{X})=D\left(\frac{1}{n}\sum_{i=1}^{n}X_i\right)=\frac{1}{n^2}\sum_{i=1}^{n}D(X_i)=\frac{1}{n^2}n\sigma^2=\frac{\sigma^2}{n}$$

故 $\overline{X}\sim N\left(\mu,\frac{\sigma^2}{n}\right)$。

定理 1.3.3 的结论等价于 $\frac{\overline{X}-\mu}{\sigma/\sqrt{n}}\sim N(0,1)$。

定理 1.3.4 设 $X_1,X_2,\cdots,X_n$ 是来自正态总体 $X\sim N(\mu,\sigma^2)$ 的样本，$\overline{X}$ 与 S^2 分别为样本均值与样本方差，则

(1) $\frac{(n-1)S^2}{\sigma^2}\sim\chi^2(n-1)$； (1.3.2)

(2) $\overline{X}$，S^2 相互独立。

证明 略。

定理 1.3.5 设 $X_1,X_2,\cdots,X_n$ 是来自正态总体 $X\sim N(\mu,\sigma^2)$ 的样本，$\overline{X}$ 与 S^2 分别为其样本均值与样本方差，则

$$\frac{\overline{X}-\mu}{S/\sqrt{n}}\sim t(n-1) \tag{1.3.3}$$

证明 根据式(1.3.1)，可得 $\frac{\overline{X}-\mu}{\sigma/\sqrt{n}}\sim N(0,1)$。

根据式(1.3.2)可得 $\frac{(n-1)S^2}{\sigma^2}\sim\chi^2(n-1)$。

根据定理 1.3.4(2)，两者相互独立。根据 t 分布的定义，可得

$$\frac{\dfrac{\overline{X}-\mu}{\sigma/\sqrt{n}}}{\sqrt{\dfrac{(n-1)S^2}{\sigma^2}/(n-1)}}=\frac{\dfrac{\overline{X}-\mu}{\sigma/\sqrt{n}}}{\dfrac{S}{\sigma}}=\frac{\overline{X}-\mu}{S/\sqrt{n}}$$

服从自由度为 $n-1$ 的 t 分布，即 $\frac{\overline{X}-\mu}{S/\sqrt{n}}\sim t(n-1)$。

定理 1.3.6 设 $X_1,X_2,\cdots,X_{n_1}$ 和 $Y_1,Y_2,\cdots,Y_{n_2}$ 分别为来自正态总体 $N(\mu_1,\sigma_1^2)$ 和 $N(\mu_2,\sigma_2^2)$ 的样本，且这两组样本相互独立。相应的样本均值和方差分别为 $\overline{X}=\frac{1}{n_1}\sum_{i=1}^{n_1}X_i$，$S_1^2=\frac{1}{n_1-1}\sum_{i=1}^{n_1}(X_i-\overline{X})^2$；$\overline{Y}=\frac{1}{n_2}\sum_{i=1}^{n_2}Y_i$，$S_2^2=\frac{1}{n_2-1}\sum_{i=1}^{n_2}(Y_i-\overline{Y})^2$。则

(1) $\frac{S_1^2/S_2^2}{\sigma_1^2/\sigma_2^2}\sim F(n_1-1,n_2-1)$； (1.3.4)

(2) 当 $\sigma_1^2=\sigma_2^2=\sigma^2$ 时，

$$\frac{(\overline{X}-\overline{Y})-(\mu_1-\mu_2)}{S_w\sqrt{\frac{1}{n_1}+\frac{1}{n_2}}}\sim t(n_1+n_2-2) \tag{1.3.5}$$

其中，$S_w^2=\frac{(n_1-1)S_1^2+(n_2-1)S_2^2}{n_1+n_2-2}$。

证明 (1) 由式(1.3.2)可得

$$\chi_1^2=\frac{(n_1-1)S_1^2}{\sigma_1^2}\sim\chi^2(n_1-1)$$

$$\chi_2^2=\frac{(n_2-1)S_2^2}{\sigma_2^2}\sim\chi^2(n_2-1)$$

根据 F 分布的定义，有

$$\frac{\chi_1^2/(n_1-1)}{\chi_2^2/(n_2-1)}=\frac{\frac{(n_1-1)S_1^2}{\sigma_1^2}\cdot\frac{1}{n_1-1}}{\frac{(n_2-1)S_2^2}{\sigma_2^2}\cdot\frac{1}{n_2-1}}=\frac{S_1^2/S_2^2}{\sigma_1^2/\sigma_2^2}\sim F(n_1-1,n_2-1)$$

(2) 根据正态分布的可加性，易见 $\overline{X}-\overline{Y}$ 也服从正态分布，且

$$E(\overline{X}-\overline{Y})=\mu_1-\mu_2,D(\overline{X}-\overline{Y})=\left(\frac{1}{n_1}+\frac{1}{n_2}\right)\sigma^2$$

故

$$U=\frac{(\overline{X}-\overline{Y})-(\mu_1-\mu_2)}{\sigma\sqrt{\frac{1}{n_1}+\frac{1}{n_2}}}\sim N(0,1)$$

根据已知条件，有

$$\frac{(n_1-1)S_1^2}{\sigma_1^2}\sim\chi^2(n_1-1),\quad\frac{(n_2-1)S_2^2}{\sigma_2^2}\sim\chi^2(n_2-1)$$

所以

$$V=\frac{(n_1-1)S_1^2}{\sigma_1^2}+\frac{(n_2-1)S_2^2}{\sigma_2^2}\sim\chi^2(n_1+n_2-2)$$

因为 U,V 相互独立(证明略)，故由 t 分布的定义，得

$$\frac{\dfrac{(\bar{X}-\bar{Y})-(\mu_1-\mu_2)}{\sigma\sqrt{\dfrac{1}{n_1}+\dfrac{1}{n_2}}}}{\sqrt{\dfrac{\dfrac{(n_1-1)S_1^2}{\sigma^2}+\dfrac{(n_2-1)S_2^2}{\sigma^2}}{n_1+n_2-2}}}$$

$$=\frac{(\bar{X}-\bar{Y})-(\mu_1-\mu_2)}{\sqrt{\dfrac{1}{n_1}+\dfrac{1}{n_2}}\sqrt{\dfrac{(n_1-1)S_1^2+(n_2-1)S_2^2}{n_1+n_2-2}}}\sim t(n_1+n_2-2)$$

令 $S_w^2=\dfrac{(n_1-1)S_1^2+(n_2-1)S_2^2}{n_1+n_2-2}$,即有

$$\frac{(\bar{X}-\bar{Y})-(\mu_1-\mu_2)}{S_w\sqrt{\dfrac{1}{n_1}+\dfrac{1}{n_2}}}\sim t(n_1+n_2-2)$$

由以上定理可知,正态总体的抽样分布只有 χ^2 分布、t 分布、F 分布和正态分布四种情况。这几个统计量在参数估计与假设检验中会经常用到。

1.3.4 分位点

本小节给出常见抽样分布的分位点的定义。

(1) χ^2 分布的上 α 分位点的定义:对于给定的 α,$0<\alpha<1$,称满足 $P\{\chi^2>\chi_\alpha^2(n)\}=\alpha$ 的点 $\chi_\alpha^2(n)$为自由度为 n 的**χ^2 分布的上α分位点**,如图 1-4 所示。

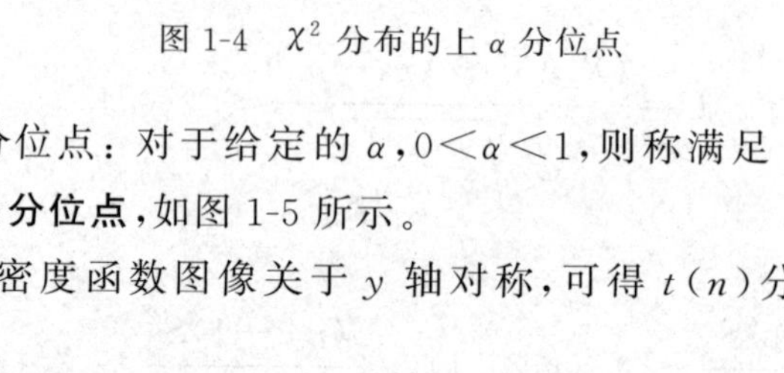

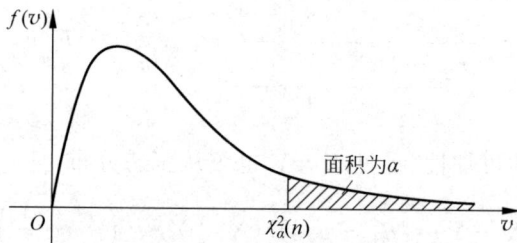

图 1-4 χ^2 分布的上 α 分位点

(2) t 分布的上 α 分位点:对于给定的 α,$0<\alpha<1$,则称满足 $P\{t>t_\alpha(n)\}=\alpha$ 的点 $t_\alpha(n)$为 **$t(n)$分布的上α分位点**,如图 1-5 所示。

由于 t 分布的概率密度函数图像关于 y 轴对称,可得 $t(n)$分布的上 α 分位点满足 $t_\alpha(n)=-t_{1-\alpha}(n)$。

(3) F 分布的上 α 分位点:给定 α,$0<\alpha<1$,称满足 $P\{F>F_\alpha(n_1,n_2)\}=\alpha$ 的点 $F_\alpha(n_1,n_2)$为 **$F(n_1,n_2)$分布的上α分位点**,如图 1-6 所示。

F 分布的分位点的性质:$F_{1-\alpha}(n_1,n_2)=\dfrac{1}{F_\alpha(n_2,n_1)}$。

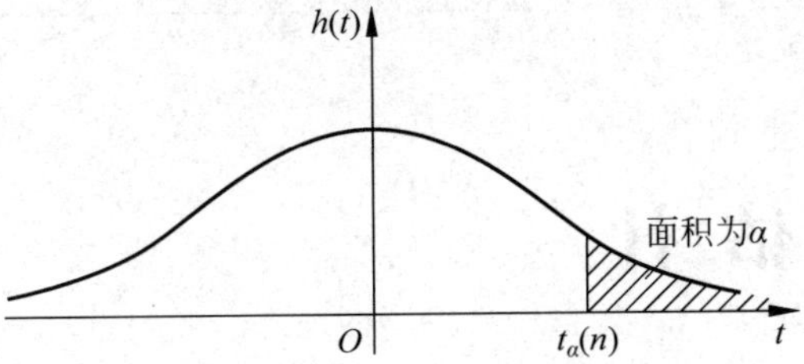

图 1-5 $t(n)$分布的上 α 分位点

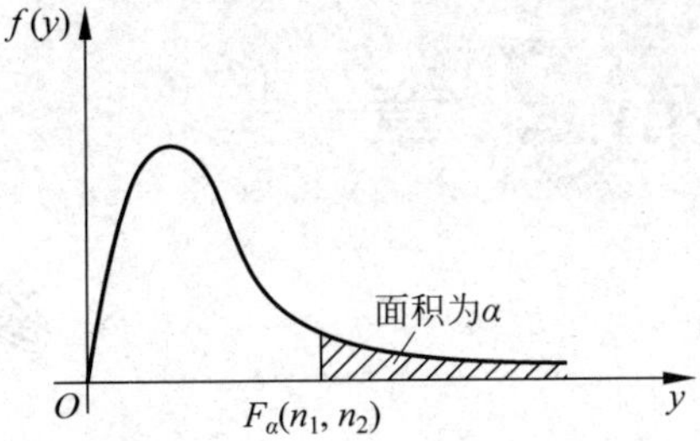

图 1-6 $F(n_1,n_2)$分布的上 α 分位点

实际上，若 $F\sim F(n_2,n_1)$，根据 F 分布上 α 分位点的定义，有

$$P\{F>F_\alpha(n_2,n_1)\}=P\left\{\frac{1}{F}<\frac{1}{F_\alpha(n_2,n_1)}\right\}=\alpha$$

故

$$P\left\{\frac{1}{F}>\frac{1}{F_\alpha(n_2,n_1)}\right\}=1-\alpha$$

因为$\frac{1}{F}\sim F(n_1,n_2)$，那么同样根据上述定义，有 $F_{1-\alpha}(n_1,n_2)=\frac{1}{F_\alpha(n_2,n_1)}$。

(4) 标准正态分布 Z 的上α 分位点：给定 α，$0<\alpha<1$，称满足 $P\{Z>z_\alpha\}=\alpha$ 的点z_α 为**标准正态分布的上α 分位点**。

标准正态分布的上 α 分位点与分布函数$\Phi(x)$的转化关系如下：

$$\Phi(z_\alpha)=1-\alpha$$

凭此关系可以通过标准正态分布函数表算出标准正态分布的上 α 分位点 z_α。例如，为了求分位点 $z_{0.05}$ 的值，只要查到 $\Phi(1.65)=0.9505\approx0.95=1-0.05$，就可知 $z_{0.05}=1.65$。

Excel 软件实现

习题 1.3

(1) 查附录 B 求以下分位点：$z_{0.9}$，$z_{0.995}$，$\chi^2_{0.1}(15)$，$t_{0.95}(60)$，$F_{0.95}(10,10)$。

(2) 设 $X_1,X_2,\cdots,X_{10}$ 是来自总体 $X\sim N(0,3^2)$的样本，试确定常数 c，使得

$$P\left\{\sum_{i=1}^{10}X_i^2>c\right\}=0.99。$$

(3) 从总体 $X\sim N(10,36)$中抽取容量为 36 的样本 $X_1,X_2,\cdots,X_{36}$，试求样本均值落在 9 到 11 之间的概率。

(4) 设 $X_1,X_2,\cdots,X_5$ 是来自总体 $X\sim N(0,4)$的样本。要求：

① 试确定非零常数 a_1,a_2,a_3，使得 $a_1(X_1-X_2)^2+a_2X_3^2+a_3(X_4+X_5)^2\sim\chi^2(m_1)$，并讨论自由度 m_1 的取值。

② 试确定常数 b，使得 $b\frac{X_1-X_2}{\sqrt{X_3^2+X_4^2+X_5^2}}\sim t(m_2)$，并讨论自由度 m_2 的取值。

③ 试确定非零常数 c_1,c_2，使得$\frac{c_1(X_1+X_2)^2+c_2X_3^2}{(X_4-X_5)^2}\sim F(m_3,m_4)$，并讨论自由度 m_3,m_4 的取值。

第2章

参数估计

参数估计是一类基本的统计推断方法,研究如何利用样本数据合理地估计总体的未知参数的问题。本章主要介绍几类常见的参数估计方法及其应用。

例如,某快餐店每天 18:00—20:00 是就餐高峰期。已有的统计资料显示,高峰时期顾客等待就餐时间(单位: min)服从标准差为 1.8 的正态分布。表 2-1 中的数据是该快餐店某天在高峰期随机抽查的 24 位顾客的等待时间。试根据表 2-1 中的数据估计:

(1) 当天高峰期顾客的平均等待时间;

(2) 当天高峰期 90%的顾客至少需要等待多长时间才能就餐;

(3) 当天高峰时期顾客平均等待时间的一个区间范围。

表 2-1　高峰期 24 位顾客就餐的等待时间　　单位: min

6.4	6.5	5.4	8.3	9.3	5.6	7.8	7.8
6.8	9.9	8.2	6.7	8.5	9.2	10.6	6.3
8.3	5.1	3.3	4.3	3.6	4.6	8.8	4.6

显然,本题讨论的总体是某天高峰期所有顾客就餐的等待时间,假设用 X 表示,则 $X\sim N(\mu,1.8^2)$,其中参数 μ 是高峰期顾客的平均等待时间。设 $X_1,X_2,\cdots,X_n$ 是来自总体 X 的样本,那么表 2-1 中的数据是样本容量为 $n=24$ 的样本值,用 $x_1,x_2,\cdots,x_{24}$ 表示。设高峰期 90%的顾客至少需要等待 a min 才能就餐,则 $P\{X\geqslant a\}=0.9$。这样,本题的问题就是: 依据来自总体 $X\sim N(\mu,1.8^2)$的样本值 $x_1,x_2,\cdots,x_{24}$ 估计未知参数 μ,a,称这类问题为参数估计问题。参数的估计形式有两种: 一种称为点估计,即利用样本数据估计未知参数的值,如本题中的问题(1)和(2); 另一种称为区间估计,即估计未知参数所在的区间,如本题中的问题(3)。

以下我们将分别就这两类问题给出几种常用的估计方法。

2.1 点 估 计

定义 2.1.1 设总体 X 的分布函数为 $F(x;\theta)$,其中 θ 为未知参数,$X_1,X_2,\cdots,X_n$ 是 X 的一个样本,$x_1,x_2,\cdots,x_n$ 是相应的一个样本值。参数的**点估计问题**就是要构造一个适当的统计量 $\hat{\theta}=\theta(X_1,X_2,\cdots,X_n)$,用它的观察值 $\hat{\theta}=\theta(x_1,x_2,\cdots,x_n)$作为未知参数 θ 的近似值,称 $\hat{\theta}=\theta(X_1,X_2,\cdots,X_n)$为 θ 的**估计量**; $\hat{\theta}=\theta(x_1,x_2,\cdots,x_n)$为 θ 的**估计值**。在不引起混淆的情况下,未知参数的估计量和估计值统称为未知参数的估计,并都简记为 $\hat{\theta}$。

一般地，如果总体 X 的分布函数 $F(x;\theta_1,\theta_2,\cdots,\theta_k)$ 中含有 k 个未知参数，则必须构造 k 个统计量 $\hat{\theta}_i=\hat{\theta}_i(X_1,X_2,\cdots,X_n)$，$i=1,2,\cdots,k$ 作为这 k 个未知参数的估计量。

确定点估计的方法称为**点估计法**，常见的点估计法有矩估计法、最大似然估计法、贝叶斯估计法、最小二乘法等，本节将重点介绍矩估计法、最大似然估计法以及贝叶斯估计法。

2.1.1 矩估计法

引例 设某奶茶店在一定时间段内的排队人数 X 服从参数为 λ 的泊松分布，其中 $\lambda>0$ 为未知参数。现在连续记录 10 个相同时间间隔内的排队人数，得到以下样本值：3,4,1,5,6,3,8,7,2,7，试求未知参数 λ 的估计值。

解 由于 $X\sim\pi(\lambda)$，故有 $\lambda=E(X)$。因此，可以用样本均值估计总体的均值 $E(X)$。由已知数据计算得到

$$\bar{x}=\frac{3+4+1+5+6+3+8+7+2+7}{10}=4.6$$

即 λ 的估计值为 4.6。

矩估计法由 K. 皮尔逊在 1894 年正式提出，它的理论依据是概率论中的辛钦大数定律。概括来讲，假设总体 X 的分布形式已知，$\theta_1,\theta_2,\cdots,\theta_k$ 为总体 X 分布中的 k 个未知参数。$X_1,X_2,\cdots,X_n$ 是从总体中抽出的一个样本，且总体的前 k 阶矩 $\mu_l=E(X^l)(l=1,2,\cdots,k)$ 存在。根据辛钦大数定律可知，样本矩依概率收敛于对应的总体矩，而且样本矩的连续函数依概率收敛于相应的总体矩的连续函数，从而可以用样本矩 A_l 估计总体矩 $\mu_l=\mu_l(\theta_1,\theta_2,\cdots,\theta_k)(l=1,2,\cdots,k)$，令 $A_l=\mu_l(\theta_1,\theta_2,\cdots,\theta_k)$，解出未知参数 $\theta_1,\theta_2,\cdots,\theta_k$，即可得到未知参数的矩估计量。

设 X 为连续型随机变量，其概率密度函数为 $f(x;\theta_1,\theta_2,\cdots,\theta_k)$，或 X 为离散型随机变量，其分布律为 $P\{X=x\}=p(x;\theta_1,\theta_2,\cdots,\theta_k)$，其中 $\theta_1,\theta_2,\cdots,\theta_k$ 是待估参数，$X_1,X_2,\cdots,X_n$ 是来自总体 X 的一个样本。假设总体 X 的前 k 阶矩 $\mu_l=\mu_l(\theta_1,\theta_2,\cdots,\theta_k)$，$l=1,2,\cdots,k$ 存在，依据矩估计法的基本思想，就用样本矩作为相应的总体矩的估计量，而以样本矩的连续函数作为相应的总体矩的连续函数的估计量，这种估计方法称为**矩估计法**。利用矩估计法得到的点估计量称为**矩估计量**，矩估计量的观察值称为**矩估计值**。矩估计法的一般步骤如下。

如果总体的概率密度函数（X 为连续型）或分布律（X 为离散型）含有 k 个待估参数 θ_1，$\theta_2,\cdots,\theta_k$。

第一步：建立总体矩与未知参数 $\theta_1,\theta_2,\cdots,\theta_k$ 的关系式，即通过计算总体矩得到

$$\begin{cases}\mu_1=\mu_1(\theta_1,\theta_2,\cdots,\theta_k)\\ \mu_2=\mu_2(\theta_1,\theta_2,\cdots,\theta_k)\\ \qquad\vdots\\ \mu_k=\mu_k(\theta_1,\theta_2,\cdots,\theta_k)\end{cases}$$

第二步：由总体矩与未知参数 $\theta_1,\theta_2,\cdots,\theta_k$ 的关系式，找到用总体矩表示参数 θ_1，$\theta_2,\cdots,\theta_k$ 的表达式，即解上面的方程组，得

$$\begin{cases}\theta_1=\theta_1(\mu_1,\mu_2,\cdots,\mu_k)\\\theta_2=\theta_2(\mu_1,\mu_2,\cdots,\mu_k)\\\quad\vdots\\\theta_k=\theta_k(\mu_1,\mu_2,\cdots,\mu_k)\end{cases}$$

第三步：将参数 $\theta_1,\theta_2,\cdots,\theta_k$ 的表达式中的总体矩用相应的样本矩代替，即用 A_l 代替 $\mu_l(l=1,2,\cdots,k)$，得到

$$\begin{cases}\hat{\theta}_1=\theta_1(A_1,A_2,\cdots,A_k)\\\hat{\theta}_2=\theta_2(A_1,A_2,\cdots,A_k)\\\quad\vdots\\\hat{\theta}_k=\theta_k(A_1,A_2,\cdots,A_k)\end{cases}$$

这样得到的统计量就是参数 $\theta_1,\theta_2,\cdots,\theta_k$ 的估计量，称为**矩估计量**，矩估计量的观测值称为**矩估计值**。

例 2.1.1 设总体 X 服从(0—1)分布，即 $X\sim b(1,p)$，其中 p 未知，$0<p<1$；$X_1,X_2,\cdots,X_n$ 是来自 X 的样本，试求 p 的矩估计量。

解 总体 X 的分布律中只含一个待估参数 p。易得总体 X 的一阶矩，即期望为

$$\mu_1=E(X)=p$$

解此方程，得

$$p=\mu_1$$

用 $A_1=\frac{1}{n}\sum_{i=1}^{n}X_i=\overline{X}$ 代替 μ_1，可得

$$\hat{p}=A_1$$

从而得到 p 的矩估计量为 $\hat{p}=A_1=\overline{X}$。

例 2.1.2 设总体 X 服从$[a,b]$上的均匀分布，其中 a,b 未知；$X_1,X_2,\cdots,X_n$ 是来自 X 的样本，试求 a,b 的矩估计量。

解 总体 X 的概率密度函数含有两个待估参数 a,b，先算出前二阶总体矩：

$$\mu_1=E(X)=\frac{a+b}{2}$$

$$\mu_2=E(X^2)=D(X)+[E(X)]^2=\frac{(b-a)^2}{12}+\frac{(a+b)^2}{4}$$

即

$$\begin{cases}a+b=2\mu_1\\b-a=\sqrt{12(\mu_2-\mu_1^2)}\end{cases}$$

解此方程组得

$$a=\mu_1-\sqrt{3(\mu_2-\mu_1^2)},\quad b=\mu_1+\sqrt{3(\mu_2-\mu_1^2)}$$

用样本矩 A_1 和 A_2 代替 μ_1 和 μ_2，从而得到 a,b 的矩估计量为

$$\hat{a}=A_1-\sqrt{3(A_2-A_1^2)}=\overline{X}-\sqrt{\frac{3}{n}\sum_{i=1}^{n}(X_i-\overline{X})^2}$$

$$\hat{b}=A_1+\sqrt{3(A_2-A_1^2)}=\overline{X}+\sqrt{\frac{3}{n}\sum_{i=1}^{n}(X_i-\overline{X})^2}$$

上面最后这一步用到了

$$\frac{1}{n}\sum_{i=1}^{n}X_i^2-\overline{X}^2=\frac{1}{n}\sum_{i=1}^{n}(X_i-\overline{X})^2$$

例 2.1.3 设总体 X 的均值 μ 和方差 σ^2 都存在，且有 $\sigma^2>0$，但 μ,σ^2 均未知；又设 $X_1,X_2,\cdots,X_n$ 是来自 X 的样本，试求 μ,σ^2 的矩估计量。

解 总体 X 含有两个待估参数，由均值和方差的定义可得

$$\begin{cases}\mu_1=E(X)=\mu\\ \mu_2=E(X^2)=D(X)+[E(X)]^2=\sigma^2+\mu^2\end{cases}$$

解得

$$\begin{cases}\mu=\mu_1\\ \sigma^2=\mu_2-\mu_1^2\end{cases}$$

分别用样本矩 A_1 和 A_2 代替 μ_1 和 μ_2，得到 μ,σ^2 的矩估计量为

$$\hat{\mu}=A_1=\overline{X}$$

$$\hat{\sigma}^2=A_2-A_1^2=\frac{1}{n}\sum_{i=1}^{n}X_i^2-\overline{X}^2=\frac{1}{n}\sum_{i=1}^{n}(X_i-\overline{X})^2$$

本例表明，总体均值与方差的矩估计量的表达式不因不同的总体分布而不同。例如，总体 $X\sim N(\mu,\sigma^2)$，μ,σ^2 未知，即得 μ,σ^2 的矩估计量为 $\hat{\mu}_1=\overline{X}$，$\hat{\sigma}^2=\frac{1}{n}\sum_{i=1}^{n}(X_i-\overline{X})^2$。

例 2.1.4 假设某加油站每天的汽油销售量 X（单位：t）服从均匀分布 $U[a,b]$（a,b 为未知参数），又设 $X_1,X_2,\cdots,X_n$ 是来自 X 的样本。对该加油站，随机抽查了 12 天的汽油销售量，其结果如表 2-2 所示。

表 2-2 汽油销售量 单位：t

19.472	21.152	16.081	20.639	21.658	21.826
18.251	13.874	14.756	19.017	16.521	21.645

试用矩估计法估计该加油站汽油的最小销售量和最大销售量。

解 由例 2.1.2 可知，未知参数 a,b 的矩估计量为

$$\hat{a}=A_1-\sqrt{3(A_2-A_1^2)}=\overline{X}-\sqrt{\frac{3}{n}\sum_{i=1}^{n}(X_i-\overline{X})^2}$$

$$\hat{b}=A_1+\sqrt{3(A_2-A_1^2)}=\overline{X}+\sqrt{\frac{3}{n}\sum_{i=1}^{n}(X_i-\overline{X})^2}$$

由表 2-2 中数据得，$n=12$，$\bar{x}=18.741$，$\frac{1}{n}\sum_{i=1}^{12}(x_i-\bar{x})^2=7.3581$，代入上两式，可得参数 a,b 的矩估计值为

$$\hat{a}=18.741-\sqrt{3\times 7.3581}\approx 14.043,\quad \hat{b}=18.741+\sqrt{3\times 7.3581}\approx 23.439$$

由计算结果可知，加油站汽油的最小销售量估计为 14.043t，最大销售量估计为 23.439t。

Excel 软件实现

矩估计法使用方便，思想简单合理，估计总体矩时不需要总体分布的信息。但使用矩估计法时，要求总体矩存在。而实际中有些总体的矩是不存在的，这时就不能使用矩估计法估计参数。下面介绍的最大似然估计法不要求总体矩存在，并且能利用总体分布的信息来估计未知参数。

2.1.2 最大似然估计法

引例 小王和小李都是篮球爱好者，他们一次投篮的投中率分别为 0.9 和 0.5。如果现在知道两人中的一个人连续 3 次投篮都投中，你估计这个投篮人是谁？

解 设一次投篮投中率为 p，则 p 的取值只有两种可能，即 $p=0.9$ 或 $p=0.5$。

当 $p=0.9$ 时，3 次投篮都投中的概率为 $p^3=0.9^3=0.729$，即小王连续 3 次投篮都投中的概率为 0.729；当 $p=0.5$ 时，3 次投篮都投中的概率为 $p^3=0.5^3=0.125$，即小李连续 3 次投篮都投中的概率为 0.125。

由于 $0.729>0.125$，因此小王连续 3 次投篮都投中的概率比小李连续 3 次投篮都投中的概率大，故估计投篮人是小王。

这个例子就是对未知参数 p 的最大似然推断，在 p 的所有备选取值假定下，比较样本发生概率的大小。使概率最大的 p 的取值即为 p 的最大似然估计。

最大似然估计法是在总体分布形式已知的条件下使用的一种参数估计方法，它是由德国数学家高斯(Gauss)在 1821 年提出的。1922 年，英国统计学家费歇(Fisher)重新发现了这一方法并研究了这一方法的一些性质。

最大似然估计法的基本思想是如果某个随机试验有若干个结果，而在一次实验中出现其中某一个结果，则认为该结果发生的概率是最大的。最大似然估计法的步骤如下。

设总体 X 的概率分布(即 X 的分布律或密度函数)已知，$\theta_1,\theta_2,\cdots,\theta_k$ 是与总体 X 有关的未知参数，Θ 是 $\theta_1,\theta_2,\cdots,\theta_k$ 可能取值的范围，也称为参数空间，$X_1,X_2,\cdots,X_n$ 是取自 X 的一个样本，$x_1,x_2,\cdots,x_n$ 为其样本值。

第一步：求似然函数。如果总体 X 是离散型随机变量，其分布律为 $P\{X=x\}=p(x;\theta_1,\theta_2,\cdots,\theta_k)$，$(\theta_1,\theta_2,\cdots,\theta_k)\in\Theta$，则样本取到观察值 $x_1,x_2,\cdots,x_n$ 的概率，即事件 $\{X_1=x_1,X_2=x_2,\cdots,X_n=x_n\}$ 发生的概率，为样本的联合分布律 $\prod\limits_{i=1}^{n}p(x_i;\theta_1,\theta_2,\cdots,\theta_k)$。令 $L(\theta_1,\theta_2,\cdots,\theta_k)=\prod\limits_{i=1}^{n}p(x_i;\theta_1,\theta_2,\cdots,\theta_k)$ 称其为**样本的似然函数**。

如果总体 X 是连续型随机变量，其概率密度函数为 $f(x;\theta_1,\theta_2,\cdots,\theta_k)$，则样本 $(X_1,X_2,\cdots,X_n)$ 落在点 $(x_1,x_2,\cdots,x_n)$ 的邻域(边长分别为 $\mathrm{d}x_1,\mathrm{d}x_2,\cdots,\mathrm{d}x_n$ 的 n 维长方体)内的概率近似为 $\prod\limits_{i=1}^{n}f(x_i;\theta_1,\theta_2,\cdots,\theta_k)\mathrm{d}x_i$。令 $L(\theta_1,\theta_2,\cdots,\theta_k)=\prod\limits_{i=1}^{n}f(x_i;\theta_1,\theta_2,\cdots,\theta_k)$，称其为**样本的似然函数**。

第二步：求未知参数 $\theta_1,\theta_2,\cdots,\theta_k$ 的最大似然估计值 $\hat{\theta}_l(x_1,x_2,\cdots,x_n)$，$l=1,2,\cdots,k$。若 $L(x_1,x_2,\cdots,x_n;\hat{\theta}_1,\hat{\theta}_2,\cdots,\hat{\theta}_k)=\max\limits_{\theta_l\in\Theta}L(x_1,x_2,\cdots,x_n;\theta_1,\theta_2,\cdots,\theta_k)$，则称

$\hat{\theta}_l(x_1,x_2,\cdots,x_n)(l=1,2,\cdots,k)$为参数 $\theta_1,\theta_2,\cdots,\theta_k$ 的最大似然估计值，将其中的 x_1，$x_2,\cdots,x_n$ 换成 $X_1,X_2,\cdots,X_n$，得到的统计量 $\hat{\theta}_l(X_1,X_2,\cdots,X_n)$，$l=1,2,\cdots,k$ 称为参数 $\theta_1,\theta_2,\cdots,\theta_k$ 的**最大似然估计量**。

这样，确定最大似然估计量的问题就转化为求函数的最大值问题。

在大部分情形下，$p(x;\theta_1,\theta_2,\cdots,\theta_k)$和 $f(x;\theta_1,\theta_2,\cdots,\theta_k)$关于 $\theta_1,\theta_2,\cdots,\theta_k$ 可微，根据极值理论，$\hat{\theta}_l(x_1,x_2,\cdots,x_n)(l=1,2,\cdots,k)$常可从方程组$\frac{\partial}{\partial\theta_i}L=0(i=1,2,\cdots,k)$解得。又因 $L(\theta_1,\theta_2,\cdots,\theta_k)$与 $\ln L(\theta_1,\theta_2,\cdots,\theta_k)$在同一 $\theta_1,\theta_2,\cdots,\theta_k$ 处取到极值，因此，θ_1，$\theta_2,\cdots,\theta_k$ 的最大似然估计 $\hat{\theta}_l(x_1,x_2,\cdots,x_n)$，$l=1,2,\cdots,k$ 也可以从方程组$\frac{\partial}{\partial\theta_i}\ln L=0(i=1,2,\cdots,k)$解得，上面的方程组称为**对数似然方程组**。

例 2.1.5 设总体 $X\sim b(1,p)$，其中 p 未知，$0<p<1$。$X_1,X_2,\cdots,X_n$ 是来自 X 的样本，试求 p 的最大似然估计量。

解 设 $x_1,x_2,\cdots,x_n$ 是样本 $X_1,X_2,\cdots,X_n$ 的一个观察值。X 的分布律为

$$P\{X=x\}=p^x(1-p)^{1-x},\quad x=0,1$$

故似然函数为

$$L(p)=\prod_{i=1}^{n}p^{x_i}(1-p)^{1-x_i}=p^{\sum\limits_{i=1}^{n}x_i}(1-p)^{n-\sum\limits_{i=1}^{n}x_i}$$

而

$$\ln L(p)=\left(\sum_{i=1}^{n}x_i\right)\ln p+\left(n-\sum_{i=1}^{n}x_i\right)\ln(1-p)$$

令

$$\frac{\mathrm{d}}{\mathrm{d}p}\ln L(p)=\frac{1}{p}\sum_{i=1}^{n}x_i-\frac{1}{1-p}\left(n-\sum_{i=1}^{n}x_i\right)=0$$

解得 p 的最大似然估计值为

$$\hat{p}=\frac{1}{n}\sum_{i=1}^{n}x_i=\bar{x}$$

p 的最大似然估计量为

$$\hat{p}=\frac{1}{n}\sum_{i=1}^{n}X_i=\bar{X}$$

由此可见，这一估计量与相应的矩估计量是相同的。

例 2.1.6 设总体 $X\sim N(\mu,\sigma^2)$，μ,σ^2 为未知参数，$x_1,x_2,\cdots,x_n$ 是来自 X 的一个样本值，试求 μ,σ^2 的最大似然估计量。

解 X 的概率密度为

$$f(x;\mu,\sigma^2)=\frac{1}{\sqrt{2\pi}\sigma}\exp\left\{-\frac{1}{2\sigma^2}(x-\mu)^2\right\}$$

从而可得似然函数为

$$L(\mu,\sigma^2)=\prod_{i=1}^{n}\frac{1}{\sqrt{2\pi}\sigma}\exp\left\{-\frac{1}{2\sigma^2}(x_i-\mu)^2\right\}$$

$$=(2\pi)^{-\frac{n}{2}}(\sigma^2)^{-\frac{n}{2}}\exp\left\{-\frac{1}{2\sigma^2}\sum_{i=1}^{n}(x_i-\mu)^2\right\}$$

而

$$\ln L=-\frac{n}{2}\ln(2\pi)-\frac{n}{2}\ln\sigma^2-\frac{1}{2\sigma^2}\sum_{i=1}^{n}(x_i-\mu)^2$$

令

$$\begin{cases}\dfrac{\partial}{\partial\mu}\ln L=\dfrac{1}{\sigma^2}\left(\displaystyle\sum_{i=1}^{n}x_i-n\mu\right)=0\\[2ex]\dfrac{\partial}{\partial\sigma^2}\ln L=-\dfrac{n}{2\sigma^2}+\dfrac{1}{2(\sigma^2)^2}\displaystyle\sum_{i=1}^{n}(x_i-\mu)^2=0\end{cases}$$

解得

$$\begin{cases}\mu=\dfrac{1}{n}\displaystyle\sum_{i=1}^{n}x_i=\bar{x}\\[2ex]\sigma^2=\dfrac{1}{n}\displaystyle\sum_{i=1}^{n}(x_i-\mu)^2\end{cases}$$

因此，得 μ,σ^2 的最大似然估计量为

$$\begin{cases}\hat{\mu}=\dfrac{1}{n}\displaystyle\sum_{i=1}^{n}X_i=\overline{X}\\[2ex]\sigma^2=\dfrac{1}{n}\displaystyle\sum_{i=1}^{n}(X_i-\overline{X})^2\end{cases}$$

它们与相应的矩估计量也是相同。

例 2.1.7 设总体 X 在$[a,b]$上服从均匀分布，a,b 为未知参数，$x_1,x_2,\cdots,x_n$ 是来自 X 的一个样本值，试求 a,b 的最大似然估计量。

解 记 $x_{(1)}=\min\{x_1,x_2,\cdots,x_n\}$，$x_{(n)}=\max\{x_1,x_2,\cdots,x_n\}$。$X$ 的概率密度函数是

$$f(x;a,b)=\begin{cases}\dfrac{1}{b-a}, & a\leqslant x\leqslant b\\ 0, & \text{其他}\end{cases}$$

似然函数为

$$L(a,b)=\begin{cases}\dfrac{1}{(b-a)^n}, & a\leqslant x_1,x_2,\cdots,x_n\leqslant b\\ 0, & \text{其他}\end{cases}$$

由于 $a\leqslant x_1,x_2,\cdots,x_n\leqslant b$ 等价于 $a\leqslant x_{(1)},x_{(n)}\leqslant b$。似然函数可写成

$$L(a,b)=\begin{cases}\dfrac{1}{(b-a)^n}, & a\leqslant x_{(1)},b\geqslant x_{(n)}\\ 0, & \text{其他}\end{cases}$$

于是对于满足条件 $a\leqslant x_{(1)},b\geqslant x_{(n)}$ 的任意 a,b 有

$$L(a,b)=\frac{1}{(b-a)^n}\leqslant\frac{1}{[x_{(n)}-x_{(1)}]^n}$$

即 $L(a,b)$在 $a=x_{(1)},b=x_{(n)}$ 时取到最大值$[x_{(n)}-x_{(1)}]^{-n}$。故 a,b 的最大似然估计值为

$$\hat{a} = x_{(1)} = \min_{1 \leqslant i \leqslant n} x_i, \quad \hat{b} = x_{(n)} = \max_{1 \leqslant i \leqslant n} x_i$$

a, b 的最大似然估计量为

$$\hat{a} = \min_{1 \leqslant i \leqslant n} X_i, \quad \hat{b} = \max_{1 \leqslant i \leqslant n} X_i$$

例 2.1.8 设总体 X 的分布律如表 2-3 所示。

表 2-3 X 的分布律

X	1	2	3
P	θ^2	$2\theta(1-\theta)$	$(1-\theta)^2$

其中,$\theta(0<\theta<1)$为未知参数。已知取得了样本值 $x_1=1, x_2=2, x_3=1$,试求 θ 的最大似然估计值。

解 似然函数为

$$L(\theta) = L(x_1, x_2, x_3; \theta) = \prod_{i=1}^{3} P\{X = x_i\}$$

$$= \theta^2 \cdot 2\theta(1-\theta) \cdot \theta^2 = 2\theta^5(1-\theta)$$

取对数,得

$$\ln L(\theta) = \ln[2\theta^5(1-\theta)] = \ln 2 + 5\ln\theta + \ln(1-\theta)$$

令

$$\frac{\mathrm{d}}{\mathrm{d}\theta}\ln L(\theta) = \frac{5}{\theta} - \frac{1}{1-\theta} = 0$$

解得 $\theta = \dfrac{5}{6}$,故 θ 的最大似然估计值为 $\hat{\theta} = \dfrac{5}{6}$。

2.1.3 贝叶斯估计法

引例 如果某企业某天生产的某种产品的次品率为 θ,从中有放回地抽取 n 件,结果抽到 m 件次品。问:如何依据抽样结果估计参数 θ 的值?

解 设 X 表示任意抽取一件产品的结果,且

$$X = \begin{cases} 1, & \text{取到次品} \\ 0, & \text{未取到次品} \end{cases}$$

则 X 为总体,且 $X \sim B(1, \theta)$。设 $X_1, X_2, \cdots, X_n$ 表示有放回地抽取 n 件产品的结果,则 $X_1, X_2, \cdots, X_n$ 是来自总体 X 的样本,样本值用 $x_1, x_2, \cdots, x_n$ 表示,已知 $\sum\limits_{i=1}^{n} x_i = m$。

显然,θ 的矩估计值为 $\hat{\theta} = \bar{x} = \dfrac{m}{n}$。

似然函数为

$$L(\theta; x_1, x_2, \cdots, x_n) = \theta^m (1-\theta)^{n-m}$$

$$\frac{\mathrm{d}\ln L(\theta; x_1, x_2, \cdots, x_n)}{\mathrm{d}\theta} = \frac{m}{\theta} - \frac{n-m}{1-\theta}$$

由方程$\frac{\mathrm{d}\ln L(\theta;x_1,x_2,\cdots,x_n)}{\mathrm{d}\theta}=\frac{m}{\theta}-\frac{n-m}{1-\theta}=0$，可得$\theta$的最大似然估计值为$\hat{\theta}=\bar{x}=\frac{m}{n}$。因此，$\theta$的矩估计值和最大似然估计值均为$\hat{\theta}=\bar{x}=\frac{m}{n}$。

根据上述结果，当$m=n=1$或$m=n=200$时，都有$\hat{\theta}=1$。这个结果显然不合理。因为通常情况下，如果抽取200件产品结果件件都抽到次品，则意味着这批产品的次品率比较高；如果抽取1件产品结果是次品，不能说明产品的次品率偏高，所以，两种情形下的次品率不能认为是相同的。当$m=0,n=1$或$m=0,n=200$时，也有类似的问题。

在矩估计法和最大似然估计法中，都假定需要估计的参数θ是一个常数，在每次估计中它的值是不变的。基于这种观点的统计理论属于统计学中经典学派的范畴。贝叶斯估计法的观点是，将未知参数θ看作一个随机变量的一次具体实现。例如，在实际中，由于受到各种因素的影响，一段时间内每天生产的产品的次品率θ是不完全相同的，是变化的。因此它可以用一个随机变量表示，某天产品的次品率θ_0是随机变量θ的一个取值。这种基于未知参数θ是一个随机变量或随机向量的观点产生的统计理论与方法属于贝叶斯学派的范畴。贝叶斯学派的统计方法起源于英国学者贝叶斯(Bayes)于1763年发表的论文《论有关机遇问题的求解》，该论文提出了著名的贝叶斯公式和一种归纳推理的理论。之后，一些统计学者将其发展成为一种系统的统计推断方法，称为贝叶斯统计。贝叶斯统计的形成是在20世纪30年代，到五六十年代已发展成为一个有影响的统计学派。随着计算机的高速发展和贝叶斯统计软件的开发，贝叶斯统计以及基于贝叶斯统计的贝叶斯技术已广泛应用于实际领域，如大数据分析、机器学习方法、微型芯片制造、药物发现、基因管控、新生物医学技术等领域。著名的美国经典统计学家莱曼(Lehmann)在《点估计理论》中写道："把统计问题中的参数看作随机变量要比看作未知参数更合理一些。"

在贝叶斯估计法中，由过去的生产经验总结得到的随机变量θ的变化规律记为$\pi(\theta)$，称为θ的**先验分布**。从某天生产的产品中抽取的产品信息(n件产品中有m件次品)$x_1,x_2,\cdots,x_n$是随机变量$\theta=\theta_0$时来自总体X的样本信息。利用样本信息修正先验分布$\pi(\theta)$，所得到的新的概率分布记为$\pi(\theta|x_1,x_2,\cdots,x_n)$，称为**后验分布**。有了$\theta$的后验分布$\pi(\theta|x_1,x_2,\cdots,x_n)$，选择适当的参数估计方法对$\theta_0$进行估计，这样的估计称为**贝叶斯估计**。

在引例中，假设次品率θ的先验分布为$U(0,1)$。那么先验分布的概率密度函数为

$$\pi(\theta)=\begin{cases}1, & 0<\theta<1\\ 0, & \text{其他}\end{cases}$$

次品率为θ时，总体$X\sim b(1,\theta)$。从总体中抽取n件产品恰好有m件次品的概率为

$$P\{X_1=x_1,X_2=x_2,\cdots,X_n=x_n\mid\theta\}=\theta^m(1-\theta)^{n-m}$$

利用样本信息$x_1,x_2,\cdots,x_n$修正$\pi(\theta)$，计算θ的后验分布的概率密度函数$\pi(\theta|x_1,x_2,\cdots,x_n)$。由贝叶斯公式得

$$\begin{aligned}\pi(\theta\mid x_1,x_2,\cdots,x_n)&=\frac{\pi(\theta)\cdot P\{X_1=x_1,X_2=x_2,\cdots,X_n=x_n\mid\theta\}}{\int_0^1\pi(\theta)\cdot P\{X_1=x_1,X_2=x_2,\cdots,X_n=x_n\mid\theta\}\mathrm{d}\theta}\\&=\frac{\theta^m(1-\theta)^{n-m}}{\int_0^1\theta^m(1-\theta)^{n-m}\mathrm{d}\theta},\quad 0<\theta<1\end{aligned}$$

由此可以计算得到后验分布的均值为$\dfrac{m+1}{n+2}$。如果用后验分布$\pi(\theta|x_1,x_2,\cdots,x_n)$的均值估计$\theta_0$，则$\theta_0$的贝叶斯估计值为

$$\hat{\theta}_0=\frac{m+1}{n+2}$$

当$n=m=1$时，$\hat{\theta}_0=\dfrac{2}{3}\approx0.667$；当$n=m=200$时，$\hat{\theta}_0=\dfrac{201}{202}\approx0.995$；当$n=1,m=0$时，$\hat{\theta}_0=\dfrac{1}{3}\approx0.333$；当$n=200,m=0$时，$\hat{\theta}_0=\dfrac{1}{202}\approx0.005$。显然，这些估计值比矩估计值和最大似然估计值$\hat{\theta}=\dfrac{m}{n}$更合理。

由上例可见，贝叶斯估计法具有以下特点。

(1) 将需要估计的参数视为随机变量。

(2) 使用三种信息：总体信息、样本信息、先验信息。

① 总体信息是指关于总体分布的信息。2.1.3小节引例中的总体分布为(0—1)分布。在统计推断中总体信息非常重要，但在实际中常常是未知的，为了获取这种信息往往耗资巨大。例如，人寿保险的保险费与人的寿命分布密切相关，而确定人的寿命分布却是一项耗资费时的工程。

② 样本信息也称"新鲜"信息，为当前研究的统计问题提供了最新的信息。在2.1.3小节引例中，"有放回地抽取n件，结果抽到m件次品"就是样本信息。

③ 先验信息是指在抽取样本信息之前有关未知参数变化规律的认识，一般来源于经验或历史资料，如医生的行医经验。在2.1.3小节引例中，先验信息是$U(0,1)$。

基于总体信息、样本信息的统计称为经典统计，矩估计法、最大似然估计法都属于经典统计。基于总体信息、样本信息、先验信息的统计称为贝叶斯统计。贝叶斯统计在重视使用总体信息和样本信息的同时，还注意先验信息的收集、加工，形成先验分布，并加入统计推断中，以提高统计推断的质量。

(3) 用样本信息修正先验分布，获得后验分布；再利用后验分布进行统计推断。

后验分布比先验分布更客观、更深入地描述了未知参数的随机规律性，更有利于对未知参数的估计。在获得后验分布后，可以选择各种各样的方法确定未知参数的估计值。

但是，要顺利完成参数的贝叶斯估计必须要解决以下三个问题：如何确定参数的先验分布？如何计算后验分布？如何依据后验分布估计参数？有关这方面的研究，读者可以查阅相关资料，本书不再深入讨论。

习题 2.1

(1) 设总体X的概率密度函数为$f(x)=\begin{cases}(\alpha+1)x^{\alpha}, & 0<x<1\\ 0, & \text{其他}\end{cases}$，其中$\alpha>-1$是未知参数。$X_1,X_2,\cdots,X_n$是来自$X$的一个样本，求参数$\alpha$的矩估计量。

(2) 设总体 X 的概率密度函数为 $f(x)=\begin{cases}\dfrac{2}{\theta^2}(\theta-x), & 0<x<\theta \\ 0, & 其他\end{cases}$,其中 $\theta>0$ 是未知参数。$X_1,X_2,\cdots,X_n$ 是来自 X 的一个样本,求参数 θ 的矩估计量。

(3) 设总体 X 的概率密度函数为 $f(x)=\begin{cases}\theta e^{-\theta x}, & x\geqslant 0 \\ 0, & 其他\end{cases}$,其中 $\theta>0$ 是未知参数。X_1,$X_2,\cdots,X_n$ 是来自 X 的一个样本,求参数 θ 的最大似然估计量。

(4) 设总体 X 的分布律如表 2-4 所示。

表 2-4　X 的分布律

X	0	1	2
P	θ_1	θ_2	$1-\theta_1-\theta_2$

其中,$0<\theta_1<1,0<\theta_2<1$ 为未知参数,$X_1,X_2,\cdots,X_n$ 是来自 X 的一个样本。如果样本的一个观察值为 1,0,2,0,0,2,求 θ_1,θ_2 的最大似然估计值。

(5) 设总体 X 的概率密度函数为 $f(x)=\begin{cases}\theta c^{\theta}x^{-(\theta+1)}, & x>c \\ 0, & x\leqslant c\end{cases}$,其中 $c>0$ 为已知参数,$\theta>1$ 为未知参数。$X_1,X_2,\cdots,X_n$ 是来自 X 的一个样本。求:

① 参数 θ 的矩估计量;

② 参数 θ 的最大似然估计量。

(6) 设总体 X 的概率密度函数为 $f(x)=\begin{cases}\dfrac{1}{\theta}e^{\frac{-(x-\mu)}{\theta}}, & x>\mu \\ 0, & x\leqslant\mu\end{cases}$,其中 $\theta>0,\theta,\mu$ 均为未知参数。$X_1,X_2,\cdots,X_n$ 是来自 X 的一个样本,求:

① 参数 θ 和 μ 的矩估计量;

② 参数 θ 和 μ 的最大似然估计量。

2.2　估计量的评选标准

从 2.1 节例 2.1.2 和例 2.1.7 中可以看到,同一个参数可能有不同的估计量,那么这些估计量中哪一个会更好呢?这就需要从数学的角度去评价。本节将介绍三种常用的估计量的评选标准,即无偏性、有效性、一致性(相合性)。

2.2.1　无偏性

定义 2.2.1　设 $\hat{\theta}=\hat{\theta}(X_1,X_2,\cdots,X_n)$ 是 θ 的一个估计量,θ 的取值范围为 Θ,若估计量 $\hat{\theta}$ 的数学期望存在,且对任意的 $\theta\in\Theta$ 有 $E(\hat{\theta})=\theta$,则称 $\hat{\theta}$ 是 θ 的**无偏估计量**。

例 2.2.1　设总体 X 服从区间 $[0,\theta]$ 上的均匀分布,其中 $\theta>0$ 为未知参数,$X_1,X_2,\cdots$,X_n 是来自 X 的样本,试讨论参数 θ 的矩估计量 $\hat{\theta}_1$ 和最大似然估计量 $\hat{\theta}_2$ 的无偏性。

解 因为$\mu_1=E(X)=\dfrac{\theta}{2}$,则$\theta=2\mu_1$,故$\theta$的矩估计量$\hat{\theta}_1=2\overline{X}$。而$E(\hat{\theta}_1)=E(2\overline{X})=2E(\overline{X})=\theta$,故$\theta$的矩估计量$\hat{\theta}_1=2\overline{X}$是$\theta$的无偏估计。

易知似然函数

$$L(\theta)=\begin{cases}\dfrac{1}{\theta^n}, & 0<x_i<\theta, i=1,2,\cdots,n\\ 0, & \text{其他}\end{cases}$$

显然,似然函数关于θ单调递减,故θ越小$L(\theta)$越大,又$\theta\geqslant\max\limits_{1\leqslant i\leqslant n}x_i$,故$\theta=\max\limits_{1\leqslant i\leqslant n}x_i$时,$L(\theta)$取到最大值,即$\theta$的最大似然估计量$\hat{\theta}_2=\max\limits_{1\leqslant i\leqslant n}X_i$。

而根据随机变量的函数的分布理论,可知$\hat{\theta}_2=\max\limits_{1\leqslant i\leqslant n}X_i$的概率密度函数为

$$f_{\max}(x)=\begin{cases}\dfrac{nx^{n-1}}{\theta^n}, & 0<x<\theta\\ 0, & \text{其他}\end{cases}$$

因此,$E(\hat{\theta}_2)=E\left(\max\limits_{1\leqslant i\leqslant n}X_i\right)=\int_0^\theta x\dfrac{nx^{n-1}}{\theta^n}\mathrm{d}x=\dfrac{n}{n+1}\theta\neq\theta$,即$\theta$的最大似然估计量$\hat{\theta}_2=\max\limits_{1\leqslant i\leqslant n}X_i$不是$\theta$的无偏估计。

但是,可以得到$E\left(\dfrac{n+1}{n}\hat{\theta}_2\right)=\dfrac{n+1}{n}E(\hat{\theta}_2)=\dfrac{n+1}{n}\cdot\dfrac{n}{n+1}\theta=\theta$,即修正后的估计量$\dfrac{n+1}{n}\hat{\theta}_2$是$\theta$的无偏估计。这一过程称为**无偏化**。

例 2.2.2 设总体X的概率密度为

$$f(x;\theta)=\begin{cases}\dfrac{1}{\theta}\mathrm{e}^{-x/\theta}, & x>0\\ 0, & \text{其他}\end{cases}$$

其中,$\theta>0$为未知参数,又设$X_1,X_2,\cdots,X_n$是来自X的一个样本,试证明$\overline{X}$和$nZ=n\left(\min\limits_{1\leqslant i\leqslant n}X_i\right)$都是$\theta$的无偏估计量。

证明 因为$E(\overline{X})=E(X)=\theta$,所以$\overline{X}$是$\theta$的无偏估计量。而$Z=\min\limits_{1\leqslant i\leqslant n}X_i$的概率密度为

$$f_{\min}(x;\theta)=\begin{cases}\dfrac{n}{\theta}\mathrm{e}^{-nx/\theta}, & x>0\\ 0, & \text{其他}\end{cases}$$

故知$E(Z)=\dfrac{\theta}{n}$,$E(nZ)=\theta$,即nZ也是θ的无偏估计量。

由此可见,一个未知参数的无偏估计量并不唯一。事实上,在本例中,$X_1,X_2,\cdots,X_n$中的每一个$X_i(i=1,2,\cdots,n)$都可以作为θ的无偏估计量。

2.2.2 有效性

由上面的例子可以看到,一个未知参数的无偏估计量不止一个,对于不同的无偏估计量,如何评价它们的优劣呢?可以采用下面的方法。

定义 2.2.2 设 $\hat{\theta}_1,\hat{\theta}_2$ 是 θ 的两个无偏估计量，若对于任意的 $\theta\in\Theta$ 有 $D(\hat{\theta}_1)\leqslant D(\hat{\theta}_2)$ 且至少存在一个 $\theta\in\Theta$ 使得 $D(\hat{\theta}_1)<D(\hat{\theta}_2)$，则称 $\hat{\theta}_1$ 比 $\hat{\theta}_2$ 有效，即方差较小的无偏估计量更有效。

定义 2.2.3 对于给定的样本容量 n，设 $\hat{\theta}^*=\hat{\theta}^*(X_1,X_2,\cdots,X_n)$ 是参数 θ 的一个无偏估计量，如果对 θ 的任意一个无偏估计量 $\hat{\theta}=\hat{\theta}(X_1,X_2,\cdots,X_n)$，都有 $D(\hat{\theta}^*)\leqslant D(\hat{\theta})$ 成立，则称 $\hat{\theta}^*$ 为 θ **的一致最小方差无偏估计量或最优无偏估计量**。

这一概念在后面的章节中会用到。

例 2.2.3 接例 2.2.2，证明当 $n>1$ 时，θ 的无偏估计量 $\overline{X}$ 较 θ 的无偏估计量 nZ 有效。

证明 由于 $D(X)=\theta^2$，故有 $D(\overline{X})=\dfrac{\theta^2}{n}$。由于 $D(Z)=\dfrac{\theta^2}{n^2}$，故有 $D(nZ)=\theta^2$。

当 $n>1$ 时，$D(nZ)>D(\overline{X})$，故 $\overline{X}$ 较 nZ 有效。

2.2.3 一致性(相合性)

定义 2.2.4 设 $\hat{\theta}=\hat{\theta}(X_1,X_2,\cdots,X_n)$ 是参数 θ 的估计量，若对于任意的 $\theta\in\Theta$，当 $n\to\infty$ 时，$\hat{\theta}(X_1,X_2,\cdots,X_n)$ 依概率收敛于 θ，则称 $\hat{\theta}$ 为 θ 的**一致(相合)估计量**。即若 $\hat{\theta}$ 为 θ 的一致(相合)估计量，则对于任意的 $\varepsilon>0$，有 $\lim\limits_{n\to\infty}P\{|\hat{\theta}-\theta|<\varepsilon\}=1$。

一致性是对一个估计量的基本要求，若估计量不具有一致性，那么无论将样本容量 n 取多大，都不能将 θ 估计得足够准确，这样的估计量是不可取的。由大数定律可得，样本 $k(k\geqslant1)$ 阶矩是总体 X 的 k 阶矩 $\mu_k=E(X^k)$ 的一致估计量。

习题 2.2

(1) 设总体 $X\sim N(\mu,1)$，X_1,X_2,X_3 为来自总体的一个样本，证明：

$$\hat{\mu}_1=\frac{1}{5}X_1+\frac{3}{10}X_2+\frac{1}{2}X_3,\hat{\mu}_2=\frac{1}{3}X_1+\frac{1}{4}X_2+\frac{5}{12}X_3,\hat{\mu}_3=\frac{1}{3}X_1+\frac{1}{6}X_2+\frac{1}{2}X_3$$

三个估计量都是 μ 的无偏估计量；并进一步判断这三个估计量，哪个有效。

(2) 设总体 X 的分布律如表 2-5 所示。

表 2-5 X 的分布律

X	-1	0	1
P	$\dfrac{\theta}{2}$	$1-\theta$	$\dfrac{\theta}{2}$

其中，$0<\theta<1$ 为未知参数，$X_1,X_2,\cdots,X_n$ 是来自 X 的一个样本。讨论 θ 的矩估计量 $\hat{\theta}_1$ 和最大似然估计量 $\hat{\theta}_2$ 的无偏性。

(3) 设总体 $X\sim b(n,p)$，$X_1,X_2,\cdots,X_n$ 是来自 X 的一个样本。$\overline{X}$ 和 S^2 分别为样本均值和样本方差。若 $\overline{X}+kS^2$ 为 np^2 的无偏估计量，求 k 的值。

(4) 设总体 X 的数学期望为 $E(X)=\mu$，方差 $D(X)=\sigma^2$ 存在，$X_1, X_2, \cdots, X_n$ 是来自 X 的一个样本，常数 $c_i(i=1,2,\cdots,n)$ 满足 $\sum_{i=1}^{n} c_i=1$，证明：

① $\sum_{i=1}^{n} c_i X_i$ 是 μ 的无偏估计(称为线性无偏估计)；

② 在 μ 的线性无偏估计中，以 $\bar{X}$ 最有效。

(5) 设 $X_1, X_2, \cdots, X_n$ 是来自正态总体 $N(\mu, \sigma^2)$ 的一个样本，证明 S^2 是 σ^2 的一致估计量。

2.3 一个正态总体均值与方差的区间估计

参数的点估计是通过样本观察值计算得到参数具体的估计值的。例如，估计某天的紫外线指数，若根据一个实际样本观测值，利用最大似然估计法估计出指数值为 10W/cm^2，但实际指数的真值可能大于10，也可能小于10，并且可能存在较大偏差。如果能够给出一个区间，使得我们有较大把握相信当天的紫外线指数的真值在该区间内，那么这样的估计就更有实用价值，也更加可信，因此我们需要把可能出现的偏差也考虑在内。

引例 假设某高校大一新生的身高(单位：cm)为 $X \sim N(\mu, 16)$，现随机抽取100名学生进行测量，测得每名学生的身高 $x_1, x_2, \cdots, x_{100}$，由此算出 $\bar{X}=172$，那么 μ 的矩估计值为172。由于抽样的随机性，μ 的真值和样本均值的观察值 $\bar{x}$ 总是可能有偏差，所以我们希望计算出一个最大偏差，保证 $\bar{X}$ 和 μ 的真值的偏差不超过这个最大偏差的概率为0.95，即

$$P\{|\bar{X}-\mu|<c\}=0.95$$

其中，c 即为最大偏差。上式可等价地转化为

$$P\{\bar{X}-c<\mu<\bar{X}+c\}=0.95$$

上面的概率表达式也表明区间 $(\bar{X}-c, \bar{X}+c)$ 包含真值 μ 的概率达到0.95，因此称其为参数 μ 的区间估计。下面给出区间估计的定义。

定义 2.3.1 设总体 X 的分布函数 $F(x;\theta)$ 含有一个未知参数 $\theta, \theta \in \Theta$，$X_1, X_2, \cdots, X_n$ 是来自总体的样本。给定 $\alpha(0<\alpha<1)$，若对于任意 $\theta \in \Theta$，能找到两个统计量 $\underline{\theta}=\underline{\theta}(X_1, X_2, \cdots, X_n)$ 和 $\bar{\theta}=\bar{\theta}(X_1, X_2, \cdots, X_n)$，满足 $P\{\underline{\theta}(X_1, X_2, \cdots, X_n)<\theta<\bar{\theta}(X_1, X_2, \cdots, X_n)\} \geqslant 1-\alpha$，则称随机区间 $(\underline{\theta}, \bar{\theta})$ 是参数 θ 的置信水平为 $1-\alpha$ 的**置信区间**，$\underline{\theta}$ 和 $\bar{\theta}$ 分别称为参数 θ 的置信水平为 $1-\alpha$ 的双侧置信区间的**置信下限**和**置信上限**，$1-\alpha$ 称为**置信水平**(**置信度**)。

置信区间的求法如下。

(1) 寻求一个样本 $X_1, X_2, \cdots, X_n$ 和 θ 的函数 $W=W(X_1, X_2, \cdots, X_n;\theta)$，使得 W 的分布不依赖于 θ 以及其他未知参数，称具有这种性质的函数 W 为**枢轴量**。

(2) 对于给定的置信水平 $1-\alpha$，确定两个常数 a, b 使得

$$P\{a<W(X_1, X_2, \cdots, X_n;\theta)<b\}=1-\alpha$$

若能从 $a<W(X_1, X_2, \cdots, X_n;\theta)<b$ 得到与之等价的 θ 的不等式 $\underline{\theta}<\theta<\bar{\theta}$，其中 $\underline{\theta}=\underline{\theta}(X_1, X_2, \cdots, X_n)$ 和 $\bar{\theta}=\bar{\theta}(X_1, X_2, \cdots, X_n)$ 都是统计量，那么 $(\underline{\theta}, \bar{\theta})$ 就是 θ 的一个置信水平为 $1-\alpha$ 的置信区间。

在上述讨论中，对于未知参数 θ，我们给出两个统计量 $\underline{\theta},\bar{\theta}$，得到 θ 的双侧置信区间 $(\underline{\theta},\bar{\theta})$。但在某些实际问题中，例如对于设备、原件的寿命，我们关心的是其平均寿命 θ 的“下限”；与之相反，在考虑次品率的时候，我们常关心参数的“上限”。这就引出了单侧置信区间的概念。

定义 2.3.2 对于给定值 $\alpha(0<\alpha<1)$，若由样本 $X_1,X_2,\cdots,X_n$ 确定的统计量 $\underline{\theta}=\underline{\theta}(X_1,X_2,\cdots,X_n)$，对于任意 $\theta\in\Theta$ 满足 $P\{\theta>\underline{\theta}\}\geqslant 1-\alpha$，则称随机区间 $(\underline{\theta},\infty)$ 是 θ 的置信水平为 $1-\alpha$ 的**单侧置信区间**，称 $\underline{\theta}$ 为 θ 的置信水平为 $1-\alpha$ 的**单侧置信下限**。

对于给定值 $\alpha(0<\alpha<1)$，若由样本 $X_1,X_2,\cdots,X_n$ 确定的统计量 $\bar{\theta}=\bar{\theta}(X_1,X_2,\cdots,X_n)$，对于任意 $\theta\in\Theta$，满足 $P\{\theta<\bar{\theta}\}\geqslant 1-\alpha$，则称随机区间 $(-\infty,\bar{\theta})$ 是 θ 的置信水平为 $1-\alpha$ 的**单侧置信区间**，$\bar{\theta}$ 称为 θ 的置信水平为 $1-\alpha$ 的**单侧置信上限**。

正态总体是最常见的总体，本节主要讨论一个正态总体均值 μ 和方差 σ^2 的区间估计问题。

2.3.1 一个正态总体均值的区间估计

设已给定置信水平为 $1-\alpha$，并设 $X_1,X_2,\cdots,X_n$ 为来自总体 $N(\mu,\sigma^2)$ 的样本。$\bar{X}$ 和 S^2 分别是样本均值和样本方差。

1. $\boldsymbol{\sigma^2}$ 已知

我们知道 $\bar{X}$ 是 μ 的无偏估计，且由式(1.3.1)知 $\dfrac{\bar{X}-\mu}{\sigma/\sqrt{n}}\sim N(0,1)$。$\dfrac{\bar{X}-\mu}{\sigma/\sqrt{n}}$ 所服从的分布 $N(0,1)$ 不依赖于任何未知参数。按标准正态分布的上 α 分位点的定义(见图 2-1)，有

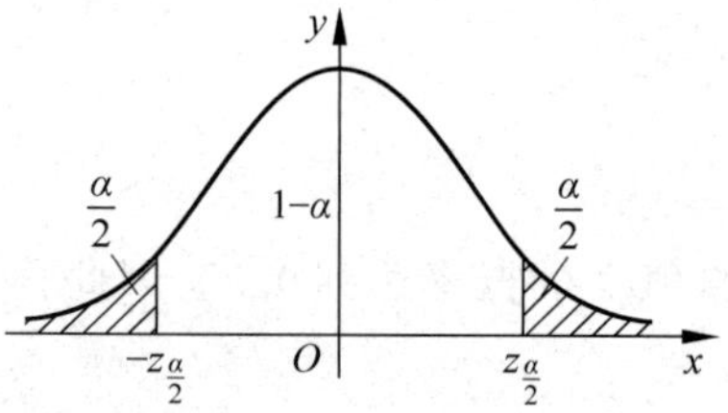

图 2-1 标准正态分布的上 $\dfrac{\alpha}{2}$ 分位点 $z_{\frac{\alpha}{2}}$

$$P\left\{\left|\frac{\bar{X}-\mu}{\sigma/\sqrt{n}}\right|<z_{\frac{\alpha}{2}}\right\}=1-\alpha,\text{即}$$

$$P\left\{\bar{X}-\frac{\sigma}{\sqrt{n}}z_{\frac{\alpha}{2}}<\mu<\bar{X}+\frac{\sigma}{\sqrt{n}}z_{\frac{\alpha}{2}}\right\}=1-\alpha$$

这样就得到了 μ 的一个置信水平为 $1-\alpha$ 的置信区间

$$\left(\bar{X}-\frac{\sigma}{\sqrt{n}}z_{\frac{\alpha}{2}},\bar{X}+\frac{\sigma}{\sqrt{n}}z_{\frac{\alpha}{2}}\right) \qquad (2.3.1)$$

这样的置信区间常写为

$$\left(\bar{X}\pm\frac{\sigma}{\sqrt{n}}z_{\frac{\alpha}{2}}\right)$$

置信水平为 $1-\alpha$ 的置信区间并不是唯一的。一般取对称的区间作为置信区间，这时区间长度最小。

下面计算 μ 的置信水平为 $1-\alpha$ 的单侧置信区间。

按标准正态分布的上 α 分位点的定义(见图 2-2)，有 $P\left\{\dfrac{\bar{X}-\mu}{\sigma/\sqrt{n}}<z_{\alpha}\right\}=1-\alpha$，即

$$P\left\{\mu>\bar{X}-\frac{\sigma}{\sqrt{n}}z_{\alpha}\right\}=1-\alpha$$

这样就得到了 μ 的置信水平为 $1-\alpha$ 的单侧置信下限为 $\bar{X}-\dfrac{\sigma}{\sqrt{n}}z_{\alpha}$，相应的 μ 的置信水

平为 $1-\alpha$ 的单侧置信区间为

$$\left(\overline{X}-\frac{\sigma}{\sqrt{n}}z_{\alpha},+\infty\right) \tag{2.3.2}$$

另外，有 $P\left\{\frac{\overline{X}-\mu}{\sigma/\sqrt{n}}>-z_{\alpha}\right\}=1-\alpha$，即 $P\left\{\mu<\overline{X}+\frac{\sigma}{\sqrt{n}}z_{\alpha}\right\}=1-\alpha$，这样就得到了 μ 的置信水平为 $1-\alpha$ 的单侧置信上限为 $\overline{X}+\frac{\sigma}{\sqrt{n}}z_{\alpha}$，相应地，$\mu$ 的置信水平为 $1-\alpha$ 的单侧置信区间为

$$\left(-\infty,\overline{X}+\frac{\sigma}{\sqrt{n}}z_{\alpha}\right) \tag{2.3.3}$$

如图 2-3 所示。

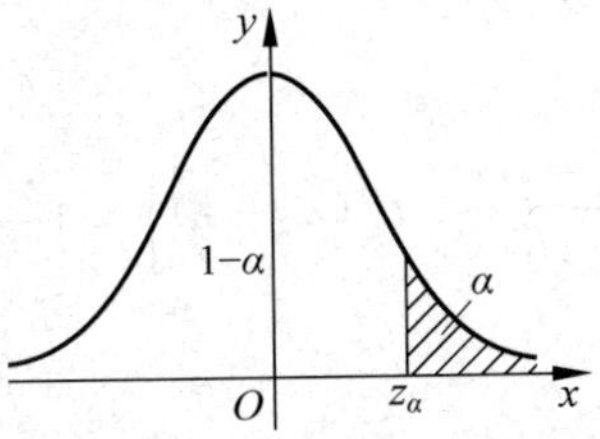

图 2-2　标准正态分布的上 α 分位点 z_{α}

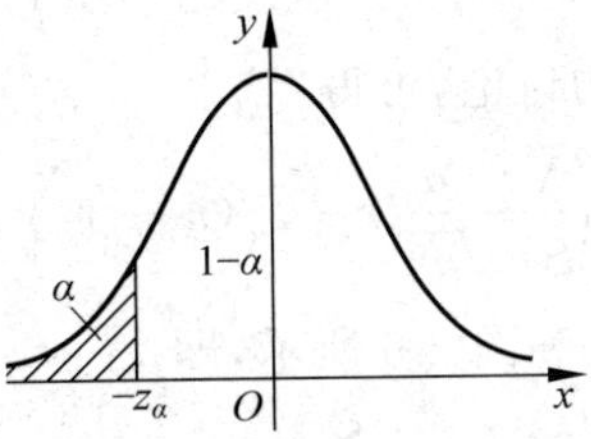

图 2-3　标准正态分布的上 $1-\alpha$ 分位点 $-z_{\alpha}$

例 2.3.1　某便利店每天每百元投资的利润服从正态分布，均值为 μ，方差为 σ^2，长期以来 σ^2 稳定为 0.4。先随机抽取五天观测，得这五天的利润率为 $-0.2,0.1,0.8,-0.6,0.9$，试求 μ 的置信水平为 0.95 的置信区间和单侧置信上限。

解　这是在 σ^2 已知的条件下求 μ 的区间估计问题，由式(2.3.2)和式(2.3.3)可知置信区间和单侧置信上限分别为

$$\left(\overline{X}\pm\frac{\sigma}{\sqrt{n}}z_{\frac{\alpha}{2}}\right),\quad \overline{X}+\frac{\sigma}{\sqrt{n}}z_{\alpha}$$

这里 $1-\alpha=0.95,\alpha=0.05,\frac{\alpha}{2}=0.025,\sigma^2=0.4,\sigma=\sqrt{0.4},n=5$，经计算得 $\bar{x}=0.2$，查正态分布表得 $z_{0.025}=1.96,z_{0.05}=1.645$，故 μ 的置信水平为 0.95 的置信区间为 $\left(0.2\pm\frac{\sqrt{0.4}}{\sqrt{5}}\times1.96\right)$，即 $(-0.3544,0.7544)$；单侧置信上限为 0.6653。

Excel 软件实现

2. σ^2 未知

此时不能使用式(2.3.1)给出的区间，因其中含有未知参数 σ。考虑到 S^2 是 σ^2 的无偏估计，将式(2.3.1)中的 σ 换成 $S=\sqrt{S^2}$，令 $t=\frac{\overline{X}-\mu}{S/\sqrt{n}}$，由式(1.3.3)知 $t\sim t(n-1)$，并且 t 不依赖于任何未知参数。

使用 $\frac{\overline{X}-\mu}{S/\sqrt{n}}$ 作为枢轴量，可得 $P\left\{-t_{\frac{\alpha}{2}}(n-1)<\frac{\overline{X}-\mu}{S/\sqrt{n}}<t_{\frac{\alpha}{2}}(n-1)\right\}=1-\alpha$（见图 2-4），即

$$P\left\{\overline{X}-\frac{S}{\sqrt{n}}t_{\frac{\alpha}{2}}(n-1)<\mu<\overline{X}+\frac{S}{\sqrt{n}}t_{\frac{\alpha}{2}}(n-1)\right\}=1-\alpha$$

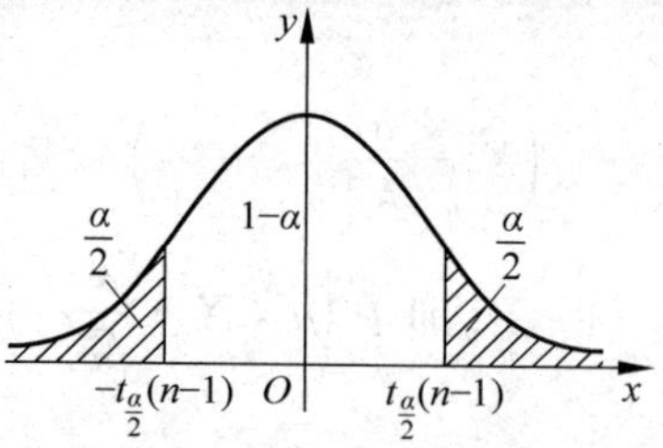

图 2-4　t 分布的上 $1-\frac{\alpha}{2}$ 和 $\frac{\alpha}{2}$ 分位点

于是得 μ 的一个置信水平为 $1-\alpha$ 的置信区间

$$\left(\overline{X} \pm \frac{S}{\sqrt{n}} t_{\frac{\alpha}{2}}(n-1)\right) \tag{2.3.4}$$

类似于上面的讨论，可得

$$P\left\{\frac{\overline{X}-\mu}{S/\sqrt{n}} > -t_{\alpha}(n-1)\right\} = 1-\alpha,\quad P\left\{\frac{\overline{X}-\mu}{S/\sqrt{n}} < t_{\alpha}(n-1)\right\} = 1-\alpha$$

如图 2-5 和图 2-6 所示，即

$$P\left\{\mu < \overline{X} + \frac{S}{\sqrt{n}} t_{\alpha}(n-1)\right\} = 1-\alpha,\quad P\left\{\mu > \overline{X} - \frac{S}{\sqrt{n}} t_{\alpha}(n-1)\right\} = 1-\alpha$$

于是得 μ 的置信水平为 $1-\alpha$ 的单侧置信区间为

$$\left(-\infty, \overline{X} + \frac{S}{\sqrt{n}} t_{\alpha}(n-1)\right),\quad \left(\overline{X} - \frac{S}{\sqrt{n}} t_{\alpha}(n-1), +\infty\right) \tag{2.3.5}$$

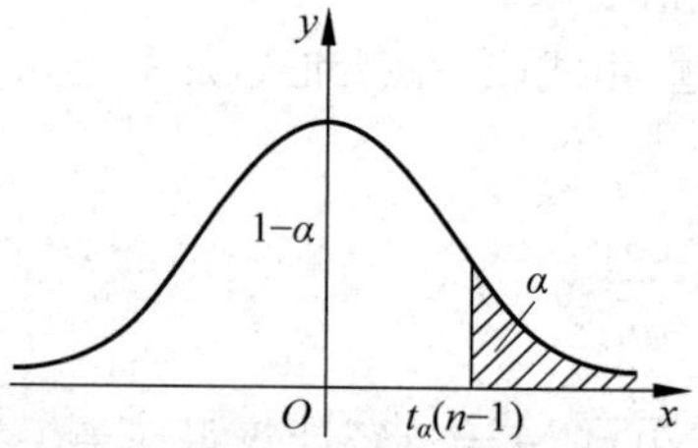

图 2-5　t 分布的上 α 分位点

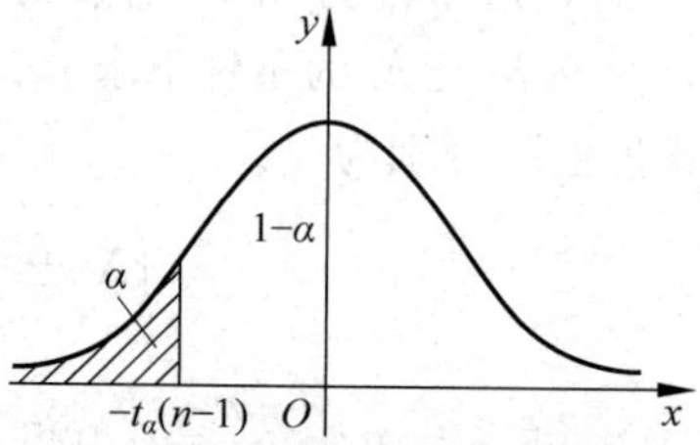

图 2-6　t 分布的上 $1-\alpha$ 分位点

例 2.3.2　设有一批袋装方便面，从中随机抽取 9 袋，称得其质量(单位：g)分别为

98　99　108　111　96　99　104　106　97

设袋装方便面的质量近似服从正态分布，试求总体均值 μ 的一个置信水平为 0.95 的置信区间。

解　这是在 σ^2 未知的条件下求 μ 的置信区间问题。由式(2.3.4)可知置信区间为

$$\left(\overline{X} \pm \frac{S}{\sqrt{n}} t_{\frac{\alpha}{2}}(n-1)\right)$$

这里 $1-\alpha=0.95$，$\alpha=0.05$，$\frac{\alpha}{2}=0.025$，$n=9$，经计算得 $\bar{x}=102$，$s^2=29$，查 t 分布表得 $t_{0.025}(8)=2.3060$，故 μ 的置信水平为 0.95 的置信区间为 $\left(102 \pm \frac{\sqrt{29}}{\sqrt{9}} \times 2.3060\right)$，即(97.86,106.14)。

Excel 软件实现

2.3.2 一个正态总体方差的区间估计

1. μ 已知

当 μ 已知时，σ^2 的无偏估计为 $\frac{1}{n}\sum_{i=1}^{n}(X_i-\mu)^2$，由于 $\frac{1}{\sigma^2}\sum_{i=1}^{n}(X_i-\mu)^2 \sim \chi^2(n)$，并且上式右端的分布不依赖于任何未知参数，取 $\frac{1}{\sigma^2}\sum_{i=1}^{n}(X_i-\mu)^2$ 作为枢轴量，得

$$P\left\{\chi^2_{1-\frac{\alpha}{2}}(n) < \frac{1}{\sigma^2}\sum_{i=1}^{n}(X_i-\mu)^2 < \chi^2_{\frac{\alpha}{2}}(n)\right\} = 1-\alpha$$

如图 2-7 所示，即

$$P\left\{\frac{\sum_{i=1}^{n}(X_i-\mu)^2}{\chi^2_{\frac{\alpha}{2}}(n)} < \sigma^2 < \frac{\sum_{i=1}^{n}(X_i-\mu)^2}{\chi^2_{1-\frac{\alpha}{2}}(n)}\right\} = 1-\alpha$$

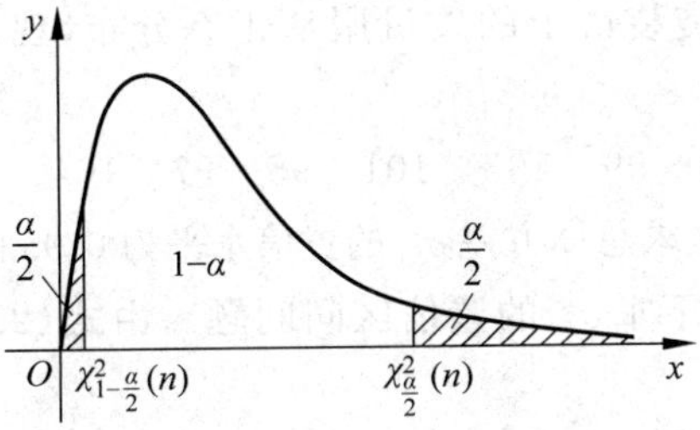

图 2-7 χ^2 分布的上 $1-\frac{\alpha}{2}$ 和 $\frac{\alpha}{2}$ 分位点

于是得到方差 σ^2 的一个置信水平为 $1-\alpha$ 的置信区间

$$\left(\frac{\sum_{i=1}^{n}(X_i-\mu)^2}{\chi^2_{\frac{\alpha}{2}}(n)}, \frac{\sum_{i=1}^{n}(X_i-\mu)^2}{\chi^2_{1-\frac{\alpha}{2}}(n)}\right) \tag{2.3.6}$$

注意：在概率密度函数不对称时，习惯上仍取对称的分位数来确定置信区间。

还可得到标准差 σ 的一个置信水平为 $1-\alpha$ 的置信区间

$$\left(\sqrt{\frac{\sum_{i=1}^{n}(X_i-\mu)^2}{\chi^2_{\frac{\alpha}{2}}(n)}}, \sqrt{\frac{\sum_{i=1}^{n}(X_i-\mu)^2}{\chi^2_{1-\frac{\alpha}{2}}(n)}}\right)$$

同样可得方差 σ^2 的置信水平为 $1-\alpha$ 的单侧置信区间为

$$\left(\frac{\sum_{i=1}^{n}(X_i-\mu)^2}{\chi^2_{\alpha}(n)}, +\infty\right), \quad \left(0, \frac{\sum_{i=1}^{n}(X_i-\mu)^2}{\chi^2_{1-\alpha}(n)}\right) \tag{2.3.7}$$

如图 2-8 和图 2-9 所示。

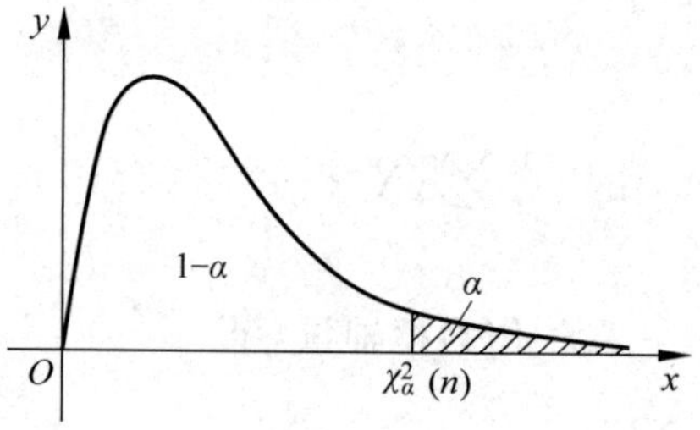

图 2-8 χ^2 分布的上 α 分位点

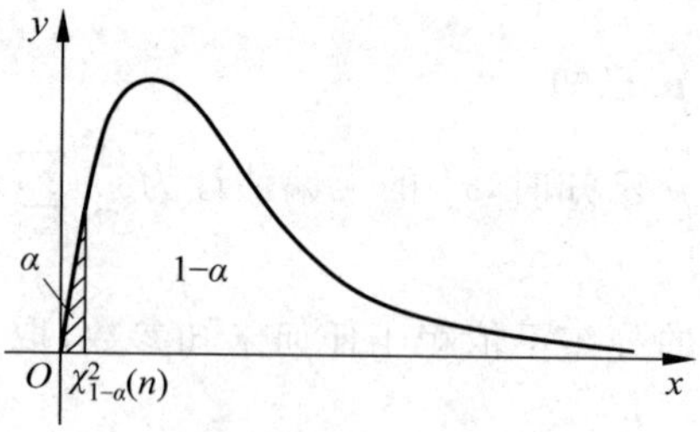

图 2-9 χ^2 分布的上 $1-\alpha$ 分位点

还可得到标准差 σ 的一个置信水平为 $1-\alpha$ 的单侧置信区间

$$\left(\sqrt{\frac{\sum_{i=1}^{n}(X_i-\mu)^2}{\chi^2_\alpha(n)}},+\infty\right),\quad \left(0,\sqrt{\frac{\sum_{i=1}^{n}(X_i-\mu)^2}{\chi^2_{1-\alpha}(n)}}\right)$$

例 2.3.3 已知某品牌袋装饼干的质量服从正态分布,现从中随机抽取 10 袋,称得其质量(单位：g)分别如下：

105　98　99　103　101　95　97　104　109　96

已知总体的均值为 100,试求总体方差 σ^2 的置信水平为 0.95 的置信区间和单侧置信上限。

解 这是 μ 已知的条件下求 σ^2 的置信区间问题。由式(2.3.6)和式(2.3.7)可知置信区间和单侧置信上限分别为

$$\left(\frac{\sum_{i=1}^{n}(X_i-\mu)^2}{\chi^2_{\frac{\alpha}{2}}(n)},\frac{\sum_{i=1}^{n}(X_i-\mu)^2}{\chi^2_{1-\frac{\alpha}{2}}(n)}\right),\quad \frac{\sum_{i=1}^{n}(X_i-\mu)^2}{\chi^2_{1-\alpha}(n)}$$

这里 $1-\alpha=0.95,\alpha=0.05,\frac{\alpha}{2}=0.025,n=10,\mu=100$,经计算得 $\sum_{i=1}^{n}(X_i-\mu)^2=187$,查 χ^2 分布表得 $\chi^2_{0.025}(10)=20.483,\chi^2_{0.975}(10)=3.247,\chi^2_{0.95}(10)=3.940$,故 σ^2 的置信水平为 0.95 的置信区间为 $\left(\frac{187}{20.483},\frac{187}{3.247}\right)$,即(9.1295,57.5916),单侧置信上限为 $\frac{187}{3.940}$,即 47.4619。

2. μ 未知

当 μ 未知时,σ^2 的无偏估计为 S^2,由式(1.3.2)知

$$\frac{(n-1)S^2}{\sigma^2}\sim\chi^2(n-1)$$

并且上式右端的分布不依赖于任何未知参数,取 $\frac{(n-1)S^2}{\sigma^2}$ 作为枢轴量,得

$$P\left\{\chi^2_{1-\frac{\alpha}{2}}(n-1)<\frac{(n-1)S^2}{\sigma^2}<\chi^2_{\frac{\alpha}{2}}(n-1)\right\}=1-\alpha$$

即

$$P\left\{\frac{(n-1)S^2}{\chi^2_{\frac{\alpha}{2}}(n-1)}<\sigma^2<\frac{(n-1)S^2}{\chi^2_{1-\frac{\alpha}{2}}(n-1)}\right\}=1-\alpha$$

这就得到方差 σ^2 的一个置信水平为 $1-\alpha$ 的置信区间

$$\left(\frac{(n-1)S^2}{\chi^2_{\frac{\alpha}{2}}(n-1)},\frac{(n-1)S^2}{\chi^2_{1-\frac{\alpha}{2}}(n-1)}\right) \tag{2.3.8}$$

还可得到标准差 σ 的一个置信水平为 $1-\alpha$ 的置信区间

$$\left(\sqrt{\frac{(n-1)S^2}{\chi^2_{\frac{\alpha}{2}}(n-1)}},\sqrt{\frac{(n-1)S^2}{\chi^2_{1-\frac{\alpha}{2}}(n-1)}}\right)$$

同理可得

$$P\left\{\frac{(n-1)S^2}{\sigma^2}<\chi^2_{\alpha}(n-1)\right\}=1-\alpha,\quad P\left\{\frac{(n-1)S^2}{\sigma^2}>\chi^2_{1-\alpha}(n-1)\right\}=1-\alpha$$

即

$$P\left\{\sigma^2<\frac{(n-1)S^2}{\chi^2_{1-\alpha}(n-1)}\right\}=1-\alpha,\quad P\left\{\sigma^2>\frac{(n-1)S^2}{\chi^2_{\alpha}(n-1)}\right\}=1-\alpha$$

这就得到方差 σ^2 的置信水平为 $1-\alpha$ 的单侧置信区间

$$\left(\frac{(n-1)S^2}{\chi^2_{\alpha}(n-1)},+\infty\right),\quad \left(0,\frac{(n-1)S^2}{\chi^2_{1-\alpha}(n-1)}\right) \tag{2.3.9}$$

例 2.3.4 （接例 2.3.3）已知某品牌袋装饼干的质量（单位：g）服从正态分布，现从中随机抽取 10 袋，称得其质量分别如下：

105　98　99　103　101　95　97　104　109　96

若总体的均值 μ 未知，试求总体方差 σ^2 的置信水平为 0.95 的置信区间。

解　这是 μ 未知的条件下求 σ^2 的置信区间问题。由式(2.3.8)可知置信区间为

$$\left(\frac{(n-1)S^2}{\chi^2_{\frac{\alpha}{2}}(n-1)},\frac{(n-1)S^2}{\chi^2_{1-\alpha/2}(n-1)}\right)$$

这里 $1-\alpha=0.95,\alpha=0.05,\frac{\alpha}{2}=0.025,n=10$，经计算得 $\bar{x}=100.7,s^2=20.23$，查 χ^2 分布表得 $\chi^2_{0.025}(9)=19.022,\chi^2_{0.975}(9)=2.700$，故 σ^2 的置信水平为 0.95 的置信区间为$\left(\frac{9\times 20.23}{19.022},\frac{9\times 20.23}{2.700}\right)$，即(9.5715,67.4333)。

Excel 软件实现

习题 2.3

(1) 从某高校男生中随机抽取了 9 人，其体重（单位：kg）分别为：65,78,52,63,84,79,77,54,60。设体重 X 服从正态分布 $N(\mu,49)$，试求平均体重 μ 的置信水平为 0.95 的置信区间。

(2) 已知某种小麦的株高服从正态分布 $N(\mu,\sigma^2)$，从该小麦中随机抽取 9 株，测得其株高（单位：cm）分别为：60,57,58,65,70,63,56,61,50。试求小麦的平均株高的置信水平为 0.95 的置信区间。

(3) 在某学校随机抽取 25 名学生测量身高，假设所测学生身高近似服从正态分布 $N(\mu,\sigma^2)$，经计算得标准差为 $s=12\text{cm}$，试求该校学生身高标准差 σ 的置信水平为 0.95 的置信区间。

(4) 为研究某种汽车轮胎的磨损情况，随机抽取 16 只轮胎，每只轮胎行驶到磨损为止，记录所行驶的里程(单位：km)，算出 $\bar{x}=41000$，$s=1352$。假设汽车轮胎的行驶里程服从正态分布，均值和方差均未知，试求 μ 和 σ^2 的置信水平为 0.99 的置信区间。

(5) 假设某地职工工资(单位：元)服从正态分布，已知工资标准差为 400，现从中随机抽取 16 名职工了解其工资情况，计算得平均工资为 4002，试求该地区职工平均工资 μ 的置信水平为 0.95 的单侧置信下限。

(6) 为考虑某种香烟的尼古丁含量(单位：mg)，现随机抽取 10 支香烟并测得尼古丁的平均含量为 $\bar{x}=0.25$，设该香烟尼古丁含量服从正态分布 $N(\mu,2.25)$，试求 μ 的置信水平为 0.95 的单侧置信上限。

(7) 设某种新型材料的抗压力服从正态分布 $N(\mu,\sigma^2)$，现对 4 个实验件做压力试验，得到试验数据(单位：10MPa)，并由此计算出 $\sum_{i=1}^{4}x_i=32$，$\sum_{i=1}^{4}x_i^2=268$。试分别求出 μ 和 σ 的置信水平为 0.90 的单侧置信下限。

(8) 从一家工厂生产的 5 个批次的消毒液中随机抽取若干，测得每个批次的次品率分别为：0.01，0.03，0.06，0.04，0.01。设次品率服从正态分布，求次品率的置信水平为 0.95 的单侧置信上限。

2.4 两个正态总体均值差与方差比的区间估计

设已给定置信水平为 $1-\alpha$，并设 $X_1,X_2,\cdots,X_{n_1}$ 是来自第一个总体 $N(\mu_1,\sigma_1^2)$ 的样本；$Y_1,Y_2,\cdots,Y_{n_2}$ 是来自第二个总体 $N(\mu_2,\sigma_2^2)$ 的样本，这两个样本相互独立。且设 $\bar{X},\bar{Y}$ 分别为第一、第二个总体的样本均值，S_1^2,S_2^2 分别是第一、第二个总体的样本方差。本节主要讨论两个正态总体均值差 $\mu_1-\mu_2$ 和方差比 $\frac{\sigma_1^2}{\sigma_2^2}$ 的区间估计问题。

2.4.1 两个正态总体均值差的区间估计

1. $\boldsymbol{\sigma_1^2,\sigma_2^2}$ 均已知

因 $\bar{X},\bar{Y}$ 分别为 μ_1,μ_2 的无偏估计，故 $\bar{X}-\bar{Y}$ 是 $\mu_1-\mu_2$ 的无偏估计。由 $\bar{X},\bar{Y}$ 的独立性及 $\bar{X}\sim N\left(\mu_1,\frac{\sigma_1^2}{n_1}\right)$，$\bar{Y}\sim N\left(\mu_2,\frac{\sigma_2^2}{n_2}\right)$，得

$$\bar{X}-\bar{Y}\sim N\left(\mu_1-\mu_2,\frac{\sigma_1^2}{n_1}+\frac{\sigma_2^2}{n_2}\right)$$

或

$$\frac{(\bar{X}-\bar{Y})-(\mu_1-\mu_2)}{\sqrt{\frac{\sigma_1^2}{n_1}+\frac{\sigma_2^2}{n_2}}}\sim N(0,1)$$

取$\dfrac{(\overline{X}-\overline{Y})-(\mu_1-\mu_2)}{\sqrt{\dfrac{\sigma_1^2}{n_1}+\dfrac{\sigma_2^2}{n_2}}}$为枢轴量，即得 $\mu_1-\mu_2$ 的一个置信水平为 $1-\alpha$ 的置信区间为

$$\left(\overline{X}-\overline{Y}\pm z_{\frac{\alpha}{2}}\sqrt{\frac{\sigma_1^2}{n_1}+\frac{\sigma_2^2}{n_2}}\right) \tag{2.4.1}$$

$\mu_1-\mu_2$ 的置信水平为 $1-\alpha$ 的单侧置信区间为

$$\left(-\infty,\overline{X}-\overline{Y}+z_{\alpha}\sqrt{\frac{\sigma_1^2}{n_1}+\frac{\sigma_2^2}{n_2}}\right),\quad \left(\overline{X}-\overline{Y}-z_{\alpha}\sqrt{\frac{\sigma_1^2}{n_1}+\frac{\sigma_2^2}{n_2}},+\infty\right) \tag{2.4.2}$$

例 2.4.1 已知某学校的男生和女生的身高(单位：cm)分别服从正态分布 $N(\mu_1,\sigma_1^2)$ 和 $N(\mu_2,\sigma_2^2)$，其中 $\sigma_1^2=18$，$\sigma_2^2=22$ 为已知参数。现随机抽取 10 名男生和 10 名女生，测得他们的平均身高分别为 172 和 165，试求男生和女生身高均值差 $\mu_1-\mu_2$ 的一个置信水平为 0.90 的置信区间。

解 这是 σ_1^2，σ_2^2 均已知的条件下 $\mu_1-\mu_2$ 的置信区间问题。由式(2.4.1)可得置信区间为

$$\left(\overline{X}-\overline{Y}\pm z_{\frac{\alpha}{2}}\sqrt{\frac{\sigma_1^2}{n_1}+\frac{\sigma_2^2}{n_2}}\right)$$

这里 $1-\alpha=0.90$，$\alpha=0.10$，$\dfrac{\alpha}{2}=0.05$，$\sigma_1^2=18$，$\sigma_2^2=22$，$n_1=10$，$n_2=10$，$\bar{x}=172$，$\bar{y}=165$，查正态分布表得 $z_{0.05}=1.645$，故 $\mu_1-\mu_2$ 的一个置信水平为 0.90 的置信区间为$\left(172-165\pm1.645\times\sqrt{\dfrac{18}{10}+\dfrac{22}{10}}\right)$，即(3.71，10.29)。

Excel软件实现

2. $\boldsymbol{\sigma_1^2=\sigma_2^2=\sigma^2}$，但 $\boldsymbol{\sigma^2}$ 未知

此时，由式(1.3.5)知

$$\frac{(\overline{X}-\overline{Y})-(\mu_1-\mu_2)}{S_w\sqrt{\dfrac{1}{n_1}+\dfrac{1}{n_2}}}\sim t(n_1+n_2-2)$$

取$\dfrac{(\overline{X}-\overline{Y})-(\mu_1-\mu_2)}{S_w\sqrt{\dfrac{1}{n_1}+\dfrac{1}{n_2}}}$为枢轴量，可得 $\mu_1-\mu_2$ 的一个置信水平为 $1-\alpha$ 的置信区间为

$$\left(\overline{X}-\overline{Y}\pm t_{\frac{\alpha}{2}}(n_1+n_2-2)S_w\sqrt{\frac{1}{n_1}+\frac{1}{n_2}}\right) \tag{2.4.3}$$

$\mu_1-\mu_2$ 的置信水平为 $1-\alpha$ 的单侧置信区间为

$$\begin{aligned}&\left(-\infty,\overline{X}-\overline{Y}+t_{\alpha}(n_1+n_2-2)S_w\sqrt{\frac{1}{n_1}+\frac{1}{n_2}}\right),\\&\left(\overline{X}-\overline{Y}-t_{\alpha}(n_1+n_2-2)S_w\sqrt{\frac{1}{n_1}+\frac{1}{n_2}},+\infty\right)\end{aligned} \tag{2.4.4}$$

此处 $S_w^2=\dfrac{(n_1-1)S_1^2+(n_2-1)S_2^2}{n_1+n_2-2}$，$S_w=\sqrt{S_w^2}$。

例 2.4.2 （接例 2.4.1）已知某学校男生和女生的身高（单位：cm）分别服从正态分布 $N(\mu_1,\sigma_1^2)$ 和 $N(\mu_2,\sigma_2^2)$，其中 σ_1^2,σ_2^2 为未知参数且 $\sigma_1^2=\sigma_2^2$。现随机抽取 10 名男生，测得他们的平均身高为 $\bar{x}=172$，标准差为 $s_1=4$；随机抽取 10 名女生，测得她们的平均身高为 $\bar{y}=165$，标准差为 $s_2=5$。试求男生和女生身高均值差 $\mu_1-\mu_2$ 的一个置信水平为 0.90 的置信区间。

解 这是 σ_1^2,σ_2^2 均未知但 $\sigma_1^2=\sigma_2^2$ 的条件下 $\mu_1-\mu_2$ 的置信区间问题。由式(2.4.3)可得置信区间为

$$\left(\bar{X}-\bar{Y}\pm t_{\frac{\alpha}{2}}(n_1+n_2-2)S_w\sqrt{\frac{1}{n_1}+\frac{1}{n_2}}\right)$$

这里 $1-\alpha=0.90$，$\alpha=0.10$，$\dfrac{\alpha}{2}=0.05$，$s_1=4$，$s_2=5$，$n_1=10$，$n_2=10$，$S_w^2=\dfrac{9\times4^2+9\times5^2}{10+10-2}=20.5$，$\bar{x}=172$，$\bar{y}=165$，查 t 分布表得 $t_{0.05}(18)=1.7341$，故 $\mu_1-\mu_2$ 的一个置信水平为 0.90 的置信区间为 $\left(172-165\pm1.7341\times\sqrt{20.5}\times\sqrt{\dfrac{1}{10}+\dfrac{1}{10}}\right)$，即(3.4888,10.51152)。

Excel 软件实现

2.4.2 两个正态总体方差比的区间估计

1. μ_1,μ_2 已知

由于 $\dfrac{1}{\sigma_1^2}\sum\limits_{i=1}^{n_1}(X_i-\mu_1)^2\sim\chi^2(n_1)$，$\dfrac{1}{\sigma_2^2}\sum\limits_{i=1}^{n_2}(Y_i-\mu_2)^2\sim\chi^2(n_2)$，从而

$$\frac{\dfrac{1}{\sigma_1^2}\sum\limits_{i=1}^{n_1}(X_i-\mu_1)^2\Big/n_1}{\dfrac{1}{\sigma_2^2}\sum\limits_{i=1}^{n_2}(Y_i-\mu_2)^2\Big/n_2}\sim F(n_1,n_2)$$

记 $\hat{\sigma}_1^2=\dfrac{1}{n_1}\sum\limits_{i=1}^{n_1}(X_i-\mu_1)^2$，$\hat{\sigma}_2^2=\dfrac{1}{n_2}\sum\limits_{i=1}^{n_2}(Y_i-\mu_2)^2$，可得 $\dfrac{\hat{\sigma}_1^2/\hat{\sigma}_2^2}{\sigma_1^2/\sigma_2^2}\sim F(n_1,n_2)$ 且右边的分布 $F(n_1,n_2)$ 不依赖任何未知参数。取 $\dfrac{\hat{\sigma}_1^2/\hat{\sigma}_2^2}{\sigma_1^2/\sigma_2^2}$ 为枢轴量，得

$$P\left\{F_{1-\frac{\alpha}{2}}(n_1,n_2)<\frac{\hat{\sigma}_1^2/\hat{\sigma}_2^2}{\sigma_1^2/\sigma_2^2}<F_{\frac{\alpha}{2}}(n_1,n_2)\right\}=1-\alpha$$

如图 2-10 所示，即

$$P\left\{\frac{\hat{\sigma}_1^2}{\hat{\sigma}_2^2}\frac{1}{F_{\frac{\alpha}{2}}(n_1,n_2)}<\frac{\sigma_1^2}{\sigma_2^2}<\frac{\hat{\sigma}_1^2}{\hat{\sigma}_2^2}\frac{1}{F_{1-\frac{\alpha}{2}}(n_1,n_2)}\right\}=1-\alpha$$

于是得 $\dfrac{\sigma_1^2}{\sigma_2^2}$ 的一个置信水平为 $1-\alpha$ 的置信区间为

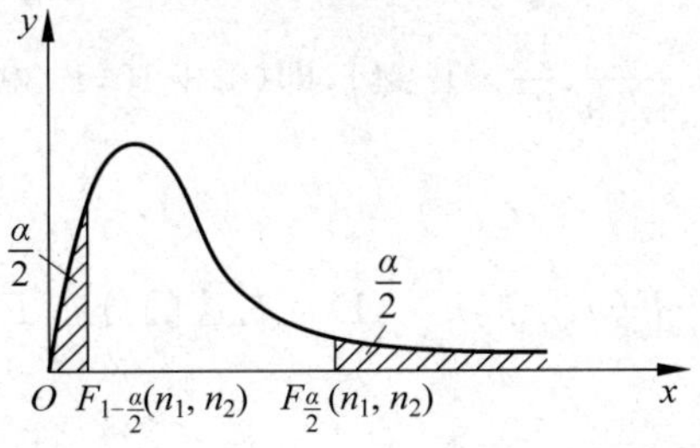

图 2-10 F 分布的上 $1-\frac{\alpha}{2}$ 和 $\frac{\alpha}{2}$ 分位点

$$\left(\frac{\hat{\sigma}_1^2}{\hat{\sigma}_2^2}\frac{1}{F_{\frac{\alpha}{2}}(n_1,n_2)},\frac{\hat{\sigma}_1^2}{\hat{\sigma}_2^2}\frac{1}{F_{1-\frac{\alpha}{2}}(n_1,n_2)}\right) \tag{2.4.5}$$

得 $\frac{\sigma_1^2}{\sigma_2^2}$ 的置信水平为 $1-\alpha$ 的单侧置信区间为

$$\left(\frac{\hat{\sigma}_1^2}{\hat{\sigma}_2^2}\frac{1}{F_{\alpha}(n_1,n_2)},+\infty\right),\quad \left(0,\frac{\hat{\sigma}_1^2}{\hat{\sigma}_2^2}\frac{1}{F_{1-\alpha}(n_1,n_2)}\right) \tag{2.4.6}$$

如图 2-11 和图 2-12 所示。

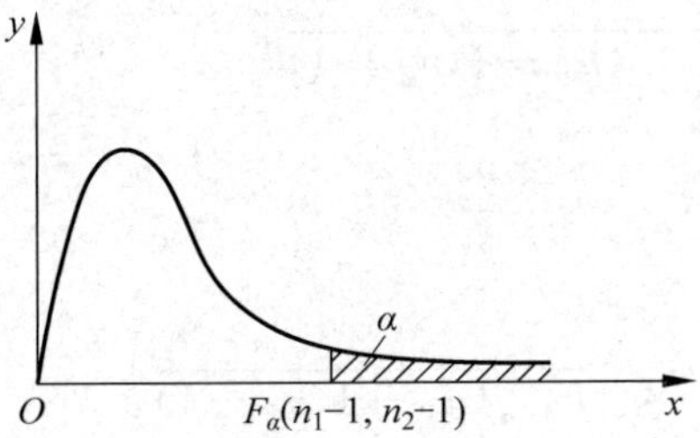

图 2-11 F 分布的上 α 分位点

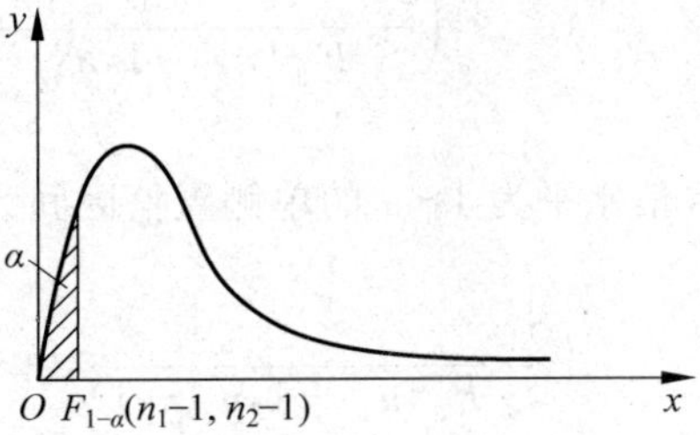

图 2-12 F 分布的上 $1-\alpha$ 分位点

例 2.4.3 设甲、乙两个班学生的高等数学期末成绩都服从正态分布，甲班学生有 24 人，测得期末考试平均成绩为 $\bar{x}_1=71$，$\hat{\sigma}_1^2=\frac{1}{n_1}\sum_{i=1}^{n_1}(X_i-\mu_1)^2=18$；乙班学生有 30 人，测得期末考试平均成绩为 $\bar{x}_2=73$，$\hat{\sigma}_2^2=\frac{1}{n_2}\sum_{i=1}^{n_2}(X_i-\mu_2)^2=25$。试求甲、乙两班学生考试成绩方差比 $\frac{\sigma_1^2}{\sigma_2^2}$ 的一个置信水平为 0.90 的置信区间。

解 这是 μ_1,μ_2 已知的条件下方差比 $\frac{\sigma_1^2}{\sigma_2^2}$ 的置信区间问题，由式(2.4.5)可知置信区间为

$$\left(\frac{\hat{\sigma}_1^2}{\hat{\sigma}_2^2}\frac{1}{F_{\frac{\alpha}{2}}(n_1,n_2)},\frac{\hat{\sigma}_1^2}{\hat{\sigma}_2^2}\frac{1}{F_{1-\frac{\alpha}{2}}(n_1,n_2)}\right)$$

这里 $1-\alpha=0.90$，$\alpha=0.10$，$\frac{\alpha}{2}=0.05$，$\hat{\sigma}_1^2=18$，$\hat{\sigma}_2^2=25$，$n_1=24$，$n_2=30$，查 F 分布表得 $F_{0.05}(24,30)=1.89$，$F_{0.95}(24,30)=\frac{1}{F_{0.05}(30,24)}=\frac{1}{1.94}=0.5155$，故方差比 $\frac{\sigma_1^2}{\sigma_2^2}$ 的一个置信水

平为 0.90 的置信区间为$\left(\frac{18}{25}\times\frac{1}{1.89},\frac{18}{25}\times1.94\right)$，即(0.3810,1.3968)。

2. μ_1,μ_2 未知

由定理 1.3.6 得 $\frac{S_1^2/S_2^2}{\sigma_1^2/\sigma_2^2}\sim F(n_1-1,n_2-1)$且右边的分布 $F(n_1-1,n_2-1)$不依赖任何未知参数。取$\frac{S_1^2/S_2^2}{\sigma_1^2/\sigma_2^2}$为枢轴量，得

$$P\left\{F_{1-\frac{\alpha}{2}}(n_1-1,n_2-1)<\frac{S_1^2/S_2^2}{\sigma_1^2/\sigma_2^2}<F_{\frac{\alpha}{2}}(n_1-1,n_2-1)\right\}=1-\alpha$$

即

$$P\left\{\frac{S_1^2}{S_2^2}\frac{1}{F_{\frac{\alpha}{2}}(n_1-1,n_2-1)}<\frac{\sigma_1^2}{\sigma_2^2}<\frac{S_1^2}{S_2^2}\frac{1}{F_{1-\frac{\alpha}{2}}(n_1-1,n_2-1)}\right\}=1-\alpha$$

于是得$\frac{\sigma_1^2}{\sigma_2^2}$的一个置信水平为 $1-\alpha$ 的置信区间为

$$\left(\frac{S_1^2}{S_2^2}\frac{1}{F_{\frac{\alpha}{2}}(n_1-1,n_2-1)},\frac{S_1^2}{S_2^2}\frac{1}{F_{1-\frac{\alpha}{2}}(n_1-1,n_2-1)}\right)\tag{2.4.7}$$

得$\frac{\sigma_1^2}{\sigma_2^2}$的置信水平为 $1-\alpha$ 的单侧置信区间为

$$\left(\frac{S_1^2}{S_2^2}\frac{1}{F_{\alpha}(n_1-1,n_2-1)},+\infty\right),\quad\left(0,\frac{S_1^2}{S_2^2}\frac{1}{F_{1-\alpha}(n_1-1,n_2-1)}\right)\tag{2.4.8}$$

例 2.4.4 设甲、乙两个班学生的线性代数期末成绩都服从正态分布，甲班学生有 25 人，测得期末考试成绩的样本方差为 $S_1^2=16$；乙班学生有 31 人，测得期末考试成绩的样本方差为 $S_2^2=25$。试求甲、乙两班学生考试成绩方差比$\frac{\sigma_1^2}{\sigma_2^2}$的一个置信水平为 0.90 的置信区间。

解 这是 μ_1,μ_2 未知的条件下方差比$\frac{\sigma_1^2}{\sigma_2^2}$的置信区间问题。由式(2.4.7)可知置信区间为

$$\left(\frac{S_1^2}{S_2^2}\frac{1}{F_{\frac{\alpha}{2}}(n_1-1,n_2-1)},\frac{S_1^2}{S_2^2}\frac{1}{F_{1-\frac{\alpha}{2}}(n_1-1,n_2-1)}\right)$$

这里 $1-\alpha=0.90,\alpha=0.10,\frac{\alpha}{2}=0.05,s_1^2=16,s_2^2=25,n_1=25,n_2=31$，查 F 分布表得 $F_{0.05}(24,30)=1.89$，$F_{0.95}(24,30)=\frac{1}{F_{0.05}(30,24)}=\frac{1}{1.94}=0.5155$，故方差比 σ_1^2/σ_2^2 的一个置信水平为 0.90 的置信区间为$\left(\frac{16}{25}\times\frac{1}{1.89},\frac{16}{25}\times1.94\right)$，即(0.3386,1.2416)。

Excel 软件实现

表 2-6 总结了几类常见置信区间。

表 2-6 正态总体均值、方差的置信区间与单侧置信限(置信水平为 $1-\alpha$)

参数	其他参数	枢轴量的分布	置信区间	单侧置信限
μ	σ^2 已知	$Z=\dfrac{\overline{X}-\mu}{\sigma/\sqrt{n}}\sim N(0,1)$	$\left(\overline{X}\pm\dfrac{\sigma}{\sqrt{n}}z_{\frac{\alpha}{2}}\right)$	$\overline{\mu}=\overline{X}+\dfrac{\sigma}{\sqrt{n}}z_{\alpha}$，$\underline{\mu}=\overline{X}-\dfrac{\sigma}{\sqrt{n}}z_{\alpha}$
μ	σ^2 未知	$t=\dfrac{\overline{X}-\mu}{S/\sqrt{n}}\sim t(n-1)$	$\left(\overline{X}\pm\dfrac{S}{\sqrt{n}}t_{\frac{\alpha}{2}}(n-1)\right)$	$\overline{\mu}=\overline{X}+\dfrac{S}{\sqrt{n}}t_{\alpha}(n-1)$，$\underline{\mu}=\overline{X}-\dfrac{S}{\sqrt{n}}t_{\alpha}(n-1)$
σ^2	μ 已知	$\chi^2=\dfrac{1}{\sigma^2}\sum\limits_{i=1}^{n}(X_i-\mu)^2\sim\chi^2(n)$	$\left(\dfrac{\sum\limits_{i=1}^{n}(X_i-\mu)^2}{\chi^2_{\frac{\alpha}{2}}(n)},\dfrac{\sum\limits_{i=1}^{n}(X_i-\mu)^2}{\chi^2_{1-\frac{\alpha}{2}}(n)}\right)$	$\overline{\sigma^2}=\dfrac{\sum\limits_{i=1}^{n}(X_i-\mu)^2}{\chi^2_{1-\alpha}(n)}$　$\underline{\sigma^2}=\dfrac{\sum\limits_{i=1}^{n}(X_i-\mu)^2}{\chi^2_{\alpha}(n)}$
σ^2	μ 未知	$\chi^2=\dfrac{(n-1)S^2}{\sigma^2}\sim\chi^2(n-1)$	$\left(\dfrac{(n-1)S^2}{\chi^2_{\frac{\alpha}{2}}(n-1)},\dfrac{(n-1)S^2}{\chi^2_{1-\frac{\alpha}{2}}(n-1)}\right)$	$\overline{\sigma^2}=\dfrac{(n-1)S^2}{\chi^2_{1-\alpha}(n-1)}$　$\underline{\sigma^2}=\dfrac{(n-1)S^2}{\chi^2_{\alpha}(n-1)}$
$\mu_1-\mu_2$	σ_1^2,σ_2^2 已知	$Z=\overline{X}-\overline{Y}\sim N\left(\mu_1-\mu_2,\dfrac{\sigma_1^2}{n_1}+\dfrac{\sigma_2^2}{n_2}\right)$	$\left(\overline{X}-\overline{Y}\pm z_{\frac{\alpha}{2}}\sqrt{\dfrac{\sigma_1^2}{n_1}+\dfrac{\sigma_2^2}{n_2}}\right)$	$\overline{\mu_1-\mu_2}=\overline{X}-\overline{Y}+z_{\alpha}\sqrt{\dfrac{\sigma_1^2}{n_1}+\dfrac{\sigma_2^2}{n_2}}$， $\underline{\mu_1-\mu_2}=\overline{X}-\overline{Y}-z_{\alpha}\sqrt{\dfrac{\sigma_1^2}{n_1}+\dfrac{\sigma_2^2}{n_2}}$
$\mu_1-\mu_2$	$\sigma_1^2=\sigma_2^2=\sigma^2$ 未知	$t=\dfrac{(\overline{X}-\overline{Y})-(\mu_1-\mu_2)}{S_w\sqrt{\dfrac{1}{n_1}+\dfrac{1}{n_2}}}\sim t(n_1+n_2-2)$	$\left(\overline{X}-\overline{Y}\pm t_{\frac{\alpha}{2}}(n_1+n_2-2)\times S_w\sqrt{\dfrac{1}{n_1}+\dfrac{1}{n_2}}\right)$	$\overline{\mu_1-\mu_2}=\overline{X}-\overline{Y}+t_{\alpha}(n_1+n_2-2)\times S_w\sqrt{\dfrac{1}{n_1}+\dfrac{1}{n_2}}$ $\underline{\mu_1-\mu_2}=\overline{X}-\overline{Y}-t_{\alpha}(n_1+n_2-2)\times S_w\sqrt{\dfrac{1}{n_1}+\dfrac{1}{n_2}}$
$\dfrac{\sigma_1^2}{\sigma_2^2}$	μ_1,μ_2 已知	$F=\dfrac{\dfrac{\frac{1}{\sigma_1^2}\sum\limits_{i=1}^{n_1}(X_i-\mu_1)^2/n_1}{n_1}}{\dfrac{\frac{1}{\sigma_2^2}\sum\limits_{i=1}^{n_2}(X_i-\mu_2)^2/n_2}{n_2}}\sim F(n_1,n_2)$	$\left(\dfrac{\hat{\sigma}_1^2}{\hat{\sigma}_2^2}\dfrac{1}{F_{\frac{\alpha}{2}}(n_1,n_2)},\dfrac{\hat{\sigma}_1^2}{\hat{\sigma}_2^2}\dfrac{1}{F_{1-\frac{\alpha}{2}}(n_1,n_2)}\right)$	$\overline{\dfrac{\sigma_1^2}{\sigma_2^2}}=\dfrac{\hat{\sigma}_1^2}{\hat{\sigma}_2^2}\dfrac{1}{F_{1-\alpha}(n_1,n_2)}$　$\underline{\dfrac{\sigma_1^2}{\sigma_2^2}}=\dfrac{\hat{\sigma}_1^2}{\hat{\sigma}_2^2}\dfrac{1}{F_{\alpha}(n_1,n_2)}$
$\dfrac{\sigma_1^2}{\sigma_2^2}$	μ_1,μ_2 未知	$F=\dfrac{S_1^2/S_2^2}{\sigma_1^2/\sigma_2^2}\sim F(n_1-1,n_2-1)$	$\left(\dfrac{S_1^2}{S_2^2}\dfrac{1}{F_{\frac{\alpha}{2}}(n_1-1,n_2-1)},\dfrac{S_1^2}{S_2^2}\dfrac{1}{F_{1-\frac{\alpha}{2}}(n_1-1,n_2-1)}\right)$	$\overline{\dfrac{\sigma_1^2}{\sigma_2^2}}=\dfrac{S_1^2}{S_2^2}\dfrac{1}{F_{1-\alpha}(n_1-1,n_2-1)}$　$\underline{\dfrac{\sigma_1^2}{\sigma_2^2}}=\dfrac{S_1^2}{S_2^2}\dfrac{1}{F_{\alpha}(n_1-1,n_2-1)}$

注：$S_w^2=\dfrac{1}{n_1+n_2-2}[(n_1-1)S_1^2+(n_2-1)S_2^2]$；$\hat{\sigma}_1^2=\dfrac{1}{n_1}\sum\limits_{i=1}^{n_1}(X_i-\mu_1)^2$，$\hat{\sigma}_2^2=\dfrac{1}{n_2}\sum\limits_{i=1}^{n_2}(X_i-\mu_2)^2$。

习题 2.4

(1) 从某专业一班中抽取 8 名学生，二班中抽取 7 名学生，根据他们的"概率论"考试成绩，可计算得 $\overline{X}_1=70, S_1^2=112, \overline{X}_2=68, S_2^2=36$。设两班学生的成绩都服从正态分布，且方差相等，试求一、二两班学生"概率论"平均成绩差 $\mu_1-\mu_2$ 的置信水平为 0.95 的置信区间。

(2) 某饮料加工厂有甲、乙两条灌装生产线。设灌装质量(单位：g)服从正态分布并假设甲、乙两条生产线互不影响。从甲生产线随机抽取 10 瓶饮料，测得其平均质量为 $\bar{x}=501$，已知其总体标准差为 $\sigma_1=5$；从乙生产线随机抽取 20 瓶饮料，测得其平均质量为 $\bar{y}=498$，已知其总体标准差为 $\sigma_2=4$。试求甲、乙两条生产线生产饮料质量的均值差 $\mu_1-\mu_2$ 的置信水平为 0.90 的置信区间。

(3) 从 A 和 B 两地分别随机抽取成年女子 20 名，假设两地成年女子身高(单位：m)均服从正态分布且方差相等。测得 A 地区女子的平均身高和标准差分别为 $\bar{x}_1=1.57$ 和 $s_1=0.035$，测得 B 地区女子的平均身高和标准差分别为 $\bar{x}_2=1.55$ 和 $s_2=0.038$，试求这两个地区女子身高的总体均值差的置信水平为 0.95 的单侧置信上限。

(4) 两个正态总体 $N(\mu_1,\sigma_1^2), N(\mu,_2\sigma_2^2)$ 的参数均未知，分别从两个总体中抽取容量为 $n_1=25$ 和 $n_2=15$ 的两个独立样本，测得样本方差分别为 $S_1^2=6.38, S_2^2=5.15$，求 $\frac{\sigma_1^2}{\sigma_2^2}$ 的置信水平为 0.90 的置信区间。

(5) 两个正态总体 $N(\mu_1,\sigma_1^2), N(\mu_2,\sigma_2^2)$ 的参数均未知，分别从两个总体中抽取容量为 13 和 16 的两个独立样本，测得样本方差分别为 4.38 和 2.15，求 $\frac{\sigma_1^2}{\sigma_2^2}$ 的置信水平为 0.90 的单侧置信下限。

2.5 非正态总体参数的区间估计

从前面的讨论可知，置信区间的确定要用到抽样分布。对非正态总体来讲，确定一个统计量的分布有时候是很困难的。不过，在大样本的情形下，可以借助中心极限定理讨论非正态总体的某些参数的置信区间。

2.5.1 一个总体情形

设样本 $X_1, X_2, \cdots, X_n$(n 充分大)来自非正态总体 X，令 $E(X)=\mu, D(X)=\sigma^2$。根据中心极限定理，当 n 足够大时，有 $\frac{\overline{X}-\mu}{\sigma/\sqrt{n}} \overset{近似}{\sim} N(0,1)$，或 $\frac{\overline{X}-\mu}{S/\sqrt{n}} \overset{近似}{\sim} N(0,1)$。因此，在 σ^2 已知的条件下，总体均值 μ 的置信度为 $1-\alpha$ 的近似置信区间为

$$\left(\overline{X} \pm \frac{\sigma}{\sqrt{n}} z_{\frac{\alpha}{2}}\right) \tag{2.5.1}$$

在 σ^2 未知的条件下，总体均值 μ 的置信度为 $1-\alpha$ 的近似置信区间为

$$\left(\overline{X} \pm \frac{S}{\sqrt{n}} z_{\frac{\alpha}{2}}\right)$$

若总体 $X \sim b(1,p)$，则 $\mu=p$，$\sigma^2=p(1-p)$。如果选择式(2.5.1)，得到参数 p 的近似置信区间为 $\left(\overline{X} \pm \sqrt{\frac{p(1-p)}{n}} z_{\frac{\alpha}{2}}\right)$。但这个区间包含了未知参数 p，因此无法计算置信区间。传统的方法是用 p 的点估计 $\hat{p}=\overline{X}$ 代替 p，得到 p 的近似置信区间为

$$\left(\overline{X} \pm \sqrt{\frac{\overline{X}(1-\overline{X})}{n}} z_{\frac{\alpha}{2}}\right) \tag{2.5.2}$$

例 2.5.1 大气中的污染气体如一氧化碳等的浓度可以用分光光度计测量。在一次校准测验中，测量了实验室里的 55 个气体样本，已知这些样品中一氧化碳的浓度为 70ppm(1ppm＝1mg/kg＝1mg/L)。当测量值与真实值差别在 5ppm 以内时，被认为是满意的测量值。在这 55 个测量值中有 41 个是满意的。试求满意测量值所占比例的置信度为 0.95 的置信区间。

解 设满意测量值所占比例为 p。样本信息为：$n=55$，$\bar{x}=\frac{41}{55}\approx 0.7455$。取 $\alpha=0.05$，则 $z_{\frac{\alpha}{2}}=z_{0.025}=1.96$，由式(2.5.2)可知 p 的置信度为 0.95 的置信区间为

$$\left(\overline{X} \pm \sqrt{\frac{\overline{X}(1-\overline{X})}{n}} z_{\frac{\alpha}{2}}\right)=\left(0.7455 \pm \sqrt{\frac{0.7455 \times 0.2545}{55}} \times 1.96\right)=(0.7455 \pm 0.1151)$$

即(0.6304,0.8606)。也就是说，有 95%的把握可以认为用测量值得到的满意值的比例为 63.04%～86.06%。

2.5.2 两个总体情形

设样本 $X_1, X_2, \cdots, X_{n_X}$ 和 $Y_1, Y_2, \cdots, Y_{n_Y}$ 是分别来自总体 X 和 Y 的样本，且相互独立。样本容量 n_X，n_Y 充分大；又设 $E(X)=\mu_X$，$D(X)=\sigma_X^2$；$E(Y)=\mu_Y$，$D(Y)=\sigma_Y^2$。由于

$$U=\frac{(\overline{X}-\overline{Y})-(\mu_X-\mu_Y)}{\sqrt{\frac{\sigma_X^2}{n_X}+\frac{\sigma_Y^2}{n_Y}}} \overset{\text{近似}}{\sim} N(0,1)$$

由此得到 σ_X^2，σ_Y^2 已知时参数 $\mu_X-\mu_Y$ 的置信度为 $1-\alpha$ 的近似置信区间是

$$\left((\overline{X}-\overline{Y}) \pm \sqrt{\frac{\sigma_X^2}{n_X}+\frac{\sigma_Y^2}{n_Y}} \cdot z_{\frac{\alpha}{2}}\right) \tag{2.5.3}$$

当 σ_X^2，σ_Y^2 未知时，用样本方差 S_X^2，S_Y^2 分别代替 σ_X^2，σ_Y^2，这时，参数 $\mu_X-\mu_Y$ 的置信度为 $1-\alpha$ 的近似置信区间是

$$\left((\overline{X}-\overline{Y}) \pm \sqrt{\frac{S_X^2}{n_X}+\frac{S_Y^2}{n_Y}} \cdot z_{\frac{\alpha}{2}}\right)$$

若总体 $X \sim b(1,p_X)$，$Y \sim b(1,p_Y)$，则 $\mu_X=p_X$，$\sigma_X^2=p_X(1-p_X)$；$\mu_Y=p_Y$，$\sigma_Y^2=$

$p_Y(1-p_Y)$。选择式(2.5.3),则参数 $\mu_X-\mu_Y$ 的置信度为 $1-\alpha$ 的近似置信区间是

$$\left((\overline{X}-\overline{Y}) \pm \sqrt{\frac{p_X(1-p_X)}{n_X}+\frac{p_Y(1-p_Y)}{n_Y}} \cdot z_{\frac{\alpha}{2}}\right)$$

对上式中的未知参数 p_X, p_Y,传统的方法是用 $\hat{p}_X=\overline{X}$,$\hat{p}_Y=\overline{Y}$ 分别代替,这时参数 $\mu_X-\mu_Y$ 的置信度为 $1-\alpha$ 的近似置信区间是

$$\left((\overline{X}-\overline{Y}) \pm \sqrt{\frac{\overline{X}(1-\overline{X})}{n_X}+\frac{\overline{Y}(1-\overline{Y})}{n_Y}} \cdot z_{\frac{\alpha}{2}}\right) \tag{2.5.4}$$

例 2.5.2 重复交易次数是顾客满意度的一个很好的度量标准。某计算机供应商在年终对所有顾客账户进行抽查,抽出的 120 个账户中有 56 个订购次数是两次以上。而从去年的顾客账户中抽出的 80 个账户,有 30 个账户订购了两次以上。试求这两年中每年订购两次以上的顾客的比例值差的置信度为 0.95 的置信区间。

解 设今年与去年订购两次以上的顾客的比例分别为 p_X, p_Y。因为 $n_X=120, n_Y=80, \alpha=0.05, \bar{x}=\frac{56}{120}=0.467, \bar{y}=\frac{30}{80}=0.375$,所以,$\bar{x}-\bar{y}=0.467-0.375=0.092, z_{\frac{\alpha}{2}}=z_{0.025}=1.96$。

$$\sqrt{\frac{\bar{x}(1-\bar{x})}{n_X}+\frac{\bar{y}(1-\bar{y})}{n_Y}}=\sqrt{\frac{0.467\times(1-0.467)}{120}+\frac{0.375\times(1-0.375)}{80}}=0.071$$

由式(2.5.4),可知两年中每年订购两次以上的顾客的比例值差的置信度为 0.95 的置信区间为

$$(0.092 \pm 0.071 \times 1.96) \approx (0.092 \pm 0.1392)$$

即$(-0.0472, 0.2312)$。

第3章

假设检验

假设检验是统计推断的一个重要内容，它利用样本数据对总体的某种假设进行判断。假设检验广泛应用于社会生活、工程实践、经济管理和科学研究等领域，如判断新药疗效是否有显著提高、新工艺对环境的污染是否明显、生产流水线的生产状况是否正常、两地区居民收入是否有明显差异等。本章主要介绍假设检验的基本原理、基本方法及其应用。

例如，某企业生产一种变速器中间轴间隔环。正常情况下，间隔环的厚度(单位：cm)服从均值为39、标准差为0.011的正态分布。为了保证生产质量，该企业对每批产品都要进行抽样检查。现从一批产品中随机抽取9个间隔环，测得其厚度分别为：38.616，38.866，39.040，38.583，39.240，38.895，38.772，38.909，38.314。试问：

(1) 这批间隔环的平均厚度是否为39?

(2) 这批间隔环的厚度是否服从正态分布?

此例中，总体是该批间隔环的厚度值构成的集合，假设用随机变量 X 表示，并记 $E(X)=\mu, D(X)=\sigma^2$。如果 $X_1, X_2, \cdots, X_n$ 表示来自总体 X 的样本，$x_1, x_2, \cdots, x_n$ 为样本值，则此例讨论的问题为，在给定样本值 $x_1, x_2, \cdots, x_n$ 的条件下判断：

(1) 总体 X 的参数 μ 是否为39；

(2) 总体 X 是否服从 $N(\mu, \sigma^2)$。

这是两个假设检验问题。关于总体 X 的规律性或特征等的陈述，称为假设；依据样本值 $x_1, x_2, \cdots, x_n$ 对假设做出判断，称为假设检验。假设检验问题可分为参数假设检验问题和非参数假设检验问题。假设是关于总体未知参数的检验问题称为参数假设检验问题，如上例中的问题(1)；假设是关于总体分布规律等的检验问题称为非参数假设检验问题，如上例中的问题(2)。本章首先介绍假设检验的基本概念和原理，然后再讨论正态总体和非正态总体的参数假设检验，最后讨论非参数假设检验。

3.1 假设检验的基本概念和原理

3.1.1 假设检验的基本概念

引例(女士品茶) 某天下午，一群人在品茶，其中一位女士提出了一个有趣的观点，就是把茶加到奶里和把奶加到茶里面最后得到的奶茶的味道是不一样的。大部分人都觉得这位女士的说法不合理，因为两者混在一起的成分是一样的，而其中一位男士提出要用科学的方法证明两者是否一样。于是将10杯已经调制好的奶茶随机地放到那位女士的面前，看看这位女士能否准确地品尝出不同的奶茶，结果女士连续答对了8次，那么我们是否能判断该女士的说法是正确的呢？

该问题实质上是判断下面两个假设哪个成立。

(1) H_0：女士不具有鉴别能力。

(2) H_1：女士具有鉴别能力。

其中，H_0 称为**原假设**或**零假设**，H_1 称为**备择假设**或**对立假设**。原假设与备择假设是对立的，两者有且只有一个成立。

根据问题的需要，假设检验有以下三种形式。

(1) $H_0:\mu=\mu_0, H_1:\mu\neq\mu_0$。

(2) $H_0:\mu\leqslant\mu_0, H_1:\mu>\mu_0$。

(3) $H_0:\mu\geqslant\mu_0, H_1:\mu<\mu_0$。

其中，(1)因为备择假设分布在零假设两侧，称为**双侧假设检验**；(2)因为备择假设分布在零假设右侧，称为**右侧假设检验**；(3)因为备择假设分布在零假设左侧，称为**左侧假设检验**。右侧假设检验和左侧假设检验统称为**单侧假设检验**。

假设检验的核心是**小概率反证**，它是建立在小概率原理基础上的一种反证法，即小概率事件在一次试验中不发生或者几乎不发生。我们先做出原假设 H_0，并认为其是真的，在此前提下如果小概率事件发生了，这就导致了一种不合理现象出现。因此，我们有理由认为原假设 H_0 不成立，其中小概率 α 可以取为 0.1，0.05，0.01 等，具体取值可以根据实际情况确定。

有了上面的准备后，继续回到女士品茶问题。不妨假设 H_0 是真的，即认为女士不具有鉴别能力。这时每次猜对的概率 $p=0.5$，此时女士猜对次数 X 服从二项分布 $b(10,0.5)$，$p\{X=8\}=C_{10}^{8}0.5^{8}0.5^{2}=0.0439$。这个概率非常小，依据小概率原理，有理由认为判断是错误的，因此否定原假设 H_0。

3.1.2 假设检验的基本步骤

下面以一个例子说明假设检验的具体步骤。

例 3.1.1 某车间用一台包装机包装葡萄糖，包好的袋装葡萄糖重(单位：kg)是一个随机变量，它服从正态分布。当包装机正常工作时，其均值为 0.5，标准差为 0.015。某日开工后为检验包装机是否正常工作，随机抽取它所包装的葡萄糖 9 袋，称得净重为：0.497，0.506，0.518，0.524，0.498，0.511，0.520，0.515，0.512。请问机器是否正常工作？

解 (1) 建立假设，即

$$H_0:\mu=\mu_0=0.5 \quad 和 \quad H_1:\mu\neq\mu_0$$

(2) 在假定 H_0 为真的情况下，选择合适的检验统计量，即

$$\frac{\overline{X}-\mu_0}{\sigma/\sqrt{n}}\sim N(0,1)$$

(3) 构造小概率事件，即

$$P\left\{\frac{|\overline{X}-\mu_0|}{\sigma/\sqrt{n}}\geqslant k\right\}=\alpha$$

由标准正态分布表，得 $k=z_{\frac{\alpha}{2}}$，如图3-1所示。

若取定 $\alpha=0.05$，则 $k=z_{\frac{\alpha}{2}}=z_{0.025}=1.96$，又已知 $n=9$，$\sigma=0.015$，由样本算得 $\bar{x}=0.511$，即有 $\frac{|\bar{x}-\mu_0|}{\sigma/\sqrt{n}}=2.2>1.96$，于是拒绝原假设 H_0，认为包装机工作不正常。

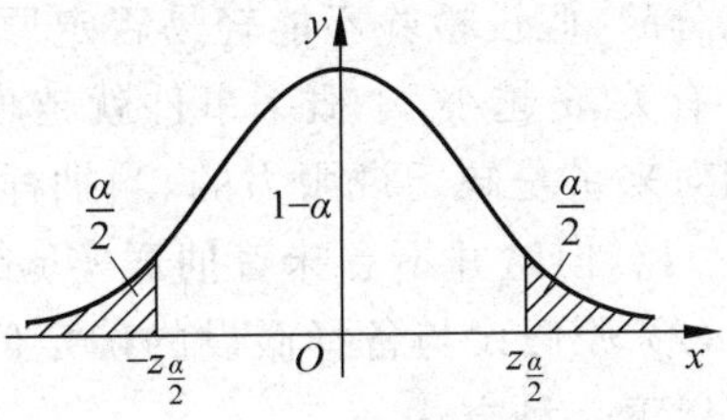

图3-1 标准正态分布的上 $1-\frac{\alpha}{2}$ 和 $\frac{\alpha}{2}$ 分位点

根据例3.1.1处理问题的思想与方法，可得以下假设检验的基本步骤。

第一步：根据讨论的问题，提出假设。

通常情况下，假设包含两个关于总体的陈述：一个称为原假设，记为 H_0；另一个称为备择假设，记为 H_1。原假设与备择假设的内容是互斥的，不能同时成立。对假设检验问题，如果假设检验结果是拒绝原假设，则等同于接受备择假设。

第二步：选择检验统计量。

假设检验是通过计算某个统计量 $W=W(X_1,X_2,\cdots,X_n)$ 的样本值来完成的，这样的统计量称为检验统计量。检验统计量 W 的确定有时是很困难的，为了确定原假设 H_0 的拒绝域，常常要求在一定的条件下检验统计量 W 的精确分布或极限分布是已知的，或者检验统计量 W 的分位点是可以计算的。

第三步：给出显著水平 α，确定拒绝域。

显著性水平 α 的取值具有主观性，通常取值为0.1，0.05，0.01。在应用问题中，如果 α 取0.1时拒绝原假设，则称假设检验较显著；如果取0.05时拒绝原假设，则称假设检验显著；取0.01时拒绝原假设，则称假设检验高度显著。

一般给出原假设以后，我们需要确定在什么情况下接受原假设 H_0，在什么样情况下拒绝原假设 H_0。我们把拒绝接受原假设的情况组成一个集合，称为**拒绝域**；反之，称为**接受域**。拒绝域的边界点称为**临界点**。

为了确定拒绝域，一般先给出拒绝域的形式，然后利用假设检验的推断方法通过构造小概率事件确定拒绝域。当检验统计量 $W=W(X_1,X_2,\cdots,X_n)$ 的样本值 $w=W(x_1,x_2,\cdots,x_n)$ 在拒绝域中时，检验结果是拒绝 H_0 接受 H_1，说明这时的样本信息与假设 H_1 是一致的，样本信息反映了备择假设 H_1。因此，可以根据备择假设 H_1 来设计拒绝域的形式。

第四步：判断。

根据样本值 $x_1,x_2,\cdots,x_n$，计算检验统计量的样本值 $w=W(x_1,x_2,\cdots,x_n)$，并进行判断。

(1) 若 W 在拒绝域中，则拒绝 H_0 接受 H_1。说明样本信息支持假设 H_1，拒绝假设 H_0 接受假设 H_1 的理由是充分的。

(2) 若 W 不在拒绝域中，则不拒绝 H_0，即接受 H_0，这时说明样本信息不支持假设 H_1。

为了更好地理解和使用假设检验方法，下面给出两点说明。

(1) 在假设检验的推断中，原假设 H_0 是受保护的。

从假设检验的推断方法可以看出，只有当抽样实验发生了 H_0 成立下的小概率事件时，检验结果才是拒绝 H_0 接受 H_1。这说明检验做出拒绝 H_0 接受 H_1 的决定是谨慎的、理由是充分的，假设检验不能轻易否定原假设 H_0，H_0 是受保护的，并且受保护程度与显著性水平 α 有关，α 越小，小概率事件就越难发生，H_0 就越难被否定。假设检验对原假设 H_0 的肯定相对来讲是缺乏说服力的，当抽样实验的结果与原假设 H_0 没有明显的矛盾时，就接受原假设 H_0，但这并不意味着抽样实验结果充分证明了原假设 H_0 成立。

（2）原假设与备择假设的确定问题。如何确定原假设与备择假设没有严格的标准，通常有以下 4 种方法。

① 由于在假设检验方法中，原假设是受到保护的，是不能轻易被拒绝的，而接受备择假设是慎重的，要有充足的依据。所以，在做假设检验时，一般把需要有充分的理由才能将其否定的假设作为原假设，把不能轻易接受的假设作为备择假设。例如，对新药疗效的判断，做出"新药实际无效而判断为有效"所造成的后果是非常严重的，因此判断"新药有效"要慎重，故备择假设选择为：新药有效；原假设为：新药无效。

② 在实际问题中，假设的提出是有一定的理由的，但这个理由通常不是很充足的，因此希望通过收集证据对假设进行检验。通常原假设是研究者想收集证据予以反对的假设，备择假设是研究者想通过收集证据予以支持的假设。假设检验的目的主要是想收集证据来拒绝原假设支持备择假设。

③ 选择较为简单的假设为原假设。

④ 能从假设检验结果中得出有用的结论。

由于假设的真实性是未知的，因此假设检验做出的判断可能与事实不符，出现判断错误。比如引例中可能出现女士运气特别好的情况，连续猜对了 8 次，这时我们就做出了错误的判断，称为**第Ⅰ类错误**。

第Ⅰ类错误也叫弃真错误或 α 错误，是指原假设 H_0 实际上是真的（原假设 H_0 为女士不具备鉴别能力），但通过样本估计总体后，拒绝了原假设（根据样本抽样的信息，做出判断女士不具备鉴别能力）。这个错误的概率记为 α，α 也称为检验的显著性水平，即

$$P\{\text{拒绝 } H_0 \mid H_0 \text{ 为真}\}=\alpha$$

假设检验还可能犯另一类错误，称为**第Ⅱ类错误**。

第Ⅱ类错误也叫取伪错误或 β 错误，是指原假设实际上是假的（原假设 H_0 为女士不具备鉴别能力），但通过样本估计总体后，接受了原假设（根据样本抽样的信息，做出判断女士具备鉴别能力）。这个错误的概率记为 β，即

$$P\{\text{接受 } H_0 \mid H_0 \text{ 为假}\}=\beta$$

α 和 β 都是犯错误的概率，自然越小越好。通常，当样本容量给定时，若减少其中一类犯错误的概率，则往往会增加另一类犯错误的概率。如果要使两类错误都减小，必须增加样本容量，而这往往会增加工作量和成本。因此，实际中通过增加样本容量来减小两类错误同时变小是不现实的。一般在样本容量给定的情况下，我们总是控制犯第Ⅰ类错误的概率，使它不超过 α。

习题 3.1

（1）简述假设检验的一般步骤。

（2）简述单侧检验与双侧检验的区别。

（3）如何正确运用单侧检验和双侧检验？

(4) 第Ⅰ类错误和第Ⅱ类错误分别是指什么?它们发生的概率大小之间存在怎样的关系?

(5) 简述参数估计和假设检验的联系与区别。

3.2 一个正态总体参数的假设检验

3.2.1 一个正态总体均值的假设检验

1. 方差 σ^2 已知,关于均值 μ 的检验

1) 双侧假设检验

设总体 $X \sim N(\mu,\sigma^2)$,σ^2 已知,$X_1,X_2,\cdots,X_n$ 为来自正态总体 $N(\mu,\sigma^2)$ 的样本,检验假设 $H_0:\mu=\mu_0$,$H_1:\mu\neq\mu_0$(μ_0 是一个已知的常数),在原假设 $H_0:\mu=\mu_0$ 成立的情况下,常用 $Z=\dfrac{\overline{X}-\mu}{\sigma/\sqrt{n}}$ 作为检验统计量。

由式(1.3.1)可得统计量

$$Z=\frac{\overline{X}-\mu}{\sigma/\sqrt{n}}=\frac{\overline{X}-\mu_0}{\sigma/\sqrt{n}}\sim N(0,1)$$

对于给定的显著性水平 α,当 H_0 为真时,$\overline{X}$ 与 μ 取值不应相差太大,其拒绝域形式应为

$$\left|\frac{\bar{x}-\mu_0}{\sigma/\sqrt{n}}\right|\geqslant k$$

构造小概率事件

$$P\left\{\left|\frac{\overline{X}-\mu}{\sigma/\sqrt{n}}\right|\geqslant k\right\}=\alpha$$

查标准正态分布表,得 $k=z_{\frac{\alpha}{2}}$,如图 3-1 所示。由此得到拒绝域为

$$|z|\geqslant z_{\frac{\alpha}{2}} \tag{3.2.1}$$

最后把抽样得到的样本观察值 $x_1,x_2,\cdots,x_n$ 代入统计量 Z 中计算,得其观察值 Z。若观察值 $|z|>z_{\frac{\alpha}{2}}$,则拒绝原假设 H_0,否则接受原假设 H_0。

这种利用 H_0 为真时服从 $N(0,1)$ 分布的统计量 $Z=\dfrac{\overline{X}-\mu_0}{\sigma/\sqrt{n}}$ 来确定拒绝域的检验法称为 **Z 检验法**。

2) 单侧假设检验

设总体 $X\sim N(\mu,\sigma^2)$,σ^2 已知,$X_1,X_2,\cdots,X_n$ 为来自正态总体 $N(\mu,\sigma^2)$ 的样本,先求右侧假设检验假设 $H_0:\mu\leqslant\mu_0$,$H_1:\mu>\mu_0$(μ_0 是一个已知的常数)的拒绝域。

当原假设成立时,仍取 $Z=\dfrac{\overline{X}-\mu_0}{\sigma/\sqrt{n}}$ 作为检验统计量,其拒绝域形式应为 $z\geqslant k$。当 H_0 为真时,$\{Z\geqslant k\}\subset\left\{\dfrac{\overline{X}-\mu}{\sigma/\sqrt{n}}\geqslant k\right\}$,构造小概率事件 $P\{Z\geqslant k\}\leqslant P\left\{\dfrac{\overline{X}-\mu}{\sigma/\sqrt{n}}\geqslant k\right\}=\alpha$,查标准正态分布表,得 $k=z_\alpha$,可得拒绝域为

$$z \geqslant z_\alpha \tag{3.2.2}$$

如图 3-2 所示。

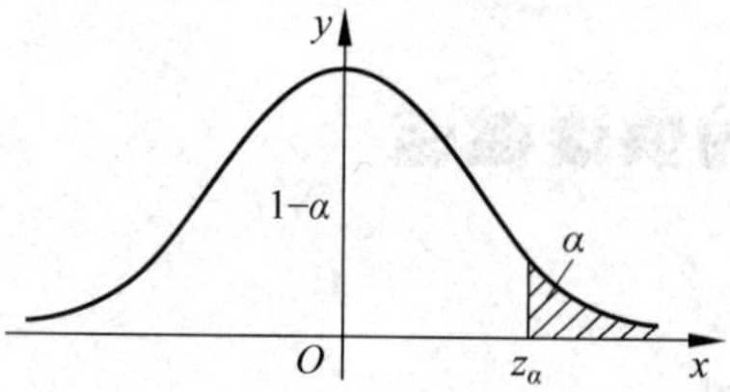

图 3-2 标准正态分布单侧检验拒绝域

最后把抽样得到的样本观察值 $x_1, x_2, \cdots, x_n$ 代入统计量 Z 中计算，得其观察值 z。若观察值 $z \geqslant z_\alpha$，则拒绝原假设 H_0，否则接受原假设 H_0。

仿照上面求解方法，可得左侧假设检验 $H_0: \mu \geqslant \mu_0, H_1: \mu < \mu_0$（$\mu_0$ 是一个已知的常数）的拒绝域为

$$z = \frac{\bar{x} - \mu_0}{\sigma / \sqrt{n}} \leqslant -z_\alpha \tag{3.2.3}$$

例 3.2.1 某厂生产的物品需用玻璃纸做包装，按规定供应商供应的玻璃纸的横向延伸率不低于 65。已知该指标服从正态分布 $N(\mu, \sigma^2)$，$\sigma = 5.5$。该厂从近期来货中抽查了 100 个样品，得样本均值 $\bar{x} = 55.06$。问：在 $\alpha = 0.05$ 时能否接受这批玻璃纸？

解 根据题意需检验

$$H_0: \mu \geqslant 65, \quad H_1: \mu < 65$$

取 $\alpha = 0.05$。则由式(3.2.3)，可知此检验问题的拒绝域为

$$z = \frac{\bar{x} - \mu_0}{\sigma / \sqrt{n}} \leqslant -z_\alpha$$

现在 $n = 100, z_{0.05} = 1.645, \bar{x} = 55.06$，则

$$z = \frac{55.06 - 65}{5.5 / \sqrt{100}} = -18.0727 < -1.645$$

z 落在拒绝域中，故拒绝原假设 H_0，接受备择假设 H_1，即不能接受该批玻璃纸。

Excel 软件实现

例 3.2.2 某纺织厂要进行轻浆试验，根据长期正常生产的积累资料，该厂单台织布机的经纱断头率（每小时平均断经根数）的数学期望为 9.73 根，标准差为 1.60 根。现在把经纱上浆率降低 20%，抽取 200 台织布机进行试验，结果平均每台织布机的经纱断头率为 9.89 根。如果认为上浆率降低后标准差不变，那么经纱断头率是否会受到显著影响（显著水平 $\alpha = 0.05$）？

解 设经纱断头率为总体 X，则 $\mu = E(X) = 9.73, \sigma = \sqrt{D(X)} = 1.6$，从中选取容量为 200 的样本，测得 $\bar{x} = 9.89$。根据题意需检验假设 $H_0: \mu = 9.73, H_1: \mu \neq 9.73$。取 $\alpha = 0.05$，则由式(3.2.1)，可知此检验问题的拒绝域为

$$|z| = \left| \frac{\bar{x} - \mu_0}{\sigma / \sqrt{n}} \right| \geqslant z_{\frac{\alpha}{2}}$$

现在 $n = 200, z_{0.025} = 1.96, \bar{x} = 9.89$，则

$$|z| = \left| \frac{9.89 - 9.73}{1.6 / \sqrt{200}} \right| = 1.4142 < 1.96$$

z 不落在拒绝域中，故接受原假设 H_0，即认为断头率没有受到显著影响。

Excel 软件实现

2. 方差 σ^2 未知，关于均值 μ 的检验

1）双侧假设检验

设总体 $X \sim N(\mu, \sigma^2)$，σ^2 未知，$X_1, X_2, \cdots, X_n$ 为来自正态总体 $N(\mu, \sigma^2)$ 的样本，检

验假设 $H_0:\mu=\mu_0$，$H_1:\mu\neq\mu_0$（μ_0 是一个已知的常数）。

在原假设 $H_0:\mu=\mu_0$ 成立的情况下，仍选取 μ 的无偏估计量 $\overline{X}$ 为相应的检验统计量，由于方差 σ^2 未知，$\dfrac{\overline{X}-\mu}{\sigma/\sqrt{n}}$ 不再是统计量。于是，用 σ^2 的无偏估计量 S^2 代替 σ^2，选择 $T=\dfrac{\overline{X}-\mu}{S/\sqrt{n}}$ 作为检验统计量。

由式(1.3.3)知，统计量 $T=\dfrac{\overline{X}-\mu}{S/\sqrt{n}}\sim t(n-1)$，对于给定的显著性水平 α，当 H_0 为真时，$\overline{X}$ 与 μ 取值不应相差太大，其拒绝域形式应为 $\left|\dfrac{\bar{x}-\mu_0}{S/\sqrt{n}}\right|\geqslant k$。构造小概率事件 $P\left\{\left|\dfrac{\overline{X}-\mu}{S/\sqrt{n}}\right|\geqslant k\right\}=\alpha$。

由 t 分布分位点定义，得 $k=t_{\frac{\alpha}{2}}$，如图 3-3 所示。由此得到拒绝域为

$$|t|\geqslant t_{\frac{\alpha}{2}}(n-1) \tag{3.2.4}$$

最后把抽样得到的样本观察值 x_1，x_2，…，x_n 代入统计量 T 中计算，得其观察值 t。若观察值 $|t|>t_{\frac{\alpha}{2}}$，则拒绝原假设 H_0，否则接受原假设 H_0。

这种利用 H_0 为真时服从 $t(n-1)$ 分布的统计量 $T=\dfrac{\overline{X}-\mu}{S/\sqrt{n}}$ 确定拒绝域的检验法称为 **T 检验法**。

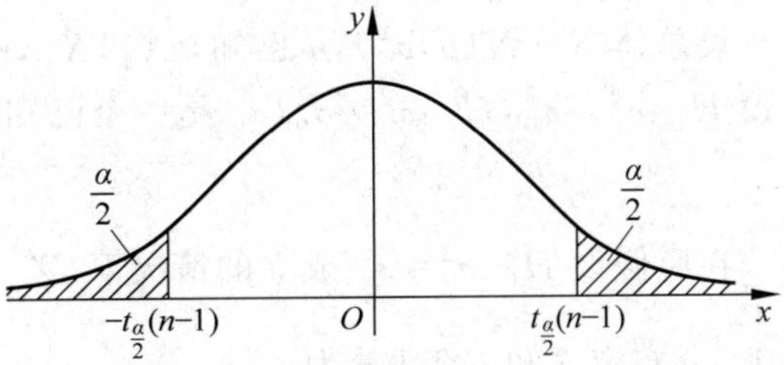

图 3-3　t 分布（双侧）检验拒绝域

2）单侧假设检验

设总体 $X\sim N(\mu,\sigma^2)$，σ^2 未知，$X_1,X_2,\cdots,X_n$ 为来自正态总体 $N(\mu,\sigma^2)$ 的样本，类似前面的推导，可得右侧假设检验 $H_0:\mu\leqslant\mu_0$，$H_1:\mu>\mu_0$（μ_0 是一个已知的常数）的拒绝域为

$$t\geqslant t_\alpha \tag{3.2.5}$$

左侧假设检验 $H_0:\mu\geqslant\mu_0$，$H_1:\mu<\mu_0$ 的拒绝域为

$$t\leqslant -t_\alpha \tag{3.2.6}$$

例 3.2.3　某种电子元件的寿命（单位：小时）X 服从正态分布，μ,σ^2 均为未知。现测得 16 只元件的寿命如下：159，280，101，212，224，379，179，264，222，362，168，250，149，260，485，170。问：是否有理由认为元件的平均寿命大于 225（$\alpha=0.05$）？

解　根据题意需检验假设 $H_0:\mu\leqslant\mu_0=225$，$H_1:\mu>225$。取 $\alpha=0.05$，则由式(3.2.5)，可知此检验问题的拒绝域为

$$t=\frac{\bar{x}-\mu_0}{s/\sqrt{n}}\geqslant t_\alpha(n-1)$$

现在 $n=16$，$\bar{x}=241.5$，$s=98.7259$，$t_{0.05}(15)=1.7531$，则

$$t=\frac{\bar{x}-\mu_0}{s/\sqrt{n}}=0.6685<1.7531$$

Excel 软件实现

t 不落在拒绝域中，故接受 H_0，即认为元件的平均寿命不大于 225 小时。

例 3.2.4 在正常情况下，某炼钢厂的铁水含碳量(单位：%)为 $X \sim N(4.55, \sigma^2)$。某一日测得 5 炉铁水含碳量为：4.48，4.40，4.42，4.45，4.47。问：当 $\alpha=0.05$ 时，该日铁水含碳量的均值是否有明显变化。

解 根据题意需检验假设 $H_0:\mu=4.55, H_1:\mu \neq 4.55$。取 $\alpha=0.05$。则由式(3.2.4)，可知此检验问题的拒绝域为

$$|t|=\left|\frac{\bar{x}-\mu_0}{s/\sqrt{n}}\right| \geqslant t_{\frac{\alpha}{2}}(n-1)$$

现在 $n=5, \bar{x}=4.444, s^2=0.0011, t_{0.025}(4)=2.7764$，则

$$|t|=\left|\frac{4.444-4.55}{\sqrt{0.0011}/\sqrt{5}}\right|=7.1465>2.7764$$

t 落在拒绝域中，故拒绝 H_0，即认为该日铁水含碳量的均值有明显变化。

Excel 软件实现

3.2.2 一个正态总体方差的假设检验

1. 均值 μ 已知，关于方差 σ^2 的检验

1）双侧假设检验

设总体 $X \sim N(\mu, \sigma^2)$，μ 已知，$X_1, X_2, \cdots, X_n$ 为来自正态总体 $N(\mu, \sigma^2)$ 的样本，检验假设 $H_0:\sigma^2=\sigma_0^2, H_1:\sigma^2 \neq \sigma_0^2$（$\sigma_0$ 是一个已知的常数）。

在原假设 $H_0:\sigma^2=\sigma_0^2$ 成立的情况下，$\chi^2=\frac{\sum_{i=1}^{n}(X_i-\mu)^2}{\sigma_0^2}$ 作为检验统计量。由第 1 章中 χ^2 分布定义知，统计量为

$$\chi^2=\frac{\sum_{i=1}^{n}(X_i-\mu)^2}{\sigma_0^2} \sim \chi^2(n)$$

对于给定的显著性水平 α，当 H_0 为真时，$\chi^2=\frac{\sum_{i=1}^{n}(X_i-\mu)^2}{\sigma_0^2}$ 的取值与 n 不应相差太大，故其拒绝域形式应为

$$\frac{\sum_{i=1}^{n}(x_i-\mu)^2}{\sigma_0^2} \leqslant k_1 \quad \text{或} \quad \frac{\sum_{i=1}^{n}(x_i-\mu)^2}{\sigma_0^2} \geqslant k_2$$

构造小概率事件

$$P\left\{\frac{\sum_{i=1}^{n}(X_i-\mu)^2}{\sigma_0^2} \leqslant k_1 \quad \text{或} \quad \frac{\sum_{i=1}^{n}(X_i-\mu)^2}{\sigma_0^2} \geqslant k_2\right\}=\alpha$$

常取

$$P\left\{\frac{\sum_{i=1}^{n}(X_i-\mu)^2}{\sigma_0^2} \leqslant k_1\right\}=P\left\{\frac{\sum_{i=1}^{n}(X_i-\mu)^2}{\sigma_0^2} \geqslant k_2\right\}=\frac{\alpha}{2}$$

由 χ^2 分布分位数定义(见图 3-4),得 $k_1=\chi^2_{1-\frac{\alpha}{2}}(n)$,$k_2=\chi^2_{\frac{\alpha}{2}}(n)$,则拒绝域为

$$\chi^2=\frac{\sum_{i=1}^{n}(x_i-\mu)^2}{\sigma_0^2}\leqslant\chi^2_{1-\frac{\alpha}{2}}(n)$$

或

$$\frac{\sum_{i=1}^{n}(x_i-\mu)^2}{\sigma_0^2}\geqslant\chi^2_{\frac{\alpha}{2}}(n) \tag{3.2.7}$$

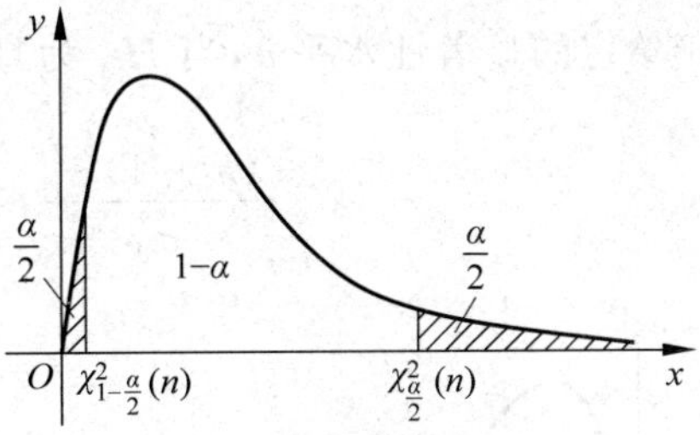

图 3-4　卡方(双侧)检验拒绝域

最后把抽样得到的样本观察值 $x_1,x_2,\cdots,x_n$ 代入统计量 χ^2 中计算,得其观察值 χ^2。若 $\chi^2=\frac{\sum_{i=1}^{n}(x_i-\mu)^2}{\sigma_0^2}\leqslant\chi^2_{1-\frac{\alpha}{2}}(n)$ 或 $\frac{\sum_{i=1}^{n}(x_i-\mu)^2}{\sigma_0^2}\geqslant\chi^2_{\frac{\alpha}{2}}(n)$,则拒绝原假设 H_0,否则接受原假设 H_0。

这种利用 H_0 为真时服从 $\chi^2(n)$ 分布的统计量 $\chi^2=\frac{\sum_{i=1}^{n}(X_i-\mu)^2}{\sigma_0^2}$ 来确定拒绝域的检验法,称为 **χ^2 检验法**。

2) 单侧假设检验

设总体 $X\sim N(\mu,\sigma^2)$,均值 μ 未知,σ^2 未知,$X_1,X_2,\cdots,X_n$ 为来自正态总体 $N(\mu,\sigma^2)$ 的样本,类似前面的推导,可得右侧假设检验 $H_0:\sigma^2\leqslant\sigma_0^2,H_1:\sigma^2>\sigma_0^2$($\sigma_0$ 是一个已知的常数)的拒绝域为

$$\chi^2=\frac{\sum_{i=1}^{n}(x_i-\mu)^2}{\sigma_0^2}\geqslant\chi^2_{\alpha}(n) \tag{3.2.8}$$

左侧假设检验 $H_0:\sigma^2\geqslant\sigma_0^2,H_1:\sigma^2<\sigma_0^2$ 的拒绝域为

$$\chi^2=\frac{\sum_{i=1}^{n}(x_i-\mu)^2}{\sigma_0^2}\leqslant\chi^2_{1-\alpha}(n) \tag{3.2.9}$$

2. 均值 μ 未知,关于方差 σ^2 的检验

1) 双侧假设检验

设总体 $X\sim N(\mu,\sigma^2)$,μ 未知,$X_1,X_2,\cdots,X_n$ 为来自正态总体 $N(\mu,\sigma^2)$ 的样本,检验假设 $H_0:\sigma^2=\sigma_0^2,H_1:\sigma^2\neq\sigma_0^2$($\sigma_0$ 是一个已知的常数)。

在原假设 $H_0:\sigma^2=\sigma_0^2$ 成立的条件下,选取 σ^2 的无偏估计量 S^2 来衡量,常用 $\chi^2=\frac{(n-1)S^2}{\sigma^2}=\frac{(n-1)S^2}{\sigma_0^2}$ 作为检验统计量。

由定理 1.3.4 得,统计量

$$\chi^2=\frac{(n-1)S^2}{\sigma_0^2}\sim\chi^2(n-1)$$

对于给定的显著性水平 α，当 H_0 为真时，$\dfrac{S^2}{\sigma_0^2}$与 1 不应相差太大，故其拒绝域应为

$$\frac{(n-1)S^2}{\sigma_0^2} \leqslant k_1 \quad 或 \quad \frac{(n-1)S^2}{\sigma_0^2} \geqslant k_2$$

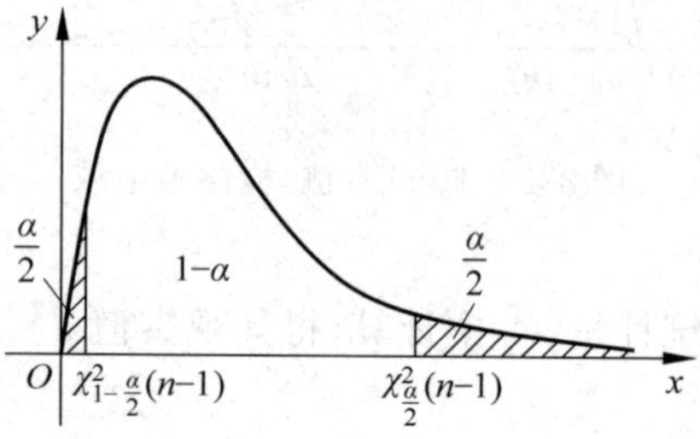

图 3-5　卡方(双侧)检验拒绝域

构造小概率事件

$$P\left\{\frac{(n-1)S^2}{\sigma_0^2} \leqslant k_1 \quad 或 \quad \frac{(n-1)S^2}{\sigma_0^2} \geqslant k_2\right\} = \alpha$$

常取

$$P\left\{\frac{(n-1)S^2}{\sigma_0^2} \leqslant k_1\right\} = P\left\{\frac{(n-1)S^2}{\sigma_0^2} \geqslant k_2\right\} = \frac{\alpha}{2}$$

由 χ^2 分布分位点的定义(见图 3-5)，得 $k_1 = \chi^2_{1-\frac{\alpha}{2}}(n-1)$，$k_2 = \chi^2_{\frac{\alpha}{2}}(n-1)$，则拒绝域为

$$\chi^2 = \frac{(n-1)S^2}{\sigma_0^2} \leqslant \chi^2_{1-\frac{\alpha}{2}}(n-1) \quad 或 \quad \chi^2 = \frac{(n-1)S^2}{\sigma_0^2} \geqslant \chi^2_{\frac{\alpha}{2}}(n-1) \tag{3.2.10}$$

最后把抽样得到的样本观察值 $x_1, x_2, \cdots, x_n$ 代入统计量 χ^2 中计算，得其观察值 χ^2。若观察值 $\chi^2 = \dfrac{(n-1)s^2}{\sigma_0^2} \leqslant \chi^2_{1-\frac{\alpha}{2}}(n-1)$或$\dfrac{(n-1)s^2}{\sigma_0^2} \geqslant \chi^2_{\frac{\alpha}{2}}(n-1)$，则拒绝原假设 H_0，否则接受原假设 H_0。

这种利用 H_0 为真时，服从 $\chi^2(n-1)$分布的统计量 $\chi^2 = \dfrac{(n-1)S^2}{\sigma^2}$来确定拒绝域的检验法称为**$\chi^2$ 检验法**。

2）单侧假设检验

设总体 $X \sim N(\mu, \sigma^2)$，均值 μ 未知，$X_1, X_2, \cdots, X_n$ 为来自正态总体 $N(\mu, \sigma^2)$的样本，类似前面的推导，可得右侧假设检验 $H_0: \sigma^2 \leqslant \sigma_0^2, H_1: \sigma^2 > \sigma_0^2$($\sigma_0$ 是一个已知的常数)的拒绝域为

$$\chi^2 = \frac{(n-1)S^2}{\sigma_0^2} \geqslant \chi^2_\alpha(n-1) \tag{3.2.11}$$

左侧假设检验 $H_0: \sigma^2 \geqslant \sigma_0^2, H_1: \sigma^2 < \sigma_0^2$($\sigma_0$ 是一个已知的常数)的拒绝域为

$$\chi^2 = \frac{(n-1)S^2}{\sigma_0^2} \leqslant \chi^2_{1-\alpha}(n-1) \tag{3.2.12}$$

例 3.2.5　某厂生产的某种型号的电池，其寿命(单位：h)长期以来服从方差 $\sigma^2 = 5000$ 的正态分布。现有一批这种电池，从生产情况来看，寿命的波动性有所变化。现随机抽取 26 只电池，测出其寿命的样本方差 $s^2 = 9200$。问：根据这一数据能否推断这批电池的寿命的波动性较以往的是否有显著的变化？($\alpha = 0.02$)

解　根据题意要检验假设

$$H_0: \sigma^2 = 5000, \quad H_1: \sigma^2 \neq 5000$$

取 $\alpha = 0.02$，则由式(3.2.10)，可知此检验问题的拒绝域为

$$\chi^2=\frac{(n-1)S^2}{\sigma_0^2}\leqslant\chi^2_{1-\frac{\alpha}{2}}(n-1)\quad 或\quad \chi^2=\frac{(n-1)S^2}{\sigma_0^2}\geqslant\chi^2_{\frac{\alpha}{2}}(n-1)$$

现在 $n=26,\sigma_0^2=5000,\chi^2_{\frac{\alpha}{2}}(n-1)=\chi^2_{0.01}(25)=44.314,\chi^2_{1-\frac{\alpha}{2}}(n-1)=\chi^2_{0.99}(25)=11.524$，计算得

$$\frac{(n-1)s^2}{\sigma_0^2}=\frac{25\times 9200}{5000}=46>44.314$$

Excel 软件实现

χ^2 落在拒绝域中，故拒绝 H_0，即认为这批电池的寿命的波动性较以往的有显著的变化。

例 3.2.6 某种导线，要求其电阻(单位：Ω)的标准不得超过 0.005，今在生产的一批导线中取样品 9 根，测得 $s=0.007$。设总体为正态分布，问：在 $\alpha=0.05$ 时，能否认为这批导线的标准差显著偏大？

解 依题意需检验假设 $H_0:\sigma\leqslant\sigma_0=0.005,H_1:\sigma>\sigma_0=0.005$。取 $\alpha=0.05$，则由式(3.2.11)，可知此检验问题的拒绝域为

$$\chi^2=\frac{(n-1)S^2}{\sigma_0^2}\geqslant\chi^2_{\alpha}(n-1)$$

现在 $n=9,\chi^2_{\alpha}(n-1)=\chi^2_{0.05}(8)=15.507$，又题设 $s=0.007$，计算得

$$\chi^2=\frac{(n-1)S^2}{\sigma_0^2}=\frac{8\times 0.007^2}{0.005^2}=15.68>\chi^2_{0.05}(8)=15.507$$

χ^2 落在拒绝域中，故拒绝原假设 H_0，即认为这批导线的标准差显著偏大。

Excel 软件实现

习 题 3.2

1. 一种罐装饮料采用自动生产线生产，每罐的容量(单位：mL)是 255，标准差为 5。为检验每罐容量是否符合要求，质检人员在某天生产的饮料中随机抽取 40 罐进行检验，测得每罐平均容量为 255.8。假设取显著性水平 $\alpha=0.05$，那么该天生产的饮料容量是否符合标准要求？

2. 有一种元件要求其使用寿命(单位：h)不得低于 700。现从一批这种元件中随机抽取 36 件，测得其平均寿命为 680。已知该元件寿命服从正态分布，当 $\sigma=60$ 时，问：在显著性水平 $\alpha=0.05$ 时这批元件是否合格？

3. 糖厂用自动打包机打包，每包标准重量(单位：kg)是 100。每天开工后需要检验一次打包机工作是否正常。某日开工后测得 9 包重量分别为：99.3，98.7，100.5，101.2，98.3，99.7，99.5，102.1，100.5。已知包重服从正态分布，试问：该日打包机工作是否正常？($\alpha=0.05$)

4. 某种电子元件的寿命 x(单位：h)服从正态分布。现测得 16 只元件的寿命分别为：159，280，101，212，224，379，179，264，222，362，168，250，149，260，485，170。问：是否有理由认为元件的平均寿命显著地大于 225？($\alpha=0.05$)

5. 在正常情况下，某肉类加工厂生产的小包装精肉每包重量(单位：g)为 X 服从正态分布，标准差 $\sigma=10$ 某日抽取 12 包，测得重量分别为：501，497，483，492，510，503，478，494，483，496，502，513。问：该日生产的纯精肉每包重量的标准差是否正常？($\alpha=0.10$)

6. 2007 年，某个航线往返机票的平均折扣费（单位：元）是 258。2008 年，随机抽取了 16 个往返机票的折扣作为一个简单随机样本，结果得到下面的数据：265，280，290，240，285，250，260，245，310，260，265，255，300，310，230，263。

问：

（1）取显著性水平 $\alpha=0.05$，检验 2008 年往返机票的平均折扣额是否有显著增加？

（2）在上述检验中，基本假定是什么？

3.3 两个正态总体参数的假设检验

设总体 $X\sim N(\mu_1,\sigma_1^2)$，$Y\sim N(\mu_2,\sigma_2^2)$，$X_1,X_2,\cdots,X_{n_1}$ 为来自总体 $N(\mu_1,\sigma_1^2)$ 的样本，$Y_1,Y_2,\cdots,Y_{n_2}$ 为来自总体 $N(\mu_2,\sigma_2^2)$ 的样本，且设两样本独立，又设 $\bar{X}$，$\bar{Y}$ 分别是总体 X 与 Y 样本均值，S_1^2，S_2^2 是总体 X 与 Y 的样本方差。

3.3.1 两个正态总体均值差的假设检验

1. 方差 $\boldsymbol{\sigma_1^2}$，$\boldsymbol{\sigma_2^2}$ 均为已知，关于均值差 $\boldsymbol{\mu_1-\mu_2}$ 的检验

1）双侧假设检验

检验假设 $H_0:\mu_1-\mu_2=\delta$，$H_1:\mu_1-\mu_2\neq\delta$（$\delta$ 是一个已知的常数）。因 $\bar{X}-\bar{Y}$ 是 $\mu_1-\mu_2$ 的无偏估计量，所以取统计量为

$$Z=\frac{(\bar{X}-\bar{Y})-(\mu_1-\mu_2)}{\sqrt{\sigma_1^1/n_1+\sigma_2^2/n_2}}=\frac{(\bar{X}-\bar{Y})-\delta}{\sqrt{\sigma_1^1/n_1+\sigma_2^2/n_2}}$$

由定理 1.3.6 知

$$Z=\frac{(\bar{X}-\bar{Y})-\delta}{\sqrt{\sigma_1^1/n_1+\sigma_2^1/n_2}}\sim N(0,1)$$

对于给定的显著性水平 α，当 H_0 为真时，其拒绝域形式应为

$$|z|=\left|\frac{(\bar{x}-\bar{y})-\delta}{\sqrt{\sigma_1^2/n_1+\sigma_2^2/n_2}}\right|\geqslant k$$

构造小概率事件 $P\{|Z|\geqslant k\}=\alpha$，查标准正态分布表，得 $k=z_{\frac{\alpha}{2}}$，其拒绝域为

$$|z|\geqslant z_{\frac{\alpha}{2}} \tag{3.3.1}$$

这种利用 H_0 为真时服从 $N(0,1)$ 分布的统计量 $Z=\dfrac{(\bar{X}-\bar{Y})-\delta}{\sqrt{\sigma_1^1/n_1+\sigma_2^1/n_2}}$ 来确定拒绝域的检验法仍称为 **Z 检验法**。

2）单侧假设检验

类似前面的推导，可得右侧假设检验 $H_0:\mu_1-\mu_2\leqslant\delta$，$H_1:\mu_1-\mu_2>\delta$（$\delta$ 是一个已知的常数）的拒绝域为

$$z=\frac{(\bar{x}-\bar{y})-\delta}{\sqrt{\sigma_1^2/n_1+\sigma_2^2/n_2}}\geqslant z_\alpha \tag{3.3.2}$$

左侧假设检验 $H_0:\mu_1-\mu_2\geqslant\delta, H_1:\mu_1-\mu_2<\delta$($\delta$ 是一个已知的常数)的拒绝域为

$$z=\frac{(\bar{x}-\bar{y})-\delta}{\sqrt{\sigma_1^2/n_1+\sigma_2^2/n_2}}\leqslant -z_\alpha \tag{3.3.3}$$

2. 方差 $\sigma_1^2=\sigma_2^2=\sigma^2$,但 σ^2 未知,关于均值差 $\mu_1-\mu_2$ 的检验

1) 双侧假设检验

检验假设 $H_0:\mu_1-\mu_2=\delta, H_1:\mu_1-\mu_2\neq\delta$($\delta$ 是一个已知的常数)。因 $\sigma_1^2=\sigma_2^2=\sigma^2$ 未知,此时 $Z=\dfrac{(\bar{X}-\bar{Y})-\delta}{\sqrt{\sigma_1^2/n_1+\sigma_2^2/n_2}}$不是统计量。$S_w^2=\dfrac{(n_1-1)S_1^2+(n_2-1)S_2^2}{n_1+n_2-2}$是 σ^2 的无偏估计量,我们选取统计量为 $T=\dfrac{(\bar{X}-\bar{Y})-\delta}{S_w\sqrt{1/n_1+1/n_2}}$。

由定理 1.3.6 知 $T=\dfrac{(\bar{X}-\bar{Y})-\delta}{S_w\sqrt{1/n_1+1/n_2}}\sim t(n_1+n_2-2)$。对于给定的显著性水平 α,当 H_0 为真时,其拒绝域形式应为 $|t|=\left|\dfrac{(\bar{x}-\bar{y})-\delta}{S_w\sqrt{1/n_1+1/n_2}}\right|\geqslant k$。

构造小概率事件 $P\{|t|\geqslant k\}=\alpha$,查 t 分布表,得 $k=t_{\frac{\alpha}{2}}(n_1+n_2-2)$,则其拒绝域为

$$|t|\geqslant t_{\frac{\alpha}{2}}(n_1+n_2-2) \tag{3.3.4}$$

这种利用 H_0 为真时服从 $t(n_1+n_2-2)$分布的统计量 $T=\dfrac{(\bar{X}-\bar{Y})-\delta}{S_w\sqrt{1/n_1+1/n_2}}$来确定拒绝域的检验法仍称为 T 检验法。

2) 单侧假设检验

类似前面的推导,可得右侧假设检验 $H_0:\mu_1-\mu_2\leqslant\delta, H_1:\mu_1-\mu_2>\delta$($\delta$ 是一个已知的常数)的拒绝域为

$$t=\frac{(\bar{x}-\bar{y})-\delta}{S_w\sqrt{1/n_1+1/n_2}}\geqslant t_\alpha(n_1+n_2-2) \tag{3.3.5}$$

左侧假设检验 $H_0:\mu_1-\mu_2\geqslant\delta, H_1:\mu_1-\mu_2<\delta$($\delta$ 是一个已知的常数)的拒绝域为

$$t=\frac{(\bar{x}-\bar{y})-\delta}{S_w\sqrt{1/n_1+1/n_2}}\leqslant -t_\alpha(n_1+n_2-2) \tag{3.3.6}$$

例 3.3.1 假设在平炉上进行一项试验以确定改变操作方法的建议是否会提高得钢率。试验是在同一只平炉上进行的。每炼一炉钢时除操作方法外,其他条件都尽可能做到相同。先采用标准方法炼一炉,然后用建议的新方法炼一炉,以后交替进行,各炼 10 炉,其得钢率分别如下。

(1) 标准方法:78.1,72.4,76.2,74.3,77.4,78.4,76.0,75.5,76.7,77.3。

(2) 建议的新方法:79.1,81.0,77.3,79.1,80.0,78.1,79.1,77.3,80.2,82.1。

设这两个样本相互独立,且分别来自正态总体,问:建议的新操作方法能否提高得钢率?($\alpha=0.05$)

解 根据题意需检验假设 $H_0:\mu_1-\mu_2\geqslant 0, H_1:\mu_1-\mu_2<0$。取 $\alpha=0.05$,则由式(3.3.6),可知此检验问题的拒绝域为

$$t=\frac{(\bar{x}-\bar{y})}{S_w\sqrt{1/n_1+1/n_2}}\leqslant -t_\alpha(n_1+n_2-2)$$

现在 $n_1=10, n_2=10$，计算得 $\bar{x}=76.23, s_1^2=3.325, \bar{y}=79.33, s_2^2=2.225, s_w^2=\dfrac{(10-1)s_1^2+(10-1)s_2^2}{10+10-2}=2.775, t_{0.05}(18)=1.7341$，则

$$t=\frac{\bar{x}-\bar{y}}{S_w\sqrt{1/n_1+1/n_2}}=-4.295\leqslant -1.7341=-t_{0.05}(18)$$

Excel 软件实现

t 落在拒绝域中，故拒绝 H_0，即认为建议的新操作方法能提高得钢率。

3.3.2 两个正态总体方差比的假设检验

***1. μ_1,μ_2 已知，关于方差比 $\dfrac{\sigma_1^2}{\sigma_2^2}$ 的检验**

1）双侧假设检验

设总体 $X\sim N(\mu_1,\sigma_1^2), Y\sim N(\mu_2,\sigma_2^2), X_1,X_2,\cdots,X_{n_1}$ 为来自正态总体 $N(\mu_1,\sigma_1^2)$ 的样本，$Y_1,Y_2,\cdots,Y_{n_2}$ 为来自正态总体 $N(\mu_2,\sigma_2^2)$ 的样本，且设两样本独立，μ_1,μ_2 为已知，σ_1^2,σ_2^2 为未知，需要检验假设 $H_0:\sigma_1^2=\sigma_2^2, H_1:\sigma_1^2\neq\sigma_2^2$。

在原假设 $H_0:\sigma_1^2=\sigma_2^2$ 成立的情况下，由于 $\hat{\sigma}_1^2=\dfrac{1}{n_1}\sum\limits_{i=1}^{n_1}(X_i-\mu_1)^2, \hat{\sigma}_2^2=\dfrac{1}{n_2}\sum\limits_{i=1}^{n_2}(Y_i-\mu_2)^2$ 分别是 σ_1^2,σ_2^2 的无偏估计量，取 $F=\dfrac{\hat{\sigma}_1^2}{\hat{\sigma}_2^2}$ 作为检验统计量。

由于 $\dfrac{1}{\sigma_1^2}\sum\limits_{i=1}^{n_1}(X_i-\mu_1)^2\sim\chi^2(n_1), \dfrac{1}{\sigma_2^2}\sum\limits_{i=1}^{n_2}(X_i-\mu_2)^2\sim\chi^2(n_2)$，从而

$$\frac{\dfrac{1}{\sigma_1^2}\sum\limits_{i=1}^{n_1}(X_i-\mu_1)^2\Big/n_1}{\dfrac{1}{\sigma_2^2}\sum\limits_{i=1}^{n_2}(X_i-\mu_2)^2\Big/n_2}\sim F(n_1,n_2)$$

即统计量 $F=\dfrac{\hat{\sigma}_1^2}{\hat{\sigma}_2^2}\sim F(n_1,n_2)$。对于给定的显著性水平 α，当 H_0 为真时，$\dfrac{\hat{\sigma}_1^2}{\hat{\sigma}_2^2}$ 与 1 不应相差太大，故其拒绝域形式应是

$$f=\frac{\hat{\sigma}_1^2}{\hat{\sigma}_2^2}\leqslant k_1 \quad 或 \quad f=\frac{\hat{\sigma}_1^2}{\hat{\sigma}_2^2}\geqslant k_2$$

构造小概率事件

$$P\left\{F=\frac{\hat{\sigma}_1^2}{\hat{\sigma}_2^2}\leqslant k_1 \quad 或 \quad F=\frac{\hat{\sigma}_1^2}{\hat{\sigma}_2^2}\geqslant k_2\right\}=\alpha$$

常取

$$P\left\{F=\frac{\hat{\sigma}_1^2}{\hat{\sigma}_2^2}\leqslant k_1\right\}=P\left\{F=\frac{\hat{\sigma}_1^2}{\hat{\sigma}_2^2}\geqslant k_2\right\}=\frac{\alpha}{2}$$

由 F 分布分位点定义(见图 3-6),得 $k_1=F_{1-\frac{\alpha}{2}}(n_1,n_2)$,$k_2=F_{\frac{\alpha}{2}}(n_1,n_2)$。

由此得拒绝域为

$$f=\frac{\hat{\sigma}_1^2}{\hat{\sigma}_2^2}\leqslant F_{1-\frac{\alpha}{2}}(n_1,n_2)\quad 或\quad f=\frac{\hat{\sigma}_1^2}{\hat{\sigma}_2^2}\geqslant F_{\frac{\alpha}{2}}(n_1,n_2)\tag{3.3.7}$$

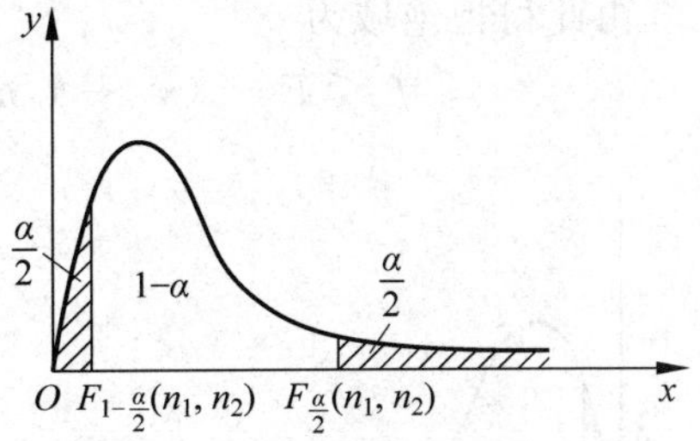

图 3-6　F 检验(双侧)拒绝域

最后把抽样得到的样本观察值 $x_1,x_2,\cdots,x_n$ 代入统计量 F 中计算,得其观察值 F。若观察值 $F=\frac{\hat{\sigma}_1^2}{\hat{\sigma}_2^2}\leqslant F_{1-\frac{\alpha}{2}}(n_1,n_2)$ 或 $F=\frac{\hat{\sigma}_1^2}{\hat{\sigma}_2^2}\geqslant F_{\frac{\alpha}{2}}(n_1,n_2)$ 则拒绝原假设 H_0,否则接受原假设 H_0。

这种利用 H_0 为真时服从 $F(n_1,n_2)$ 分布的统计量 $F=\frac{\hat{\sigma}_1^2}{\hat{\sigma}_2^2}$ 来确定拒绝域的检验法称为 **F 检验法**。

2) 单侧假设检验

类似前面的推导,可得右侧假设检验 $H_0:\sigma_1^2\leqslant\sigma_2^2,H_1:\sigma_1^2>\sigma_2^2$ 的拒绝域为

$$f=\frac{\hat{\sigma}_1^2}{\hat{\sigma}_2^2}\geqslant F_{\alpha}(n_1,n_2)\tag{3.3.8}$$

左侧假设检验 $H_0:\sigma_1^2\geqslant\sigma_2^2,H_1:\sigma_1^2<\sigma_2^2$ 的拒绝域为

$$f=\frac{\hat{\sigma}_1^2}{\hat{\sigma}_2^2}\leqslant F_{1-\alpha}(n_1,n_2)\tag{3.3.9}$$

2. μ_1,μ_2 未知,关于方差比 $\frac{\sigma_1^2}{\sigma_2^2}$ 的检验

1) 双侧假设检验

设总体 $X\sim N(\mu_1,\sigma_1^2),Y\sim N(\mu_2,\sigma_2^2),X_1,X_2,\cdots,X_{n_1}$ 为来自正态总体 $N(\mu_1,\sigma_1^2)$ 的样本,$Y_1,Y_2,\cdots,Y_{n_2}$ 为来自正态总体 $N(\mu_2,\sigma_2^2)$ 的样本,且设两样本独立;又设 $\overline{X},\overline{Y}$ 分别是总体的 X 与 Y 样本均值,S_1^2,S_2^2 是总体的 X 与 Y 样本方差,$\mu_1,\mu_2,\sigma_1^2,\sigma_2^2$ 均为未知,需要检验假设 $H_0:\sigma_1^2=\sigma_2^2,H_1:\sigma_1^2\neq\sigma_2^2$。在原假设 $H_0:\sigma_1^2=\sigma_2^2$ 成立的情况下,选取 S_1^2,S_2^2 分别是 σ_1^2,σ_2^2 的无偏估计量,取 $F=\frac{S_1^2/S_2^2}{\sigma_1^2/\sigma_2^2}=\frac{S_1^2}{S_2^2}$ 作为检验统计量。

由式(1.3.4)知,统计量 $F=\frac{S_1^2}{S_2^2}\sim F(n_1-1,n_2-1)$。对于给定的显著性水平 α,当 H_0 为真时,$\frac{S_1^2}{S_2^2}$ 与 1 不应相差太大,故其拒绝域形式应是 $f=\frac{s_1^2}{s_2^2}\leqslant k_1$ 或 $f=\frac{s_1^2}{s_2^2}\geqslant k_2$,得 $P\left\{F=\frac{S_1^2}{S_2^2}\leqslant k_1\ 或\ F=\frac{S_1^2}{S_2^2}\geqslant k_2\right\}=\alpha$,常取 $P\left\{F=\frac{S_1^2}{S_2^2}\leqslant k_1\right\}=P\left\{F=\frac{S_1^2}{S_2^2}\geqslant k_2\right\}=\frac{\alpha}{2}$。

由 F 分布分位点定义(见图 3-7),得 $k_1=F_{1-\frac{\alpha}{2}}(n_1-1,n_2-1)$,$k_2=F_{\frac{\alpha}{2}}(n_1-1,n_2-1)$。

由此得拒绝域为

$$f \leqslant F_{1-\frac{\alpha}{2}}(n_1-1,n_2-1) \quad 或 \quad f \geqslant F_{\frac{\alpha}{2}}(n_1-1,n_2-1) \tag{3.3.10}$$

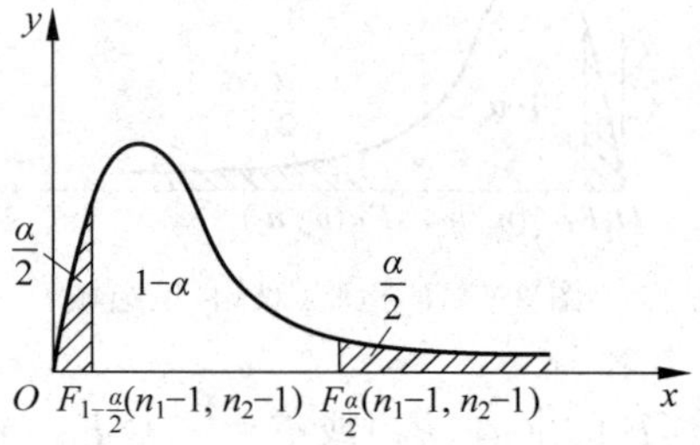

图 3-7　F 检验(双侧)拒绝域

最后把抽样得到的样本观察值 $x_1,x_2,\cdots,x_n$ 代入统计量 F 中计算,得其观察值 f。若观察值 $f\leqslant F_{1-\frac{\alpha}{2}}(n_1-1,n_2-1)$ 或 $f\geqslant F_{\frac{\alpha}{2}}(n_1-1,n_2-1)$,则拒绝原假设 H_0,否则接受原假设 H_0。

这种利用 H_0 为真时,服从 $F(n_1-1,n_2-1)$ 分布的统计量 $F=\frac{S_1^2}{S_2^2}$ 来确定拒绝域的检验法称为 F 检验法。

2) 单侧假设检验

类似前面的推导,可得右侧假设检验 $H_0:\sigma_1^2\leqslant\sigma_2^2, H_1:\sigma_1^2>\sigma_2^2$ 的拒绝域为

$$f \geqslant F_{\alpha}(n_1-1,n_2-1) \tag{3.3.11}$$

左侧假设检验 $H_0:\sigma_1^2\geqslant\sigma_2^2, H_1:\sigma_1^2<\sigma_2^2$ 的拒绝域为

$$f \leqslant F_{1-\alpha}(n_1-1,n_2-1) \tag{3.3.12}$$

例 3.3.2　某卷烟厂生产甲、乙两种香烟,分别对它们的尼古丁含量(单位: mg)作了 6 次测定,获得样本的观察值如下。

(1) 甲:25,28,23,26,29,22。

(2) 乙:28,23,30,25,21,27。

假定这两种烟的尼古丁含量都服从正态分布,且方差相等,对这两种香烟的尼古丁含量,检验它们的方差有无显著差异?$(\alpha=0.1)$

解　根据题意需检验假设 $H_0:\sigma_1^2=\sigma_2^2, H_1:\sigma_1^2\neq\sigma_2^2$。取 $\alpha=0.1$,则由式(3.3.10),可知此检验问题的拒绝域为

$$f \leqslant F_{1-\frac{\alpha}{2}}(n_1-1,n_2-1) \quad 或 \quad f \geqslant F_{\frac{\alpha}{2}}(n_1-1,n_2-1)$$

现在 $n_1=6, n_2=6$,计算得

$$s_1^2=7.5,\quad s_2^2=11.0667$$

$$F_{1-\frac{\alpha}{2}}(n_1-1,n_2-1)=F_{0.95}(5,5)=\frac{1}{5.05}=0.1980$$

$$F_{\frac{\alpha}{2}}(n_1-1,n_2-1)=F_{0.05}(5,5)=5.05$$

计算得

$$f=\frac{7.5}{11.0667}=0.6777$$

Excel 软件实现

因此,f 不落在拒绝域中,故接受原假设 H_0,即认为它们的方差无显著差异。

3.3.3　基于成对数据的假设检验

有时为了比较两种产品、两种仪器、两种方法等的差异,我们常在相同的条件下做对比实验,从而得到一批成对的观察值,然后分析观察数据做出推断,这种方法常称为**逐对比较法**。

设有 n 对相互独立的观察结果:$(X_1,Y_1),(X_2,Y_2),\cdots,(X_n,Y_n)$,令 $D_1=X_1-Y_1$,

$D_2=X_2-Y_2,\cdots,D_n=X_n-Y_n$，则 $D_1,D_2,\cdots,D_n$ 相互独立。又由于 $D_1,D_2,\cdots,D_n$ 是由同一因素所引起的，可认为他们服从同一分布。今假设 $D_i\sim N(\mu_D,\sigma_D^2)$，$i=1,2,\cdots,n$。这就是说 $D_1,D_2,\cdots,D_n$ 构成正态总体 $N(\mu_D,\sigma_D^2)$的一个样本，其中 μ_D,σ_D^2 未知，我们需要基于这一样本做如下检验假设。

(1) $H_0:\mu_D=0$；$H_1:\mu_D\neq 0$。

(2) $H_0:\mu_D\leqslant 0$；$H_1:\mu_D>0$。

(3) $H_0:\mu_D\geqslant 0$；$H_1:\mu_D<0$。

分别记 $D_1,D_2,\cdots,D_n$ 的样本均值和样本方差的观察值为 $\bar{d}$ 和 s_d^2，按照单个正态总体均值的检验法，知检验问题(1)、(2)、(3)的拒绝域分别为(显著性水平为 α)：

$$|t|=\left|\frac{\bar{d}}{s_d/\sqrt{n}}\right|\geqslant t_{\frac{\alpha}{2}}(n-1),\quad t=\frac{\bar{d}}{s_d/\sqrt{n}}\geqslant t_\alpha(n-1),\quad t=\frac{\bar{d}}{s_d/\sqrt{n}}\leqslant -t_\alpha(n-1)$$

例 3.3.3 假设要比较人对红光和绿光的反应时间(单位：s)。实验在点亮红光或绿光的同时，启动计时器，要求受试者见到红光或绿光点亮时，按下按钮，切断计时器，这就能测得反应时间。测量的结果如表 3-1 所示。

表 3-1 测量结果 单位：s

红光(x)	0.30	0.23	0.41	0.53	0.24	0.36	0.38	0.51
绿光(y)	0.43	0.32	0.58	0.46	0.27	0.41	0.38	0.61
$d=x-y$	−0.13	−0.09	−0.17	0.07	−0.03	−0.05	0.00	−0.10

设 $D_i=X_i-Y_i$，$i=1,2,\cdots,8$ 是来自正态总体 $N(\mu_D,\sigma_D^2)$的样本，μ_D,σ_D^2 均未知。试检验假设 $H_0:\mu_D\geqslant 0$；$H_1:\mu_D<0(\alpha=0.05)$。

解 现在 $n=8$，$\bar{d}=-0.0625$，$s_d=0.0765$，而$\dfrac{\bar{d}}{s_d/\sqrt{8}}=-2.311<-t_{0.05}(7)=-1.8946$，故拒绝 H_0，认为 $\mu_D<0$，即认为人对红光的反应时间小于对绿光的反应时间，也就是人对红光的反应要比绿光快。

习题 3.3

(1) 假设装配一个部件时可以采用不同的方法，现在要知道哪种方法的效率更高。劳动效率可以平均装配时间(单位：min)反映。现从不同的装配方法中各抽取 12 件产品，记录各自的装配时间如下。

甲方法：31，34，29，32，35，38，34，30，29，32，31，26。

乙方法：26，24，28，29，30，29，32，26，31，29，32，28。

两个总体为正态总体，且方差相同。问：两种方法的装配时间有无显著不同？($\alpha=0.05$)

(2) 有人说在大学中男生的学习成绩比女生的学习成绩好。现从一所大学中随机抽取了 25 名男生和 16 名女生，对他们进行相同题目的测试。测试结果表明，男生的平均成绩为 82 分，方差为 56 分，女生的平均成绩为 78 分，方差为 49 分。假设显著性水平 $\alpha=0.02$，问：是否可以认为男生的学习成绩是否比女生的学习成绩好？

(3) 抽样分析某种食品在处理前和处理后的含脂率,测得数据如下。

处理前:0.19,0.18,0.21,0.30,0.41,0.12,0.27。

处理后:0.15,0.13,0.07,0.24,0.19,0.06,0.08,0.12。

假设处理前后的含脂率都服从正态分布,试问处理前和处理后含脂率的标准差是否有显著性差异。($\alpha=0.02$)

(4) 在针织品的漂白工艺过程中,要考察温度对针织品断裂程度的影响。根据以往经验可以认为,在不同温度下断裂强度都服从正态分布,且方差相等。现在70℃和80℃两种温度下断裂强度都服从正态分布,且方差相等。现在70℃和80℃两种温度下各做8次实验,得到强力的数据(单位:kg)如下。

70℃:20.5,18.8,19.8,20.9,21.5,19.5,21.0,21.2。

80℃:17.7,20.3,20.0,18.8,19.0,20.1,20.2,19.1。

试问在不同温度下强力是否有显著性差异?($\alpha=0.05$)

(5) 抽样检测A,B两种建筑材料的抗压强度测得数据(单位:kg/cm)如下。

A:88,87,92,90,91。

B:89,89,90,84,88。

已知抗压强度服从正态分布,问A种材料是否比B种材料更抗压?($\alpha=0.05$)

3.4 置信区间与假设检验的关系

置信区间与假设检验之间有明显的联系。先考察置信区间与双侧假设检验之间的对应关系。设 $X_1,X_2,\cdots,X_n$ 是一个来自总体的样本,$x_1,x_2,\cdots,x_n$ 是相应的样本值,Θ 是参数 θ 的可能取值范围。

设 $(\underline{\theta}(X_1,X_2,\cdots,X_n),\bar{\theta}(X_1,X_2,\cdots,X_n))$ 是参数 θ 的一个置信度为 $1-\alpha$ 的置信区间,则对于任意 $\theta\in\Theta$,有

$$P_\theta\{\underline{\theta}(X_1,X_2,\cdots,X_n)<\theta<\bar{\theta}(X_1,X_2,\cdots,X_n)\}\geqslant 1-\alpha \tag{3.4.1}$$

考虑显著性水平为 α 的双侧假设检验

$$H_0:\theta=\theta_0,\quad H_1:\theta\neq\theta_0 \tag{3.4.2}$$

由式(3.4.1)得

$$P_{\theta_0}\{\underline{\theta}(X_1,X_2,\cdots,X_n)<\theta_0<\bar{\theta}(X_1,X_2,\cdots,X_n)\}\geqslant 1-\alpha$$

即有

$$P_{\theta_0}\{(\theta_0\leqslant\underline{\theta}(X_1,X_2,\cdots,X_n))\cup(\theta_0\geqslant\bar{\theta}(X_1,X_2,\cdots,X_n))\}\leqslant\alpha$$

按显著性水平为 α 的假设检验的拒绝域的定义,检验(3.4.2)的拒绝域为

$$\theta_0\leqslant\underline{\theta}(X_1,X_2,\cdots,X_n)\quad 或\quad \theta_0\geqslant\bar{\theta}(X_1,X_2,\cdots,X_n)$$

接受域为

$$\underline{\theta}(X_1,X_2,\cdots,X_n)<\theta_0<\bar{\theta}(X_1,X_2,\cdots,X_n)$$

这就是说,当我们要检验假设(3.4.2)时,先求出 θ 的置信度为 $1-\alpha$ 的置信区间 $(\underline{\theta},\bar{\theta})$,然后考察区间 $(\underline{\theta},\bar{\theta})$ 是否包含 θ_0,若 $\theta_0\in(\underline{\theta},\bar{\theta})$,则接受 H_0;若 $\theta_0\notin(\underline{\theta},\bar{\theta})$,则拒绝 H_0。

反之,对于任意 $\theta_0\in\Theta$,考虑显著性水平为 α 的假设检验问题

$$H_0:\theta=\theta_0,\quad H_1:\theta\neq\theta_0$$

假设它的接受域为

$$\underline{\theta}(x_1,x_2,\cdots,x_n)<\theta_0<\bar{\theta}(x_1,x_2,\cdots,x_n)$$

即有

$$P_{\theta_0}\{\underline{\theta}(X_1,X_2,\cdots,X_n)<\theta_0<\bar{\theta}(X_1,X_2,\cdots,X_n)\}\geqslant 1-\alpha$$

由 θ_0 的任意性可知对任意 $\theta\in\Theta$,有

$$P_{\theta}\{\underline{\theta}(X_1,X_2,\cdots,X_n)<\theta<\bar{\theta}(X_1,X_2,\cdots,X_n)\}\geqslant 1-\alpha$$

因此 $(\underline{\theta}(X_1,X_2,\cdots,X_n),\bar{\theta}(X_1,X_2,\cdots,X_n))$ 是参数 θ 的一个置信度为 $1-\alpha$ 的置信区间。

这就是说,为求出参数 θ 的置信度为 $1-\alpha$ 的置信区间,先求出显著性水平为 α 的假设检验问题 $H_0:\theta=\theta_0,H_1:\theta\neq\theta_0$ 的接受域

$$\underline{\theta}(x_1,x_2,\cdots,x_n)<\theta_0<\bar{\theta}(x_1,x_2,\cdots,x_n)$$

那么,$(\underline{\theta}(X_1,X_2,\cdots,X_n),\bar{\theta}(X_1,X_2,\cdots,X_n))$ 就是 θ 的置信度为 $1-\alpha$ 的置信区间。

还可验证,置信水平为 $1-\alpha$ 的单侧置信区间 $(-\infty,\bar{\theta}(X_1,X_2,\cdots,X_n))$ 与显著性水平为 α 的左边假设检验问题 $H_0:\theta\geqslant\theta_0,H_1:\theta<\theta_0$ 有类似的对应关系。即若已求得单侧置信区间 $(-\infty,\bar{\theta}(X_1,X_2,\cdots,X_n))$,则当 $\theta_0\in(-\infty,\bar{\theta}(X_1,X_2,\cdots,X_n))$ 时接受 H_0,当 $\theta_0\notin(-\infty,\bar{\theta}(X_1,X_2,\cdots,X_n))$ 时拒绝 H_0。反之,若已求得左边检验问题 $H_0:\theta\geqslant\theta_0,H_1:\theta<\theta_0$ 的接受域为 $-\infty<\theta_0\leqslant\bar{\theta}(X_1,X_2,\cdots,X_n)$,则可得 θ 的一个单侧置信区间 $(-\infty,\bar{\theta}(X_1,X_2,\cdots,X_n))$。

置信水平为 $1-\alpha$ 的单侧置信区间 $(\underline{\theta}(X_1,X_2,\cdots,X_n),+\infty)$ 与显著性水平为 α 的右边假设检验问题 $H_0:\theta\leqslant\theta_0,H_1:\theta>\theta_0$ 也有类似的对应关系。即若已求得单侧置信区间 $(\underline{\theta}(X_1,X_2,\cdots,X_n),+\infty)$,则当 $\theta_0\in(\underline{\theta}(X_1,X_2,\cdots,X_n),+\infty)$ 时接受 H_0,当 $\theta_0\notin(\underline{\theta}(X_1,X_2,\cdots,X_n),+\infty)$ 时拒绝 H_0。反之,若已求得右边检验问题 $H_0:\theta\leqslant\theta_0,H_1:\theta>\theta_0$ 的接受域为 $\underline{\theta}(X_1,X_2,\cdots,X_n)\leqslant\theta_0<+\infty$,则可得 θ 的一个单侧置信区间 $(\underline{\theta}(X_1,X_2,\cdots,X_n),+\infty)$。

3.5 非正态总体参数的假设检验

前面讨论的是正态总体的参数检验问题,在实际中,还有很多总体不服从正态分布或分布类型完全未知的情况。本节将讨论非正态总体的参数假设检验问题。通过对具体问题的求解过程得出一般的假设检验方法。

3.5.1 一个总体参数的假设检验

例 3.5.1 无尘室的超细微粒空气过滤器可用来保持生产区的恒定气流。按要求,生产区的平均气流速度(单位: cm/s)应为 40。现对某供应商提供的过滤器产生的气流进行检测,得到容量为 60 的样本,其平均气流速度是 39.6,标准差为 7。问:能否认为该过滤器产生的气流没有达到要求?

解 设 X 表示供应商提供的过滤器产生的气流速度,则 X 为总体,但其概率分布未

知。样本容量 $n=60$，样本均值 $\bar{x}=39.6$，样本标准差 $s=7$。记 $E(X)=\mu, D(X)=\sigma^2$。需要检验的假设是

$$H_0:\mu=\mu_0,\quad H_1:\mu\neq\mu_0(\mu_0=40)$$

中心极限定理指出，当样本容量 n 足够大时，有

$$\frac{\overline{X}-\mu}{\sigma/\sqrt{n}}\overset{\text{近似}}{\sim}N(0,1)\quad\text{或}\quad\frac{\overline{X}-\mu}{S/\sqrt{n}}\overset{\text{近似}}{\sim}N(0,1)$$

设该检验问题的拒绝域为 $|\overline{X}-\mu_0|\geqslant c$，且满足

$$P\{|\overline{X}-\mu_0|\geqslant c\mid H_0\text{ 成立}\}\leqslant\alpha$$

若 $DX=\sigma^2$ 未知，则由中心极限定理，可得

$$P\{|\overline{X}-\mu_0|\geqslant c\mid H_0\text{ 成立}\}=P\left\{\left|\frac{\overline{X}-\mu_0}{S/\sqrt{n}}\right|\geqslant\frac{c}{S/\sqrt{n}}\mid\mu=\mu_0\right\}$$

构造小概率事件 $P\left\{\left|\frac{\overline{X}-\mu_0}{S/\sqrt{n}}\right|\geqslant\frac{c}{S/\sqrt{n}}\middle|\mu=\mu_0\right\}=\alpha$，得 $c=\frac{S}{\sqrt{n}}z_{\frac{\alpha}{2}}$。于是，该检验问题的检验统计量为 $Z=\frac{\overline{X}-\mu_0}{S/\sqrt{n}}$，拒绝域为 $|z|\geqslant z_{\frac{\alpha}{2}}$。此检验法称为 Z 检验法。

同理可知，当 $D(X)=\sigma^2$ 已知时，检验统计量可选择为 $Z=\frac{\overline{X}-\mu_0}{\sigma/\sqrt{n}}$，拒绝域仍为 $|Z|\geqslant z_{\frac{\alpha}{2}}$。此方法也称为 **$Z$ 检验法**。

对于上例，若取 $\alpha=0.05$，则拒绝域 $|z|\geqslant z_{0.025}=1.96$，将样本信息代入检验统计量中后，得到检验统计量的样本值为 $\frac{39.6-40}{7/\sqrt{60}}\approx-0.043$，不在拒绝域中，所以不接受备择假设，即没有充足的理由认为过滤器产生的气流速度没有达到要求。

下面给出大样本情形下两个常见的非正态总体的参数检验的方法。

1. 总体 $X\sim b(1,p)$

假设 $H_0:p\leqslant p_0, H_1:p>p_0$（$p_0$ 为常数）。由于 $p=E(X)$，所以选择用点估计量 $\hat{p}=\overline{X}$ 的样本值与 p_0 进行比较来推断假设。

设拒绝域为 $\bar{x}-p_0\geqslant c$。因为 $\mu=E(X)=p, \sigma^2=D(X)=p(1-p)$，所以由中心极限定理，得

$$\frac{\overline{X}-p}{\sqrt{p(1-p)}}\sqrt{n}\overset{\text{近似}}{\sim}N(0,1)$$

又因为 $P\{\overline{X}-p_0\geqslant c\mid H_0\text{ 成立}\}=P\left\{\frac{\overline{X}-p_0}{\sqrt{p_0(1-p_0)/n}}\geqslant\frac{c}{\sqrt{p_0(1-p_0)/n}}\mid p=p_0\right\}$，构造小概率事件 $P\left\{\frac{\overline{X}-p_0}{\sqrt{p_0(1-p_0)/n}}\geqslant\frac{c}{\sqrt{p_0(1-p_0)/n}}\mid p=p_0\right\}=\alpha$，得 $c=z_\alpha\sqrt{\frac{p_0(1-p_0)}{n}}$，代入拒绝域中，得到检验统计量为 $Z=\frac{\overline{X}-p_0}{\sqrt{p_0(1-p_0)/n}}$ 时的拒绝域为 $z\geqslant z_\alpha$。

用同样的方法，也可得到参数 p 其他形式的假设检验方法，具体方法如表 3-2 所示。

表 3-2　总体分布 $B(1,p)$ 的参数 p 的假设检验方法

H_0	H_1	检验法	检验统计量	H_0 的拒绝域
$p=p_0$	$p\neq p_0$	Z 检验法	$\dfrac{\overline{X}-p_0}{\sqrt{p_0(1-p_0)/n}}$	$\lvert z\rvert\geqslant z_{\frac{\alpha}{2}}$
$p\leqslant p_0(p=p_0)$	$p>p_0$	Z 检验法	$\dfrac{\overline{X}-p_0}{\sqrt{p_0(1-p_0)/n}}$	$z\geqslant z_\alpha$
$p\geqslant p_0(p=p_0)$	$p<p_0$	Z 检验法	$\dfrac{\overline{X}-p_0}{\sqrt{p_0(1-p_0)/n}}$	$z\leqslant -z_\alpha$

如果选用$\dfrac{\overline{X}-\mu}{S/\sqrt{n}}\overset{\text{近似}}{\sim}N(0,1)$，则在大样本情形下有

$$Z=\frac{\overline{X}-p_0}{S/\sqrt{n}}=\frac{\overline{X}-p_0}{\sqrt{\overline{X}(1-\overline{X})/(n-1)}}\overset{\text{近似}}{\sim}N(0,1)$$

易得检验统计量为 $Z=\dfrac{\overline{X}-p_0}{\sqrt{\overline{X}(1-\overline{X})/(n-1)}}$的检验方法，具体结果与表 3-2 类似。

例 3.5.2　随着人工智能的不断发展，越来越多的智能机器人被应用到工厂的生产线中。为了检验一个焊接机器人能否代替生产线上的一位焊接工人，生产商做了一个试验，发现焊接机器人完成一系列焊接的工作时间(单位：s)为 35。机器人的工作时间是固定的，而焊接工人的工作时间存在一定偏差。表 3-3 中列出了 36 名焊接工人完成相同工作的时间。问：显著性水平取 0.05 时，是否可以认为不到 27%的焊接工人的工作时间少于 35?

表 3-3　焊接工人花费的时间　　　　单位：s

27.6	39.6	24.6	36.9	40.5	35.7	28.0	49.7	55.5
36.5	42.6	48.3	36.0	42.5	34.9	39.7	45.9	44.6
58.3	34.6	33.0	37.9	39.3	38.4	44.4	36.9	37.2
30.6	32.8	69.8	42.6	57.2	38.1	62.8	41.9	33.5

解　设焊接工人的工作时间低于机器人的工作时间 35 的比例为 p，则要检验的假设为 $H_0:p\geqslant 0.27, H_1:p<0.27$。

当显著性水平 $\alpha=0.05$ 时，拒绝域 $z\leqslant -1.65$。根据样本数据，36 位焊接工人中工作时间少于 35 的有 9 位。那么 $n=36, \bar{x}=\dfrac{9}{36}=0.25$，代入表 3-2 中相应的检验统计量表达式，得到样本值

$$z=\frac{0.25-0.27}{\sqrt{\dfrac{0.27\times 0.73}{36}}}=-0.2703$$

可知其不在拒绝域中，因此接受原假设 H_0，也就是说当显著性水平 $\alpha=0.05$ 时，超过 27%的焊接工人的工作时间少于 35。

2. 总体 $X \sim \Gamma(1,\lambda)$（指数分布）

考虑假设 $H_0:\lambda \leqslant \lambda_0, H_1:\lambda > \lambda_0$。

因为 $\mu = E(X) = \dfrac{1}{\lambda}, \sigma^2 = D(X) = \dfrac{1}{\lambda^2}$，所以上面的假设可以改写为

$$H_0:\lambda_0 E(X) \geqslant 1, \quad H_1:\lambda_0 E(X) < 1$$

在大样本情形下，由中心极限定理可得

$$\frac{\overline{X} - 1/\lambda}{1/(\lambda\sqrt{n})} = \sqrt{n}(\lambda\overline{X} - 1) \overset{\text{近似}}{\sim} N(0,1)$$

则该假设问题的拒绝域形式为 $\lambda_0 \bar{x} \leqslant c$ 且 $P\{\lambda_0 \overline{X} \leqslant c \mid H_0 \text{ 成立}\} \leqslant \alpha$。

由于 $P\{\lambda_0\overline{X} \leqslant c \mid H_0 \text{ 成立}\} \leqslant P\{\sqrt{n}(\lambda\overline{X} - 1) \leqslant \sqrt{n}(c-1) \mid \lambda \leqslant \lambda_0\}$，构造小概率事件 $P\{\sqrt{n}(\lambda\overline{X} - 1) \leqslant \sqrt{n}(c-1) \mid \lambda \leqslant \lambda_0\} = \alpha$，得 $c = \dfrac{-z_\alpha}{\sqrt{n}} + 1$。所以，拒绝域为 $\lambda_0 \bar{x} \leqslant \dfrac{-z_\alpha}{\sqrt{n}} + 1$ 或 $z \leqslant -z_\alpha$，其中 z 是检验统计量 $Z = \sqrt{n}(\lambda_0\overline{X} - 1)$ 的样本值。

例 3.5.3 假设在某超市的一个结账柜台处相邻两名顾客结账的间隔时间（单位：min）服从指数分布。过去的资料显示，结账的平均间隔时间为 1.2。表 3-4 是最近这一柜台的 40 个结账间隔时间数据，其平均间隔时间约为 0.8495。问：显著性水平取 0.05 时，能否认为最近在这个柜台结账的平均间隔时间比过去减少了？

表 3-4 间隔时间数据

单位：min

0.33	0.10	1.07	0.16	0.04	0.02	0.54	2.33	1.63	0.40
0.33	0.10	1.07	0.16	0.04	0.02	0.54	2.33	1.63	0.40
1.56	1.09	1.29	0.64	3.53	0.09	2.20	1.04	0.77	2.62
0.59	1.10	0.78	0.21	0.44	0.30	0.93	0.23	0.76	0.57

解 设在柜台结账的间隔时间为 X，由题意知，X 服从指数分布，$n = 40, \bar{x} = 0.8495$。需要检验的假设为 $H_0:\lambda \leqslant \dfrac{1}{1.2}, H_1:\lambda > \dfrac{1}{1.2}$。

若取 $\alpha = 0.05$，取检验统计量 $Z = \sqrt{n}(\lambda_0\overline{X} - 1)$，则拒绝域为 $z \leqslant -z_{0.05} = -1.65$。计算检验统计量的样本值为 $\sqrt{40} \times \left(\dfrac{0.8495}{1.2} - 1\right) \approx -1.8452 < -1.65$，可知其在拒绝域中，因此拒绝原假设，即认为当显著性水平为 0.05 时，可以认为在该柜台结账的平均间隔时间比过去的 1.2 更少了。

3.5.2 两个总体参数的假设检验

对两个非正态总体，在大样本的情形下，也可以利用中心极限定理讨论它们均值差及相关参数的检验问题。

设 X, Y 是两个非正态总体，令 $\mu_X = E(X), \mu_Y = E(Y), \sigma_X^2 = D(X), \sigma_Y^2 = D(Y)$。$X_1, X_2, \cdots, X_{n_X}$ 和 $Y_1, Y_2, \cdots, Y_{n_Y}$ 分别是来自总体 X, Y 的样本且相互独立，$\overline{X}, \overline{Y}$ 是样本均值，S_X^2, S_Y^2 是样本方差，α 是显著性水平。

由中心极限定理可得，当样本容量 n_X, n_Y 足够大时，有

$$\frac{(\overline{X}-\overline{Y})-(\mu_X-\mu_Y)}{\sqrt{\sigma_X^2/n_X+\sigma_Y^2/n_Y}} \overset{\text{近似}}{\sim} N(0,1)$$

因此，当 σ_X^2,σ_Y^2 已知时，假设 $H_0:\mu_X-\mu_Y=0, H_1:\mu_X-\mu_Y\neq 0$ 的检验统计量选择为

$$Z=\frac{\overline{X}-\overline{Y}}{\sqrt{\sigma_X^2/n_X+\sigma_Y^2/n_Y}}$$

拒绝域为 $|z|\geqslant z_{\frac{\alpha}{2}}$。

如果备择假设是 $H_1:\mu_X-\mu_Y>0$ 时，拒绝域为 $z\geqslant z_\alpha$；备择假设是 $H_1:\mu_X-\mu_Y<0$ 时，拒绝域为 $z\leqslant -z_\alpha$。

当 σ_X^2,σ_Y^2 未知时，用 S_X^2,S_Y^2 分别替代 σ_X^2,σ_Y^2，得到该假设的检验统计量为

$$Z=\frac{\overline{X}-\overline{Y}}{\sqrt{S_X^2/n_X+S_Y^2/n_Y}}$$

拒绝域不变。

如果总体 $X\sim b(1,p_X), Y\sim b(1,p_Y)$，则有 $\mu_X=p_X,\mu_Y=p_Y$，此时假设为 $H_0:p_X-p_Y=0, H_1:p_X-p_Y\neq 0$，检验统计量为

$$Z=\frac{\overline{X}-\overline{Y}}{\sqrt{\overline{X}(1-\overline{X})/(n_X-1)+\overline{Y}(1-\overline{Y})/(n_Y-1)}}$$

拒绝域同上。

如果备择假设是 $H_1:p_X-p_Y>0$ 时，拒绝域为 $z\geqslant z_\alpha$；备择假设是 $H_1:p_X-p_Y<0$ 时，拒绝域为 $z\leqslant -z_\alpha$。

例 3.5.4 假如从持有某种类型信用卡的人群中随机选取 100 人进行调查，其中有 52 人知道使用这种信用卡可以从他们经常搭乘的某特定航线中赚取飞行里程。在对这种优惠活动进行了一次广告宣传之后，又随机调查了 150 名这种类型信用卡的持有者，其中有 89 人知道优惠活动。当显著性水平取 0.05 时，问：是否可以认为进行广告宣传之后，优惠活动的知名度有了显著提高？

解 设广告宣传之前信用卡持有者中知道优惠活动的人所占的比例为 p_X，广告宣传之后知道优惠活动的人所占的比例为 p_Y。已知 $n_X=100, \overline{X}=\frac{52}{100}=0.52, n_Y=150, \bar{y}=\frac{89}{150}\approx 0.59$。要检验的假设为 $H_0:p_X\geqslant p_Y, H_1:p_X<p_Y$。

当显著性水平取 0.05 时，拒绝域为 $z\leqslant -z_{0.05}=-1.65$。由于检验统计量的样本值为

$$z=\frac{0.52-0.59}{\sqrt{\frac{0.52\times 0.48}{99}+\frac{0.59\times 0.41}{149}}}\approx -1.0873$$

因此可知其不在拒绝域中，故接受原假设，即当显著性水平取 0.05 时，不能认为广告宣传之后信用卡的优惠活动的知名度有了显著提高。

习题 3.5

(1) 假设每小时进入一家银行的顾客数为 $X\sim\pi(\lambda)$。现在对该银行进行观察，得到 49 小时内平均每小时进入银行的顾客人数是 4.6 人。问：在显著性水平 $\alpha=0.05$ 时，是否可以

认为 1 小时进入这家银行的顾客数平均为 5 人？

(2) 某十字路口早上 8 点前后是交通高峰期。测得某天该路口 8 点后 1 分钟内车辆到达的时刻数据如表 3-5 所示。

表 3-5 车辆到达路口的时刻数据 单位：s

2.7	5.5	7.5	11.4	14.1	14.4	14.8
15.6	16.7	19.6	20.7	23.3	24.5	24.7
27.6	29.9	31.1	31.8	33.7	36.5	37.4
42.2	44.1	44.3	46.6	46.9	47.7	50.2
50.3	50.6	50.9	52.5	55.4	58.4	58.6

设相邻两辆车到达路口的时间间隔(单位：s)为 $X\sim\Gamma(1,\lambda)$，问：在显著性水平 $\alpha=0.1$ 时，λ 是否为 0.5？

(3) 利用 7 个基准程序样本对 A 和 B 两个微处理器进行测试，以确定这两个微处理器的运行速度是否有差异。测得 A 和 B 两个微处理器运行 7 个基准程序时所花费的时间(单位：s)如表 3-6 所示。

表 3-6 微处理器运行程序所花费的时间 单位：s

微处理器 A	23.8	40.3	20.0	19.9	28.4	19.0	21.8
微处理器 B	27.0	23.9	29.2	27.3	24.7	27.8	26.6

问：显著性水平 $\alpha=0.05$ 时，A 和 B 两个微处理器的运行速度有无显著差异？

(4) 假设有两种生产涂料的方法可用来增加产量(单位：t)。根据一个由 100 天产量组成的随机样本，得到第一种方法的日产量的样本均值是 625，标准差是 40。在另一个由 64 天产量组成的随机样本中，得到第二种方法的日产量的样本均值是 640，标准差是 50t。假设这两个样本相互独立。问：显著性水平 $\alpha=0.05$ 时，能否认为第二种方法的日产量高于第一种方法的日产量？

3.6 非参数假设检验

前面讨论了有关总体分布参数的假设检验问题。在实际中，人们可能遇到其他问题，例如总体的分布类型是否是一个预先确定的分布类型，两个总体之间是否相互独立，两个总体是否服从相同的分布等。由于这类问题讨论的对象已经不再是总体分布的参数，所以称为非参数假设检验。下面将介绍非参数假设检验问题及检验方法。

3.6.1 总体分布的检验——χ^2 拟合优度检验法

1. 检验问题

检验总体 X 的分布是否是某个特殊分布，如总体 X 是否服从正态分布，或是否服从泊松分布，或 X 的密度函数是否是某个给定的函数，通常称这样的问题为总体分布的检验问题。这类检验问题更一般的描述是：设总体 X 的分布函数 $F(x)$ 未知，$X_1,X_2,\cdots,X_n$ 是来自总体 X 的样本，样本值为 $x_1,x_2,\cdots,x_n$，$F_0(x)$(称为理论分布)或者是一个完全确定的分布函数,或者是一个分布类型确定但含有 r 个未知参数的分布函数。要检验的假设是 H_0:X 服从 $F_0(x)$,H_1:X 不服从 $F_0(x)$。

2. χ^2 拟合优度检验法

χ^2 拟合优度检验法由英国统计学家皮尔逊提出。该方法用途广泛,不仅适用于一维总体分布的检验,也适用于多维总体分布的检验和两个随机变量之间的独立性检验。

1) 离散型总体分布的检验

设总体 X 的全部不同的取值为 $a_1,a_2,\cdots,a_m$,对 X 进行 n 次观测,事件 $A_i=\{X=a_i\}(i=1,2,\cdots,m)$,出现的频数记为 $\nu_i\left(i=1,2,\cdots,m\left(\sum_{i=1}^{m}\nu_i=n\right)\right)$,要检验的假设为 H_0:$P\{X=a_i\}=p_i(i=1,2,\cdots,m)$,其中理论分布律 $p_i(i=1,2,\cdots,m)$为已知,且 $\sum_{i=1}^{m}p_i=1$,$p_i\geqslant 0(i=1,2,\cdots,m)$。由于在原假设不成立时,不能确定总体 X 的分布,所以备择假设就是总体 X 不服从原假设,其形式在假设中经常省略。

χ^2 拟合优度检验法的基本思想是:设法确定一个能刻画总体 X 的分布与原假设中的理论分布之间拟合程度的量,即"拟合度"。其值越小表示总体 X 的分布对理论分布拟合效果越好。这样,当"拟合度"超过一定界限时,就可以认为原假设 H_0 不成立。在 H_0 成立的条件下,事件 $A_i=\{X=a_i\}(i=1,2,\cdots,m)$的频率$\frac{\nu_i}{n}(i=1,2,\cdots,m)$与概率 $P\{A_i|H_0$ 成立$\}=p_i$ 的偏差$\left(\frac{\nu_i}{n}-p_i\right)$不大。皮尔逊根据最小二乘法的思想,通过权系数 $\lambda_i=\frac{n}{p_i}$对$\left(\frac{\nu_i}{n}-p_i\right)^2$ 进行加权平均,提出了检验统计量,即

$$\chi^2=\sum_{i=1}^{m}\lambda_i\left(\frac{\nu_i}{n}-p_i\right)^2=\sum_{i=1}^{m}\frac{(\nu_i-np_i)^2}{np_i}$$

称为皮尔逊统计量,并证明了在 H_0 成立的条件下,当 $n\to\infty$时,χ^2 的极限分布是 $\chi^2(m-1)$。因此对给定的显著性水平 α,H_0 的拒绝域为 $\chi^2\geqslant\chi^2_\alpha(m-1)$。该方法称为拟合优度检验法,也称为皮尔逊拟合优度检验法或 χ^2 拟合优度检验法。

如果理论分布律 $p_i(i=1,2,\cdots,m)$中含有 r 个未知参数 $\theta_1,\theta_2,\cdots,\theta_r$,即

$$p_i=p_i(\theta_1,\theta_2,\cdots,\theta_r),\quad i=1,2,\cdots,m$$

则先求得在 H_0 成立的条件下未知参数 $\theta_1,\theta_2,\cdots,\theta_r$ 的最大似然估计值 $\hat{\theta}_1,\hat{\theta}_2,\cdots,\hat{\theta}_r$,并计算

$$\hat{p}_i=p_i(\hat{\theta}_1,\hat{\theta}_2,\cdots,\hat{\theta}_r),\quad i=1,2,\cdots,m$$

1924 年,英国统计学家费希尔证明:在 H_0 成立的条件下,当 $n\to\infty$时,$\hat{\chi}^2=\sum_{i=1}^{m}\frac{(\nu_i-n\hat{p}_i)^2}{n\hat{p}_i}$ 的极限分布是$\chi^2(m-1-r)$。因此,检验统计量选择为

$$\hat{\chi}^2=\sum_{i=1}^{m}\frac{(\nu_i-n\hat{p}_i)^2}{n\hat{p}_i}=\sum_{i=1}^{m}\frac{\nu_i^2}{n\hat{p}_i}-n$$

拒绝域为 $\hat{\chi}^2 \geqslant \chi^2_\alpha(m-1-r)$。

例 3.6.1 在股票投资中流传着一种说法：盈利、持平和亏损的比例为 1：2：7。某日某机构发表了一组调查数据，在 1200 位被调查的股民中盈利者有 220 人，持平者 240 人，亏损者 740 人。问：当显著性水平为 0.05 时，调查数据是否与该说法一致？

解 设随机变量 X 表示股民的类型：$X=1$ 表示股民盈利；$X=2$ 表示股民持平；$X=3$ 表示股民亏损。样本信息为：样本容量 $n=1200$，$\{X=1\}$的频数 $\nu_1=220$；$\{X=2\}$的频数 $\nu_2=240$；$\{X=3\}$的频数 $\nu_3=740$。要检验的假设为

$$H_0: P\{X=1\}=0.1,\quad P\{X=2\}=0.2,\quad P\{X=3\}=0.7$$

选择 χ^2 拟合优度检验法。显著性水平 $\alpha=0.05$，$m=3$，拒绝域为

$$\chi^2 \geqslant \chi^2_\alpha(m-1)=\chi^2_{0.05}(2)=5.992$$

检验统计量的样本值为

$$\chi^2=\frac{(220-1200\times 0.1)^2}{1200\times 0.1}+\frac{(240-1200\times 0.2)^2}{1200\times 0.2}+\frac{(740-1200\times 0.7)^2}{1200\times 0.7}=95.238$$

可知其在拒绝域内，即当显著性水平 $\alpha=0.05$ 时，调查数据与该说法不一致。

2) 连续型总体分布的检验

设 X 为连续型总体，$X_1,X_2,\cdots,X_n$ 是来自 X 的样本，样本值为 $x_1,x_2,\cdots,x_n$。要检验的假设为 H_0：X 服从连续型分布 $F_0(x)$。

解决这个问题的思路是先将总体 X 的取值分类，把连续型总体的检验问题转化为离散型总体的检验问题，再使用 χ^2 拟合优度检验法。具体做法如下。

(1) 将 X 的取值划分为 m 个区间，即选择 $m-1$ 个实数 $a_1,a_2,\cdots,a_{m-1}$，满足

$$-\infty < a_1 < a_2 < \cdots < a_{m-1} < +\infty$$

记 $A_1=(-\infty,a_1]$，$A_2=(a_1,a_2]$，$\cdots$，$A_m=(a_{m-1},+\infty)$，且记

$$p_i=P\{X\in A_i \mid X\sim F_0(x)\},\quad i=1,2,\cdots,m$$

(2) 将检验的假设转化为

$$H_0: P\{X\in A_i\}=p_i,\quad i=1,2,\cdots,m$$

(3) 用 χ^2 拟合优度检验法进行检验。

例 3.6.2 表 3-7 是某银行某天营业期间顾客到达一个柜台的相邻时间间隔(单位：min)数据。问：当显著性水平为 0.05 时，这些数据是否来自正态分布？

表 3-7 时间间隔 单位：min

6.62	13.68	11.55	4.46	3.03	3.80	6.77	14.25	7.34
7.75	3.22	11.01	1.05	4.93	6.99	10.36	14.44	7.19
5.85	8.48	7.26	9.28	9.95	11.50	11.83	1.19	9.42
10.98	8.21	5.96	10.79	6.13	15.19	12.87	10.44	7.20
4.89	10.78	4.16	9.52	5.73	7.99	6.01	5.85	4.96

解 设顾客到达柜台的时间间隔为 X，要检验的假设为 $H_0: X\sim N(\mu,\sigma^2)$。

将总体 X 的所有取值分为 5 个区间：$A_1=(0,4]$，$A_2=(4,7]$，$A_3=(7,10]$，$A_4=(10,13]$，$A_5=(13,+\infty]$，并统计频数，分别为 5,14,12,10,4。

首先，求在 H_0 成立的条件下，$N(\mu,\sigma^2)$中两个参数 μ,σ^2 的最大似然估计值。

由于 $\bar{x} \approx 8.019$，$\sqrt{\frac{1}{n}\sum_{i=1}^{45}(x_i-\bar{x})^2} \approx 3.435$。因此，参数 μ,σ^2 的最大似然估计值分别为 $\hat{\mu}=\bar{x}\approx 8.019$，$\hat{\sigma}=\sqrt{\frac{1}{n}\sum_{i=1}^{45}(x_i-\bar{x})^2}\approx 3.435$。

其次，计算 $\hat{p}_i=P\{X\in A_i \mid X\sim N(8.019,3.435^2)\}(i=1,2,3,4,5)$。

具体计算如下。

$$\hat{p}_1=P\{X\leqslant 4 \mid X\sim N(8.019,3.435^2)\}=\Phi\left(\frac{4-8.019}{3.435}\right)=0.121$$

$$\hat{p}_2=P\{4<X\leqslant 7 \mid X\sim N(8.019,3.435^2)\}=\Phi\left(\frac{7-8.019}{3.435}\right)-\Phi\left(\frac{4-8.019}{3.435}\right)=0.262$$

$$\hat{p}_3=P\{7<X\leqslant 10 \mid X\sim N(8.019,3.435^2)\}=\Phi\left(\frac{10-8.019}{3.435}\right)-\Phi\left(\frac{7-8.019}{3.435}\right)=0.335$$

$$\hat{p}_4=P\{10<X\leqslant 13 \mid X\sim N(8.019,3.435^2)\}=\Phi\left(\frac{13-8.019}{3.435}\right)-\Phi\left(\frac{10-8.019}{3.435}\right)=0.208$$

$$\hat{p}_5= P\{X\geqslant 13 \mid X\sim N(8.019,3.435^2)\}=1-\sum_{i=1}^{4}\hat{p}_i=0.074$$

检验统计量的计算过程如表 3-8 所示。

表 3-8 检验统计量 χ^2 的样本值计算表

事件	频数	$\hat{p}_i$	$n\hat{p}_i$	$(\nu_i-n\hat{p}_i)^2$	$(\nu_i-n\hat{p}_i)^2/np_i$
A_1	5	0.121	5.445	0.198	0.036
A_2	14	0.262	11.790	4.884	0.414
A_3	12	0.335	15.075	9.456	0.627
A_4	10	0.208	9.360	0.410	0.044
A_5	4	0.074	3.330	0.449	0.135

对最后一列求和，得到 $\hat{\chi}^2$ 的样本值为 1.256。在显著性水平为 0.05 时，拒绝域的临界值为 $\chi^2_\alpha(m-r-1)=\chi^2_{0.05}(5-2-1)=5.992$。由于 $\hat{\chi}^2=1.256<5.992$，不在拒绝域中，所以在显著性水平为 0.05 时，接受 H_0，即可以认为数据来自一个正态分布。

3.6.2 正态性检验

判断总体是否服从正态分布的检验称为**正态性检验**。正态性检验的方法有很多，其中，夏皮洛—威尔克检验法(又称为 W 检验法)、达戈斯梯纳检验法(又称为 D 检验法)和爱泼斯—普利检验法(又称为 EP 检验法)被公认为是正态性检验功效较好的方法。而正态概率纸检验法则是一种从定性角度来判断正态性的方法，具有简单、直观、快速的优点。在此，对该方法做简单介绍。

正态概率纸检验法是利用正态分布的性质进行推断的一种方法。

若(x,y)是正态分布 $N(\mu,\sigma^2)$的分布函数曲线 $y=F(x)$上的一个点，则有

$$y=F(x)=\Phi\left(\frac{x-\mu}{\sigma}\right)$$

从而，$\frac{x-\mu}{\sigma}=z_y$ 或 $x=\mu+\sigma z_y$。这说明，正态分布函数曲线上的任意一个点(x,y)，对应的(x,z_y)一定在 XOZ 直角坐标系中直线 $x=\mu+\sigma z$ 上。

例如，对正态分布 $N(1,4)$，取 $x_1=0,x_2=1,x_3=2.5$，则对应的分布函数值为 $y_1=0.3075,y_2=0.5,y_3=0.7734$，相应的分位数是 $u_{y_1}=-0.5,u_{y_2}=0,u_{y_3}=0.75$。由此得到三个点$(0,-0.5)$，$(1,0)$，$(2.5,0.75)$。可以验证，这三个点均在 XOZ 直角坐标系中直线 $x=1+2z$ 上，如图 3-8 所示。

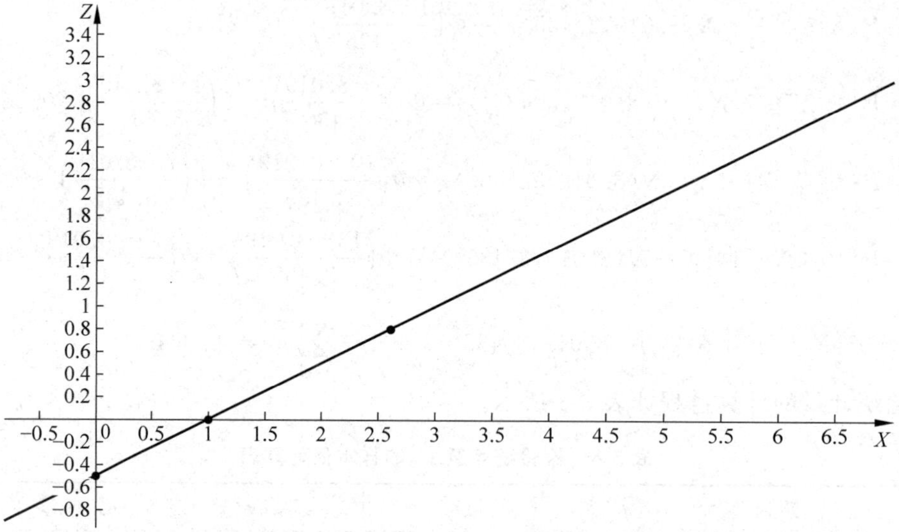

图 3-8　正态分布函数自变量取值与函数值、分位数之间的关系

为了更容易地在 XOZ 直角坐标系中画出点(x,z_y)，在纵轴坐标轴的刻度 z 的旁边标注出与 z 值对应的分布函数值 $y=F(z)$，这样就可以直接根据点坐标(x,y)在 XOZ 直角坐标系中找到点(x,z_y)，按照这种方式设计的坐标图纸称为正态概率纸。由此可见，设$(x_i,y_i)(i=1,2,\cdots,n)$是总体 X 的分布函数 $F(x)$曲线上的 n 个点，当在正态概率纸上这 n 个点都在一条直线上时，则可以判断$(x_i,y_i)(i=1,2,\cdots,n)$是某正态分布函数曲线上的点，总体 X 服从正态分布；否则，不能认为点$(x_i,y_i)(i=1,2,\cdots,n)$在一条正态分布曲线上。

正态概率纸检验法的计算步骤如下。

(1) 将来自总体 X 的样本值 $x_1,x_2,\cdots,x_n$ 按由小到大的顺序排列为 $x_{(1)},x_{(2)},\cdots,x_{(n)}$。

(2) 计算总体 X 的分布函数曲线 $y=F(x)$上的 n 个点$(x_{(i)},F(x_{(i)}))(i=1,2,\cdots,n)$。

由于 $F(x)$是未知的，所以用经验分布函数 $F_n(x)$替代 $F(x)$，计算得 $\hat{F}(x_{(i)})=F_n(x_{(i)})=\frac{i}{n}$和点$(x_{(i)},\hat{F}(x_{(i)}))(i=1,2,\cdots,n)$。

有研究发现，用修正频率$\frac{i-\frac{3}{8}}{n+\frac{1}{4}}$或$\frac{i}{n+1}$估计 $F(x_{(i)})$更合理。因此取

$$\hat{F}(x_{(i)})=\frac{i-\frac{3}{8}}{n+\frac{1}{4}} \quad 或 \quad \hat{F}(x_{(i)})=\frac{i}{n+1},\quad i=1,2,\cdots,n$$

(3) 在正态概率值上描出点$(x_{(i)},\hat{F}(x_{(i)}))(i=1,2,\cdots,n)$。

(4) 判断：若在正态概率纸上 n 个点$(x_{(i)},\hat{F}(x_{(i)}))(i=1,2,\cdots,n)$在一条直线附近，则可以认为总体 X 服从正态分布；否则，不能认为总体 X 服从正态分布。

3.6.3 独立性检验

设总体是(X,Y)，X 的所有可能不同的取值为 $a_1,a_2,\cdots,a_r$，Y 的所有可能不同的取值为 $b_1,b_2,\cdots,b_s$，对(X,Y)做 n 次独立观测，事件$\{X=a_i,Y=b_j\}$出现的频数是 $n_{ij}(i=1,2,\cdots,r;\ j=1,2,\cdots,s)$，用 $r\times s$ 列联表，其中

$$n_{i\cdot}=\sum_{k=1}^{s}n_{ik},\quad i=1,2,\cdots,r;\qquad n_{\cdot j}=\sum_{k=1}^{r}n_{kj},\quad j=1,2,\cdots,s$$

检验假设为

$$H_0:X\text{ 与 }Y\text{ 相互独立}$$

检验统计量为

$$\hat{\chi}^2=\sum_{j=1}^{s}\sum_{i=1}^{r}\frac{(n_{ij}-n\hat{p}_{ij})^2}{n\hat{p}_{ij}}$$

其中，$\hat{p}_{ij}=\hat{p}_{i\cdot}\hat{p}_{\cdot j}=\dfrac{n_{i\cdot}n_{\cdot j}}{n^2}(i=1,2,\cdots,r;\ j=1,2,\cdots,s)$。拒绝域为

$$\chi^2\geqslant\chi_\alpha^2[(r-1)(s-1)]$$

如果 X,Y 都是连续型随机变量，也可以用 χ^2 检验法来判断 X 与 Y 的独立性，只是需要事先对随机变量的取值进行分类。方法如下。

设来自连续型总体(X,Y)的样本值为$(x_i,y_i)(i=1,2,\cdots,n)$。

(1) 将 X 的取值范围分为 r 个互不相交的子区间，将 Y 的取值范围分为 s 个互不相交的子区间，这样形成 rs 个互相不相交的矩形。

(2) 统计样本$(x_i,y_i)(i=1,2,\cdots,n)$落入各个矩形的频数 $n_{ij}(i=1,2,\cdots,r;j=1,2,\cdots,s)$，并计算边缘频数 $n_{i\cdot}(i=1,2,\cdots,r)$和 $n_{\cdot j}(j=1,2,\cdots,s)$。

(3) 选择检验统计量 $\hat{\chi}^2=\sum\limits_{j=1}^{s}\sum\limits_{i=1}^{r}\dfrac{(n_{ij}-n\hat{p}_{ij})^2}{n\hat{p}_{ij}}$。

(4) 依据拒绝域形式 $\chi^2\geqslant\chi_\alpha^2[(r-1)(s-1)]$，计算显著性水平 α 下的拒绝域。

(5) 计算 χ^2 的样本值，并判断是否拒绝 H_0。

例 3.6.3 为了研究色盲与性别的关系，调查了 1000 个人，统计资料如表 3-9 所示。问：当显著性水平 $\alpha=0.05$ 时，色盲与性别是否相互独立？

表 3-9 色盲调查表

调查项目	男	女	$\sum$
正常	442	514	956
色盲	38	6	44
$\sum$	480	520	1000

解 设 $X=0$ 表示被调查者是男性，$X=1$ 表示被调查者是女性；$Y=0$ 表示被调查者

正常，$Y=1$ 表示被调查者是色盲。则需要检验的假设为 H_0：X 与 Y 独立。

应用 χ^2 拟合优度检验法。检验统计量为

$$\hat{\chi}^2=\sum_{j=1}^{2}\sum_{i=1}^{2}\frac{(n_{ij}-n\hat{p}_{ij})^2}{n\hat{p}_{ij}}$$

其中，$\hat{p}_{ij}=\dfrac{n_{i\cdot}n_{\cdot j}}{n^2}$，$i=1,2$；$j=1,2$。拒绝域为

$$\hat{\chi}^2\geqslant\chi_\alpha^2[(r-1)(s-1)]$$

其中，$\alpha=0.05$，$r=2$，$s=2$。

将表 3-9 中数据代入统计量中，得

$$\begin{aligned}\hat{\chi}^2=\sum_{j=1}^{2}\sum_{i=1}^{2}\frac{(n_{ij}-n\hat{p}_{ij})^2}{n\hat{p}_{ij}}&=1000\left[\frac{\left(442-\dfrac{480\times956}{1000}\right)^2}{480\times956}+\frac{\left(514-\dfrac{520\times956}{1000}\right)^2}{520\times956}\right.\\&\left.\quad+\frac{\left(38-\dfrac{480\times44}{1000}\right)^2}{480\times44}+\frac{\left(6-\dfrac{520\times44}{1000}\right)^2}{520\times44}\right]\\&=27.139\end{aligned}$$

查附表 B-2，得 $\chi_\alpha^2[(r-1)(s-1)]=\chi_{0.05}^2(1)=3.841$。因为 $\hat{\chi}^2=27.139>3.841$，所以拒绝 H_0，即认为色盲与性别不相互独立。

3.6.4 两总体分布比较的假设检验

在许多科学实验或社会经济调查中，经常会遇到比较两个总体分布是否相同的假设检验问题。例如，两种工艺效果的比较、两种药物疗效的比较等。下面针对这类问题介绍两个常用的非参数检验方法：符号检验法与秩和检验法。

1. 符号检验法

符号检验法要求数据是配对样本 $(x_i,y_i)[i=1,2,\cdots,n(n=n_X=n_Y)]$，且 $x_i\neq y_i$ $(i=1,2,\cdots,n)$。若出现 $x_i=y_i$，则需要从样本中剔除，样本容量相应减少。令 n_+ 表示配对样本中 $x_i>y_i$ 的个数，n_- 表示配对样本中 $x_i<y_i$ 的个数。符号检验法的检验统计量为

$$S=\min\{n_+,n_-\}$$

拒绝域为 $s\leqslant s_\alpha(n)$，其中 $s_\alpha(n)$ 是符号检验的 α 分位数。

2. 秩和检验法

秩和检验法是一种检验两个总体分布是否相同或两个独立样本是否来自同一总体的方法。它与符号检验法最主要的差别在于符号检验法只考虑样本值之差的符号，而秩和检验法既要考虑样本值之差的符号，又要考虑样本值的相对顺序。在利用样本信息方面比符号检验法更充分，是一种有效又方便的检验方法。另外，秩和检验法不要求样本配对。

1）秩的概念

将样本值 $x_1,x_2,\cdots,x_n$ 按由小到大的顺序排列，得到 $x_{(1)},x_{(2)},\cdots,x_{(n)}$，如果 $x_i=x_{(k)}$，则称 k 是 $x_i(i=1,2,\cdots,n)$ 的秩，记为 $R(x_i)$。事实上，x_i 的秩就是样本值 x_1，$x_2,\cdots,x_n$ 按从小到大排列后所占的位次。若几个样本值相同，则秩为它们在排列顺序中

位次的平均值。例如，样本值 5，3，2，5，3，3 按由小到大的排列顺序为 2，3，3，3，5，5，则 $R(2)=1, R(3)=\frac{2+3+4}{3}=3, R(5)=\frac{5+6}{2}=5.5$。

2）秩和检验法

设 $n_X \leqslant n_Y$，将 $X_1, X_2, \cdots, X_{n_X}$ 与 $Y_1, Y_2, \cdots, Y_{n_Y}$ 的混合样本中的秩相加，记为 T，则有

$$\frac{1}{2}n_X(n_X+1) \leqslant T \leqslant \frac{1}{2}n_X(n_X+2n_Y+1)$$

在“$H_0: X_1, X_2, \cdots, X_{n_X}$ 与 $Y_1, Y_2, \cdots, Y_{n_Y}$ 是来自同一总体”成立的条件下，$X_2, \cdots, X_{n_X}$ 应随机分散在 $Y_1, Y_2, \cdots, Y_{n_Y}$ 中，因此 T 不应太大，也不应太小。于是拒绝域的形式为

$$t \leqslant t_1 \text{ 或 } t \geqslant t_2 \quad (t_1 < t_2)$$

构造小概率事件

$$P\{T \leqslant t_1 \text{ 或 } T \geqslant t_2 \mid H_0 \text{ 成立}\} \leqslant \alpha$$

由于 $P\{T\leqslant t_1 \text{ 或 } T\geqslant t_2 \mid H_0 \text{ 成立}\}=P\{T\leqslant t_1 \mid H_0 \text{ 成立}\}+P\{T\geqslant t_2 \mid H_0 \text{ 成立}\}$，令

$$P\{T \leqslant t_1 \mid H_0 \text{ 成立}\}=P\{T \geqslant t_2 \mid H_0 \text{ 成立}\}=\frac{\alpha}{2}$$

得到 $t_1=t_{\frac{\alpha}{2}}(n_X, n_Y), t_2=t_{1-\frac{\alpha}{2}}(n_X, n_Y)$，此临界值可以在秩和检验分位表(附表 B-6)中查到。

一般秩和检验分位数只列出了 $n_X, n_Y \leqslant 10$ 时的临界值，由于当 $n_X, n_Y > 10$ 时，在 H_0 成立的条件下 T 近似服从

$$N\left(\frac{n_X(n_X+n_Y+1)}{2}, \frac{n_X n_Y(n_X+n_Y+1)}{12}\right)$$

从而

$$Z^*=\frac{T-\dfrac{n_X(n_X+n_Y+1)}{2}}{\sqrt{\dfrac{n_X n_Y(n_X+n_Y+1)}{12}}} \overset{\text{近似}}{\sim} N(0,1)$$

因此，当 $n_X, n_Y > 10$ 时，取检验统计量 Z^*，拒绝域为 $|z^*| \geqslant z_{\frac{2}{\alpha}}$。

例 3.6.4 先测量了 5 根同类型电线的电阻 X(单位：mΩ)，再测量了 7 根另一种类型电线的电阻 Y，测量结果如表 3-10 所示。问：当显著性水平为 0.05 时，两种类型电线的电阻有无显著差异。

表 3-10 电线电阻测量结果 单位：mΩ

X	39.4	24.6	30.9	38.1	31.4	—	—
Y	40.6	22.1	34.9	32.6	35.1	32.1	28.8

解 设 X, Y 分别表示第一种类型和第二种类型电线的电阻值，则要检验的假设为 H_0：X 与 Y 的分布相同。

选择秩和检验法。取 $\alpha=0.05$，则 $t_1=t_{\frac{\alpha}{2}}(n_X, n_Y)=t_{0.025}(5,7)=20, t_2=t_{1-\frac{\alpha}{2}}(n_X, n_Y)=t_{0.975}(5,7)=45$，拒绝域为 $t\leqslant t_1=20$ 或 $t\geqslant t_2=45$。

将两组样本数据按从小到大顺序排序，计算得到第一组样本值的秩为 $R(24.6)=2$，$R(30.9)=4$，$R(31.4)=5$，$R(38.1)=10$，$R(39.4)=11$。那么检验统计量 T 的样本值为 $t=2+4+5+10+11=32$。因此，可知其不在拒绝域中，即当显著性水平为 0.05 时，两种类型电线的电阻无显著差异。

习题 3.6

(1) 观察某公路上 50min 之内，每 15s 内通过的汽车数量(单位：辆)，得到如表 3-11 所示数据。问：在显著性水平 $\alpha=0.05$ 时，能否认为 15s 内通过的汽车数量服从泊松分布？

表 3-11　汽车数量　　单位：辆

每 15s 内通过汽车数量	0	1	2	3	≥4
次数	92	68	28	12	0

(2) 某研究所研制了一种特效药，为证明其疗效，随机选取了 200 名患病的志愿者，并分成两组，一组服药，另一组不服药。观察几天后，得到治愈数据(单位：例)如表 3-12 所示。问：在显著性水平 $\alpha=0.05$ 时，该药是否有明显疗效？

表 3-12　治愈数据　　单位：例

实验分组	痊　愈	未 痊 愈	合　计
未服药者	48	52	100
服药者	56	44	100
合计	104	96	200

(3) 羊毛在进行某种工艺处理前与处理后，各随机抽取一个样本，测得其含脂率如下。

处理前：0.20，0.24，0.66，0.42，0.12。

处理后：0.13，0.07，0.21，0.08，0.19。

问：在显著性水平 $\alpha=0.05$ 时，处理前与处理后的含脂率分布是否相同？(使用秩和检验法检验)

(4) 为了确定一家航空公司的商务舱乘客和经济舱乘客对服务的满意度是否有差异，相关人员进行了一次调查。从两个群体中随机抽取了一些乘客，询问他们对航空公司服务质量的满意程度。满意程度从低到高用数字 1～5 表示。调查结果如表 3-13 所示。问：在显著性水平 $\alpha=0.05$ 时，两类乘客对服务的满意程度是否有显著差异？(使用秩和检验法检验)

表 3-13　调查结果

商务舱 Y	1	1	2	3	1	4	5	2	1	1	3	2	1	1	4
经济舱 X	1	2	3	2	3	2	2	4	3	1	5	1	1	—	—

第4章

回归分析

回归分析是研究随机变量之间相关关系的一种统计方法，是数理统计的一个重要组成部分，在实际中有着非常广泛的应用。回归分析是建立在对客观事物进行大量试验和观察的基础上，用来寻找隐藏在不确定现象中的统计规律性的统计方法。回归分析方法是通过建立统计模型研究变量间相互关系的密切程度、结构状态、模型预测的一种有效工具。

4.1 回归分析概述

回归分析的基本思想以及名称“回归”最初是由英国生物学家和统计学家高尔顿(Francis Galton)提出来的。他从1000多组父母身高与其子女身高数据分析中得出：当父母都很高时，其子女的身高并不像期待得那样高，而是要稍矮一些，有向同龄人的平均身高靠拢的迹象；而当父母都很矮时，其子女的身高要比预期高，也有向同龄人的平均身高靠拢的迹象。正是因为子女的身高有回到同龄人的平均身高的这种趋势，才使人类的身高在一定时间内相对稳定，而没有出现父辈个子高其子女更高，父辈个子矮其子女更矮的两极分化现象。这说明后代的平均身高向中心靠拢了，这种现象就称为“回归”，这就是“回归”一词的最初含义。

回归分析研究的主要对象是客观事物变量之间的统计关系。我们在日常生活中经常会遇到许多相互联系的变量，变量之间的关系一般有确定性关系和非确定性关系两种。**确定性关系**是指变量之间的关系可以用函数关系来表达。例如，圆的面积 S 与半径 r 之间的关系 $S=\pi r^2$ 就是一种确定性关系。**非确定性关系**是指变量之间有一定的关系，但没有达到通过一个或几个变量可以严格确定其他变量的程度。例如，人的体重与身高之间的关系，一般来说，身高较高的人体重也会较重，但身高不能严格确定体重，即便是同样身高的人，体重也会不同。又如，人的血压与年龄的关系，一般来说，年龄越大的人血压也会越高，但年龄不能严格确定血压，即便是同样年龄的人，血压也会不同。再例如，水稻的亩产量与其施肥量、播种量和种子等都有一定的关系，但是由施肥量、播种量和种子等因素不能严格确定亩产量，即便施肥量、播种量和种子都相同，亩产量也可能不同。非确定性关系也称为**相关关系**。上面的身高、年龄、施肥量、播种量、种子都是可以在一定范围内随意地指定数值，是**可控变量**，称为**自变量**，而体重、血压、亩产量都是**不可控变量**，称为**因变量**。因变量是随机变量，自变量可以是随机变量也可以是非随机变量，本章假定自变量是非随机变量。研究一个随机变量与一个或几个自变量之间相关关系的统计分析方法称为**回归分析**。只有一个自变量的回归分析称为**一元回归分析**，多于一个自变量的回归分析称为**多元回归分析**。

一般情形下，回归分析的步骤如下。

(1) 选择与确定回归函数 $f(x)$或 $f(x_1,x_2,\cdots,x_p)$。如果回归函数 $y=f(\cdot)$的数学形式已知，则需要根据自变量、因变量的观测数据估计函数 $f(\cdot)$中的未知参数。

(2) 对回归模型进行检验，确认已选择的回归模型是否适合研讨的问题。

(3) 如果是多元回归模型，需要对自变量进行筛选。

(4) 运用回归模型对因变量进行预测。

回归分析所用的方法很大程度上取决于回归函数形式的假定。对已知回归函数 $y=f(\cdot)$的形式，只是其中含有若干个未知参数的回归分析称为**参数回归**；对回归函数 $y=f(\cdot)$的数学形式无特殊假定的回归分析称为**非参数回归**。参数回归的研究与应用最为广泛。回归函数 $y=f(\cdot)$为线性函数的回归分析称为**线性回归分析**。本章主要讨论一元线性回归分析和多元线性回归分析。

4.2 一元线性回归分析

一元线性回归分析是描述两个变量之间相关关系的最简单的回归分析。本节通过一元线性回归模型的建立过程，介绍回归分析方法的基本思想以及其在实际问题中的应用。

4.2.1 一元线性回归模型

设自变量 X 和因变量 Y 之间的数量关系为

$$y=\beta_0+\beta_1 x+\varepsilon \tag{4.2.1}$$

其中，x 称为**自变量**或**解释变量**，y 称为**因变量**或**响应变量**，β_0 和 β_1 为未知参数，β_1 称为**回归系数**，ε 称为**随机误差**。式(4.2.1)称为一元线性回归模型。

通常对随机误差 ε 有以下两个假定。

(1) $E(\varepsilon)=0, D(\varepsilon)=\sigma^2$，其中 $\sigma^2>0$ 为未知参数，称为**误差方差**。此时 $E(y)=\beta_0+\beta_1 x$，该式称为**一元线性回归函数**，它描述了因变量 Y 随自变量 X 变化的平均变化趋势。

(2) $\varepsilon\sim N(0,\sigma^2)$。此时 $y\sim N(\beta_0+\beta_1 x,\sigma^2)$。

4.2.2 回归系数的最小二乘估计

由于式(4.2.1)中 β_0 和 β_1 为未知参数，故回归函数是未知函数，需要根据样本数据进行估计。一般采用最小二乘估计法(least square estimation，LSE)。

假定已做了 n 次独立观测，得到观测数据$(x_i,y_i)(i=1,2,\cdots,n)$，从而得到基于样本的一元线性回归模型

$$\begin{cases} y_i=\beta_0+\beta_1 x_i+\varepsilon_i, \\ \varepsilon_i\sim N(0,\sigma^2), \quad i=1,2,\cdots,n,\text{且相互独立} \end{cases} \tag{4.2.2}$$

最小二乘估计法的基本思想是：取使总误差平方和

$$Q(\beta_0,\beta_1)=\sum_{i=1}^{n}(y_i-\beta_0-\beta_1 x_i)^2$$

达到最小的 β_0 和 β_1 的取值作为回归参数 β_0 和 β_1 的估计值 $\hat{\beta}_0$ 和 $\hat{\beta}_1$，即

$$Q(\hat{\beta}_0,\hat{\beta}_1)=\min_{\beta_0,\beta_1}Q(\beta_0,\beta_1)$$

由极值原理可知，$\min\limits_{\beta_0,\beta_1}Q(\beta_0,\beta_1)$的解应满足下面的方程组

$$\begin{cases}\dfrac{\partial}{\partial\beta_0}Q(\beta_0,\beta_1)=-2\sum\limits_{i=1}^{n}(y_i-\beta_0-\beta_1x_i)=0\\ \dfrac{\partial}{\partial\beta_1}Q(\beta_0,\beta_1)=-2\sum\limits_{i=1}^{n}x_i(y_i-\beta_0-\beta_1x_i)=0\end{cases}\tag{4.2.3}$$

整理方程组(4.2.3)，可得

$$\begin{cases}n\beta_0+\left(\sum\limits_{i=1}^{n}x_i\right)\beta_1=\sum\limits_{i=1}^{n}y_i\\ \left(\sum\limits_{i=1}^{n}x_i\right)\beta_0+\left(\sum\limits_{i=1}^{n}x_i^2\right)\beta_1=\sum\limits_{i=1}^{n}x_iy_i\end{cases}\tag{4.2.4}$$

称方程组(4.2.4)为**正规方程组**。解此方程组，即可得 β_0,β_1，并将其记为 $\hat{\beta}_0,\hat{\beta}_1$：

$$\begin{cases}\hat{\beta}_1=\dfrac{\sum\limits_{i=1}^{n}(x_i-\bar{x})(y_i-\bar{y})}{\sum\limits_{i=1}^{n}(x_i-\bar{x})^2}\\ \hat{\beta}_0=\bar{y}-\hat{\beta}_1\bar{x}\end{cases}\tag{4.2.5}$$

其中，$\bar{x}=\dfrac{1}{n}\sum\limits_{i=1}^{n}x_i$，$\bar{y}=\dfrac{1}{n}\sum\limits_{i=1}^{n}y_i$。

为了便于书写，记为

$$l_{xy}=\sum_{i=1}^{n}(x_i-\bar{x})(y_i-\bar{y})$$

则方程组(4.2.5)可以表示为

$$\begin{cases}\hat{\beta}_1=\dfrac{l_{xy}}{l_{xx}}\\ \hat{\beta}_0=\bar{y}-\hat{\beta}_1\bar{x}\end{cases}\tag{4.2.6}$$

对于给定的 x，回归函数 $\beta_0+\beta_1x$ 的估计值为 $\hat{\beta}_0+\hat{\beta}_1x$，记为 $\hat{y}$，方程

$$\hat{y}=\hat{\beta}_0+\hat{\beta}_1x\tag{4.2.7}$$

称为 y 关于 x 的**经验回归方程**，简称为**回归方程**。称 $\hat{y}_i=\hat{\beta}_0+\hat{\beta}_1x_i(i=1,2,\cdots,n)$为观测值 y_i 的**估计(或拟合)值**。

由 $\hat{\beta}_0=\bar{y}-\hat{\beta}_1\bar{x}$，得 $\bar{y}=\hat{\beta}_0+\hat{\beta}_1\bar{x}$，可知回归直线 $\hat{y}=\hat{\beta}_0+\hat{\beta}_1x$ 过点$(\bar{x},\bar{y})$。$(\bar{x},\bar{y})$是 n 个样本观测值$(x_i,y_i)(i=1,2,\cdots,n)$的重心，以及回归直线通过样本的重心。称 $\hat{\varepsilon}_i=y_i-\hat{y}_i=y_i-(\hat{\beta}_0+\hat{\beta}_1x_i)$为**残差**。

在一元线性回归模型(4.2.2)中，误差 ε_i 的方差 σ^2 称为**误差方差**，它反映了模型误差的大小。通过极小化 $Q(\beta_0,\beta_1)$不能求得误差方差 σ^2 的估计，但是可以用**最大似然估计法**

(此处省略过程)求出 σ^2 的估计为

$$\hat{\sigma}^2=\frac{1}{n}\sum_{i=1}^{n}(y_i-\hat{\beta}_0-\hat{\beta}_1x_i)^2=\frac{1}{n}\sum_{i=1}^{n}\hat{\varepsilon}_i^2$$

称

$$S_\varepsilon^2=\sum_{i=1}^{n}\hat{\varepsilon}_i^2=\sum_{i=1}^{n}(y_i-\hat{y}_i)^2=\sum_{i=1}^{n}(y_i-\hat{\beta}_0-\hat{\beta}_1x_i)^2 \tag{4.2.8}$$

为**残差平方和**。

由此可见,当获得(X,Y)的若干观测数据$(x_i,y_i)(i=1,2,\cdots,n)$时,只要 $l_{xx}\neq0$,便可用式(4.2.6)计算出回归系数 β_0,β_1 的最小二乘估计值、经验回归方程、观测值的估计值以及残差平方和。

4.2.3 最小二乘估计的性质

为了便于对回归模型 $y=\beta_0+\beta_1x+\varepsilon,\varepsilon\sim N(0,\sigma^2)$进行检验和应用,我们讨论用最小二乘估计方法得到 $\hat{\beta}_0,\hat{\beta}_1$ 以及 $\hat{y},S_\varepsilon^2$ 的性质。

在式(4.2.6)~式(4.2.8)中,$y_i(i=1,2,\cdots,n)$是 X 取 x_i 时随机变量 Y 对应的观测值,当用 Y_i 代替 y_i 时,式(4.2.6)就是回归系数 β_0,β_1 的最小二乘估计量,式(4.2.7)就是 y 的估计量,式(4.2.8)中的 S_ε^2 也是随机变量。在研究这些变量的随机性时,假定 y_i 是随机变量且满足

$$\begin{cases}y_i=\beta_0+\beta_1x_i+\varepsilon_i,\\ \varepsilon_i\sim N(0,\sigma^2),\quad i=1,2,\cdots,n\text{ 相互独立}\end{cases} \tag{4.2.9}$$

在上面的条件下,可以得到下面最小二乘估计的性质。

性质 4.2.1 如果$(x_i,y_i)(i=1,2,\cdots,n)$满足一元线性回归模型(4.2.9)的假设条件,则

(1) $\hat{\beta}_1\sim N\left(\beta_1,\frac{\sigma^2}{l_{xx}}\right)$;

(2) $\hat{\beta}_0\sim N\left[\beta_0,\left(\frac{1}{n}+\frac{\bar{x}^2}{l_{xx}}\right)\sigma^2\right]$;

(3) $\hat{y}=\hat{\beta}_0+\hat{\beta}_1x\sim N\left\{\beta_0+\beta_1x,\left[\frac{1}{n}+\frac{(x-\bar{x})^2}{l_{xx}}\right]\sigma^2\right\}$。

证明 首先注意到

$$l_{xy}=\sum_{i=1}^{n}(x_i-\bar{x})y_i=\sum_{i=1}^{n}(y_i-\bar{y})x_i=\sum_{i=1}^{n}x_iy_i-n\bar{x}\cdot\bar{y}$$

在式(4.2.9)的假定下,$y_1,y_2,\cdots,y_n$ 是一组相互独立且服从正态分布的随机变量,而 $\hat{\beta}_1=\frac{1}{l_{xx}}\sum_{i=1}^{n}(x_i-\bar{x})y_i,\hat{\beta}_0=\frac{1}{n}\sum_{i=1}^{n}y_i-\frac{1}{l_{xx}}\sum_{i=1}^{n}\bar{x}(x_i-\bar{x})y_i,\hat{y}=\hat{\beta}_0+\hat{\beta}_1x$ 均是 $y_1,y_2,\cdots,y_n$ 的线性函数,所以有 $\hat{\beta}_1,\hat{\beta}_0$ 和 $\hat{y}$ 均服从正态分布且

$$\hat{\beta}_1\sim N(E(\hat{\beta}_1),D(\hat{\beta}_1)),\quad \hat{\beta}_0\sim N(E(\hat{\beta}_0),D(\hat{\beta}_0)),\quad \hat{y}\sim N(E(\hat{y}),D(\hat{y}))$$

因为

$$E(\hat{\beta}_1)=\frac{1}{l_{xx}}\sum_{i=1}^{n}(x_i-\bar{x})E(y_i)=\frac{1}{l_{xx}}\sum_{i=1}^{n}(x_i-\bar{x})(\beta_0+\beta_1x_i)=\frac{\beta_1}{l_{xx}}\sum_{i=1}^{n}(x_i-\bar{x})x_i=\beta_1$$

$$D(\hat{\beta}_1)=\frac{1}{l_{xx}^2}\sum_{i=1}^{n}(x_i-\bar{x})^2D(y_i)=\frac{1}{l_{xx}^2}\sum_{i=1}^{n}(x_i-\bar{x})^2\sigma^2=\frac{\sigma^2}{l_{xx}}$$

所以 $\hat{\beta}_1\sim N\left(\beta_1,\frac{\sigma^2}{l_{xx}}\right)$，性质 4.2.1(1)成立。

同理可得

$$E(\hat{\beta}_0)=E(\bar{y})-\bar{x}E(\hat{\beta}_1)=\frac{1}{n}\sum_{i=1}^{n}E(y_i)-\beta_1\bar{x}=\frac{1}{n}\sum_{i=1}^{n}(\beta_0+\beta_1x_i)-\beta_1\bar{x}=\beta_0$$

$$D(\hat{\beta}_0)=D(\bar{y})+\bar{x}^2D(\hat{\beta}_1)-2\bar{x}\operatorname{cov}(\bar{y},\hat{\beta}_1)=\frac{1}{n}\sigma^2+\bar{x}^2\frac{\sigma^2}{l_{xx}}=\left(\frac{1}{n}+\frac{\bar{x}^2}{l_{xx}}\right)\sigma^2$$

上式中用到了

$$\begin{aligned}\operatorname{cov}(\bar{y},\hat{\beta}_1)&=\operatorname{cov}\left(\bar{y},\frac{1}{l_{xx}}\sum_{i=1}^{n}(x_i-\bar{x})y_i\right)=\frac{1}{l_{xx}}\sum_{i=1}^{n}(x_i-\bar{x})\operatorname{cov}(\bar{y},y_i)\\&=\frac{1}{l_{xx}}\sum_{i=1}^{n}(x_i-\bar{x})\frac{\sigma^2}{n}=0\end{aligned}$$

所以 $\hat{\beta}_0\sim N\left(\beta_0,\left(\frac{1}{n}+\frac{\bar{x}^2}{l_{xx}}\right)\sigma^2\right)$，性质 4.2.1(2)成立。

又因为

$$\begin{aligned}E(\hat{y})&=E(\hat{\beta}_0)+xE(\hat{\beta}_1)=\beta_0+\beta_1x\\D(\hat{y})&=D(\hat{\beta}_0)+x^2D(\hat{\beta}_1)+2x\operatorname{cov}(\hat{\beta}_0,\hat{\beta}_1)\\&=\left(\frac{1}{n}+\frac{\bar{x}^2}{l_{xx}}\right)\sigma^2+x^2\frac{\sigma^2}{l_{xx}}+2x\operatorname{cov}(\bar{y},\hat{\beta}_1)-2x\bar{x}\operatorname{cov}(\hat{\beta}_1,\hat{\beta}_1)\\&=\left(\frac{1}{n}+\frac{\bar{x}^2}{l_{xx}}+\frac{x^2}{l_{xx}}\right)\sigma^2-2x\bar{x}\frac{\sigma^2}{l_{xx}}=\left[\frac{1}{n}+\frac{(x-\bar{x})^2}{l_{xx}}\right]\sigma^2\end{aligned}$$

所以 $\hat{y}=\hat{\beta}_0+\hat{\beta}_1x\sim N\left(\beta_0+\beta_1x,\left[\frac{1}{n}+\frac{(x-\bar{x})^2}{l_{xx}}\right]\sigma^2\right)$，性质 4.2.1(3)成立。

由式(4.2.6)和性质 4.2.1 可得，$\hat{\beta}_0$ 和 $\hat{\beta}_1$ 是随机变量 y_i 的线性函数，且分别是 β_0 和 β_1 的无偏估计。

性质 4.2.2 在一元回归分析问题中，最小二乘估计 $\hat{\beta}_0$ 和 $\hat{\beta}_1$ 分别为 β_0 和 β_1 的最优线性无偏估计量，即在形如 $\sum_{i=1}^{n}c_iy_i$ 的估计中，它们分别是 β_0 和 β_1 的最小方差无偏估计量。

证明 由于线性无偏性已经证明，所以只需证其为最小方差即可。设 $\sum_{i=1}^{n}c_iy_i$ 为 β_1 的任意无偏估计，即有 $E\left(\sum_{i=1}^{n}c_iy_i\right)=\sum_{i=1}^{n}c_iE(y_i)=\sum_{i=1}^{n}c_i(\beta_0+\beta_1x_i)=\beta_1$，对一切 β_0,β_1 成立。

故可得 c_i 满足约束条件

$$\sum_{i=1}^{n} c_i = 0, \quad \sum_{i=1}^{n} c_i x_i = 1 \tag{4.2.10}$$

另外，

$$D\left(\sum_{i=1}^{n} c_i y_i\right) = \operatorname{cov}\left(\sum_{i=1}^{n} c_i y_i, \sum_{j=1}^{n} c_j y_j\right) = \sum_{i=1}^{n}\sum_{j=1}^{n} c_i c_j \operatorname{cov}(y_i, y_j)$$

故可得目标函数为 $D\left(\sum_{i=1}^{n} c_i y_i\right) = \sum_{i=1}^{n} c_i^2 \sigma^2$。问题转化为求约束条件(4.2.10)下的目标函数最小值问题。

令拉格朗日函数 $L(c_1, \cdots, c_n, \lambda_1, \lambda_2) = \sum_{i=1}^{n} c_i^2 \sigma^2 + \lambda_1 \sum_{i=1}^{n} c_i + \lambda_2 \left(\sum_{i=1}^{n} c_i x_i - 1\right)$，根据条件极值的求法，当拉格朗日函数取极值时，$c_1, c_2, \cdots, c_n$ 应满足

$$\frac{\partial L}{\partial c_i} = 2\sigma^2 c_i + \lambda_1 + \lambda_2 x_i = 0 \quad (i = 1, 2, \cdots, n)$$

可得 $c_i = -\frac{1}{2\sigma^2}(\lambda_1 + \lambda_2 x_i)$，代入约束条件(4.2.10)，即有

$$\begin{cases} n\lambda_1 + \lambda_2 \sum_{i=1}^{n} x_i = 0 \\ -\frac{1}{2\sigma^2} \sum_{i=1}^{n} [x_i(\lambda_1 + \lambda_2 x_i)] = 1 \end{cases}$$

求解上述二元线性方程组可得

$$\begin{cases} \lambda_1 = \dfrac{2\sigma^2 \bar{x}}{\sum_{i=1}^{n} x_i^2 - n\bar{x}^2} = \dfrac{2\sigma^2 \bar{x}}{l_{xx}} \\ \lambda_2 = \dfrac{-2\sigma^2}{\sum_{i=1}^{n} x_i^2 - n\bar{x}^2} = \dfrac{-2\sigma^2}{l_{xx}} \end{cases}$$

从而可得当 $c_i = -\frac{\bar{x}}{l_{xx}} + \frac{x_i}{l_{xx}}$，$i = 1, 2, \cdots, n$ 时，目标函数在约束条件式(4.2.10)下取最小值。则 $\hat{\beta}_1$ 为 β_1 的最小方差无偏估计量。

类似地，设 $\sum_{i=1}^{n} d_i y_i$ 为 β_0 的任意无偏估计，即有

$$E\left(\sum_{i=1}^{n} d_i y_i\right) = \sum_{i=1}^{n} d_i E(y_i) = \sum_{i=1}^{n} d_i (\beta_0 + \beta_1 x_i) = \beta_0$$

对一切 β_0, β_1 成立。故可得 d_i 满足约束条件

$$\sum_{i=1}^{n} d_i = 1, \quad \sum_{i=1}^{n} d_i x_i = 0 \tag{4.2.11}$$

同样可得目标函数 $D\left(\sum_{i=1}^{n} d_i y_i\right) = \sum_{i=1}^{n} d_i^2 \sigma^2$。

和前面求约束条件下的目标函数最小值问题类似。可得 $\hat{\beta}_0$ 为 β_0 的最小方差无偏估计量。记 $S_T^2=\sum_{i=1}^{n}(y_i-\bar{y})^2$，称为**总离差平方和**，它反映了观测值 $y_i(i=1,2,\cdots,n)$ 的总离差。记 $S_R^2=\sum_{i=1}^{n}(\hat{y}_i-\bar{y})^2$，称为**回归平方和**，它反映了 $\hat{y}_i(i=1,2,\cdots,n)$ 的总离差，即回归直线引起的总离差。**残差平方和** $S_\varepsilon^2=\sum_{i=1}^{n}(y_i-\hat{y}_i)^2$ 反映了随机因素引起的偏差。这三个离差平方和的关系如下。

性质 4.2.3　平方和分解公式 $S_T^2=S_R^2+S_\varepsilon^2$。

证明　因为

$$S_T^2=\sum_{i=1}^{n}(y_i-\bar{y})^2=\sum_{i=1}^{n}[(y_i-\hat{y}_i)+(\hat{y}_i-\bar{y})]^2$$

$$=S_\varepsilon^2+S_R^2+2\sum_{i=1}^{n}(y_i-\hat{y}_i)(\hat{y}_i-\bar{y})$$

而 $$\sum_{i=1}^{n}(y_i-\hat{y}_i)(\hat{y}_i-\bar{y})=\sum_{i=1}^{n}([(y_i-\bar{y})-\hat{\beta}_1(x_i-\bar{x})]\hat{\beta}_1(x_i-\bar{x}))$$

$$=\hat{\beta}_1 l_{xy}-\hat{\beta}_1^2 l_{xx}=0$$

所以 $S_T^2=S_R^2+S_\varepsilon^2$ 成立。

性质 4.2.4　$\dfrac{n}{n-2}\hat{\sigma}^2$ **是 σ^2 的无偏估计。**

证明　由于

$$\hat{\sigma}^2=\frac{1}{n}\sum_{i=1}^{n}(y_i-\hat{\beta}_0-\hat{\beta}_1x_i)^2=\frac{1}{n}\sum_{i=1}^{n}[y_i-\bar{y}-\hat{\beta}_1(x_i-\bar{x})]^2$$

$$=\frac{1}{n}\sum_{i=1}^{n}\left[(y_i-\bar{y})^2-2\frac{l_{xy}}{l_{xx}}(x_i-\bar{x})(y_i-\bar{y})+\frac{l_{xy}^2}{l_{xx}^2}(x_i-\bar{x})^2\right]$$

$$=\frac{1}{n}\left(l_{yy}-2\frac{l_{xy}^2}{l_{xx}}+\frac{l_{xy}^2}{l_{xx}}\right)$$

$$=\frac{1}{n}\left(l_{yy}-\frac{l_{xy}^2}{l_{xx}}\right)=\frac{1}{n}(l_{yy}-\hat{\beta}_1^2 l_{xx})$$

故

$$E(\hat{\sigma}^2)=\frac{1}{n}[E(l_{yy})-E(\hat{\beta}_1^2 l_{xx})]$$

而 $$E(l_{yy})=E\left(\sum_{i=1}^{n}(y_i-\bar{y})^2\right)=E\left(\sum_{i=1}^{n}y_i^2-n\bar{y}^2\right)$$

$$=\sum_{i=1}^{n}(D(y_i)+(E(y_i))^2)-n(D(\bar{y})+(E(\bar{y}))^2)$$

$$=\sum_{i=1}^{n}[\sigma^2+(\beta_0+\beta_1x_i)^2]-n\left[\frac{\sigma^2}{n}+(\beta_0+\beta_1\bar{x})^2\right]$$

$$=(n-1)\sigma^2+\beta_1^2 l_{xx}$$

$$E(\hat{\beta}_1^2 l_{xx})=l_{xx}(D(\hat{\beta}_1)+(E(\hat{\beta}_1))^2)=l_{xx}\left(\frac{\sigma^2}{l_{xx}}+\beta_1^2\right)=\sigma^2+\beta_1^2 l_{xx}$$

于是，有

$$E(\hat{\sigma}^2)=\frac{1}{n}[(n-1)\sigma^2+\beta_1^2 l_{xx}-\sigma^2-\beta_1^2 l_{xx}]=\frac{n-2}{n}\sigma^2$$

因此$\frac{n}{n-2}\hat{\sigma}^2$ 是 σ^2 的无偏估计。

性质 4.2.5 $\frac{n\hat{\sigma}^2}{\sigma^2}=\frac{S_\varepsilon^2}{\sigma^2}\sim\chi^2(n-2)$，且 $\hat{\sigma}^2$ 与 $\hat{\beta}_0,\hat{\beta}_1$ 相互独立。

证明 设 $\boldsymbol{X}_1=(1,\cdots,1)'$，$\boldsymbol{X}_2=(x_1,\cdots,x_n)'$，这里假定 $x_1,\cdots,x_n$ 不全相等。令

$$W=\{\boldsymbol{\eta}=\beta_0\boldsymbol{X}_1+\beta_1\boldsymbol{X}_2:\beta_0,\beta_1\in\mathbb{R}\}\subseteq\mathbb{R}^n$$

定义范数 $\|\boldsymbol{X}_2\|=\left(\sum_{i=1}^n x_i^2\right)^{1/2}$，将 $\boldsymbol{X}_1,\boldsymbol{X}_2$ 正交单位化，取

$$\boldsymbol{\xi}_1=\frac{1}{\sqrt{n}}(1,\cdots,1)',\quad \boldsymbol{\xi}_2^*=\boldsymbol{X}_2-\left(\frac{1}{\sqrt{n}}\sum_{i=1}^n x_i\right)\boldsymbol{\xi}_1$$

令$\boldsymbol{\xi}_2=\frac{\boldsymbol{\xi}_2^*}{\|\boldsymbol{\xi}_2^*\|}$，则$\boldsymbol{\xi}_1,\boldsymbol{\xi}_2$ 为 W 的标准正交基，将其扩展为$\mathbb{R}^n$ 的标准正交基$\boldsymbol{\xi}_1,\boldsymbol{\xi}_2,\cdots,\boldsymbol{\xi}_n$。令 $\boldsymbol{V}=(\boldsymbol{\xi}_1,\boldsymbol{\xi}_2,\cdots,\boldsymbol{\xi}_n)$，则 $\boldsymbol{V}$ 为正交矩阵。

令 $\boldsymbol{Y}=(y_1,\cdots,y_n)'$，$\hat{\boldsymbol{Y}}=(\hat{y}_1,\cdots,\hat{y}_n)'$，$\boldsymbol{Z}=(z_1,\cdots,z_n)'=\boldsymbol{V}'\boldsymbol{Y}$，则

$$\boldsymbol{Y}=\boldsymbol{V}\boldsymbol{Z}=\sum_{i=1}^n z_i\boldsymbol{\xi}_i$$

令$\hat{\boldsymbol{\xi}}=z_1\boldsymbol{\xi}_1+z_2\boldsymbol{\xi}_2$，则对任意 β_0,β_1，有

$$\|\boldsymbol{Y}-\hat{\boldsymbol{\xi}}\|\leqslant\|\boldsymbol{Y}-(\beta_0\boldsymbol{X}_1+\beta_1\boldsymbol{X}_2)\|$$

则 $\hat{\boldsymbol{Y}}=\hat{\boldsymbol{\xi}}$。

计算 $\boldsymbol{Z}$ 的期望和方差—协方差矩阵，有

$$E(\boldsymbol{Z})=\boldsymbol{V}'E(\boldsymbol{Y})=\boldsymbol{V}'(\beta_0\boldsymbol{X}_1+\beta_1\boldsymbol{X}_2),\quad \mathrm{cov}(\boldsymbol{Z},\boldsymbol{Z})=\sigma^2\boldsymbol{V}'\boldsymbol{V}=\sigma^2\boldsymbol{I}$$

因 y_i 相互独立且均服从正态分布，故其线性组合也为正态分布，所以

$$\boldsymbol{Z}\sim N(\boldsymbol{V}'(\beta_0\boldsymbol{X}_1+\beta_1\boldsymbol{X}_2),\sigma^2\boldsymbol{I})$$

由于 $\beta_0\boldsymbol{X}_1+\beta_1\boldsymbol{X}_2\in W$，因此$\boldsymbol{\xi}_i'(\beta_0\boldsymbol{X}_1+\beta_1\boldsymbol{X}_2)=0(i=3,4,\cdots,n)$。故 $z_3,z_4,\cdots,z_n$ 独立同分布于 $N(0,\sigma^2)$，且

$$S_\varepsilon^2=\|\boldsymbol{Y}-\hat{\boldsymbol{Y}}\|^2=\|\boldsymbol{Y}-\hat{\boldsymbol{\xi}}\|^2=\sum_{i=3}^n z_i^2$$

故 $\frac{S_\varepsilon^2}{\sigma^2}=\sum_{i=3}^n\left(\frac{z_i}{\sigma}\right)^2$，由 χ^2 分布的定义有$\frac{S_\varepsilon^2}{\sigma^2}\sim\chi^2(n-2)$。

下面给出独立性的证明。

由于 $\hat{\boldsymbol{Y}}=\hat{\boldsymbol{\xi}}$，则 $\hat{\beta}_0\boldsymbol{X}_1+\hat{\beta}_1\boldsymbol{X}_2=z_1\boldsymbol{\xi}_1+z_2\boldsymbol{\xi}_2$。等式两边同时与$\boldsymbol{\xi}_2$ 做内积，即有

$$\hat{\beta}_1=\frac{z_2}{(\boldsymbol{X}_2,\boldsymbol{\xi}_2)}$$

其中$(\boldsymbol{X}_2,\boldsymbol{\xi}_2)$表示的内积不为0。

等式两边同时与$\boldsymbol{\xi}_1$做内积，有$\sqrt{n}\hat{\beta}_0+\hat{\beta}_1(\boldsymbol{X}_2,\boldsymbol{\xi}_1)=z_1$，则可得$\hat{\beta}_0,\hat{\beta}_1$为$z_1,z_2$的线性组合，而$S_\varepsilon^2=\sum_{i=3}^{n}z_i^2$，由于$z_1,z_2,\cdots,z_n$相互独立，即有$\hat{\beta}_0,\hat{\beta}_1$与$S_\varepsilon^2$相互独立，从而与$\hat{\sigma}^2$相互独立。

因为$S_R^2=\sum_{i=1}^{n}(\hat{y}_i-\bar{y})^2=\sum_{i=1}^{n}(\hat{\beta}_0+\hat{\beta}_1x_i-\bar{y})^2=\sum_{i=1}^{n}(\bar{y}-\hat{\beta}_1\bar{x}+\hat{\beta}_1x_i-\bar{y})^2=\hat{\beta}_1^2l_{xx}$，所以$S_R^2$与$S_\varepsilon^2$也相互独立。

根据性质4.2.5可得$E\left(\frac{S_\varepsilon^2}{\sigma^2}\right)=n-2$，从而$E(S_\varepsilon^2)=(n-2)\sigma^2$。

4.2.4 回归方程的检验

由式(4.2.5)可知，当给定一组数据$(x_i,y_i)(i=1,2,\cdots,n)$，且$l_{xx}\neq0$时，就能得到一条经验回归直线$\hat{y}=\hat{\beta}_0+\hat{\beta}_1x$，它是因变量$y$随自变量$x$变化的平均变化趋势。但是，如果$E(Y)$不随$X$的变化呈现线性变化规律，那么寻求经验回归直线就失去了意义。因此，使用经验回归直线进行预测前需要检验$E(Y)$与X之间是否有线性关系。从一元线性回归模型可知，若$\beta_1\neq0$，说明$E(Y)$是X取值的线性函数；若$\beta_1=0$，说明无论X如何变化，$E(Y)$都不会随之呈现线性变化。因此，要检验的问题是

$$H_0:\beta_1=0,\quad H_1:\beta_1\neq0$$

首先给出下面的性质。

性质4.2.6 对一元线性回归方程(4.2.9)，当$H_0:\beta_1=0$成立时，$\frac{S_R^2}{\sigma^2}\sim\chi^2(1)$。

证明 由$\hat{\beta}_1\sim N\left(\beta_1,\frac{\sigma^2}{l_{xx}}\right)$可知，当$H_0$成立时，$\hat{\beta}_1\sim N\left(0,\frac{\sigma^2}{l_{xx}}\right)$，标准化有$\hat{\beta}_1\frac{\sqrt{l_{xx}}}{\sigma}\sim N(0,1)$，即有$\frac{S_R^2}{\sigma^2}=\frac{\hat{\beta}_1^2l_{xx}}{\sigma^2}\sim\chi^2(1)$。

以下介绍几种常用的检验方法。

1. t 检验法

根据性质4.2.1(1)，可知

$$\frac{(\hat{\beta}_1-\beta_1)\sqrt{l_{xx}}}{\sigma}\sim N(0,1)$$

又根据性质4.2.5，可知

$$\frac{(\hat{\beta}_1-\beta_1)\sqrt{l_{xx}}}{\hat{\sigma}}\sqrt{\frac{n-2}{n}}\sim t(n-2) \tag{4.2.12}$$

在假设$H_0:\beta_1=0$的条件下，式(4.2.12)变为

$$\frac{\hat{\beta}_1\sqrt{l_{xx}}}{\hat{\sigma}}\sqrt{\frac{n-2}{n}}\sim t(n-2) \tag{4.2.13}$$

令 $T=\frac{\hat{\beta}_1\sqrt{l_{xx}}}{\hat{\sigma}}\sqrt{\frac{n-2}{n}}$ 为检验统计量，其拒绝域形式为

$$\{|t|>c\} \tag{4.2.14}$$

且满足

$$P\{|T|\geqslant c \mid H_0:\beta_1=0\}=\alpha$$

由此可确定 $c=t_{\frac{\alpha}{2}}(n-2)$，代入式(4.2.14)中，可得拒绝域为

$$\{|t|\geqslant t_{\frac{\alpha}{2}}(n-2)\}$$

这个检验方法称为 t 检验法。

对于给定的显著性水平 α，当 $|t|\geqslant t_{\frac{\alpha}{2}}(n-2)$ 时，拒绝 $H_0:\beta_1=0$，认为线性回归效果显著，即 y 与 x 之间存在显著的线性相关关系；当 $|t|<t_{\frac{\alpha}{2}}(n-2)$ 时，接受 $H_0:\beta_1=0$，认为线性回归效果不显著，即 y 与 x 之间不存在显著的线性相关关系。

2. F 检验法

由于当 $H_0:\beta_1=0$ 时，$T^2=F\sim F(1,n-2)$。取 F 为检验统计量，则由 $S_R^2=\hat{\beta}_1^2 l_{xx}$，可得

$$F=T^2=\frac{\hat{\beta}_1^2 l_{xx}}{\hat{\sigma}^2}\cdot\frac{n-2}{n}=\frac{S_R^2}{S_\varepsilon^2/(n-2)}$$

因此其拒绝域形式为 $\{F>F_\alpha(1,n-2)\}$。这个检验方法称为 F 检验法。

对于给定的显著性水平 α，当 $F\geqslant F_\alpha(1,n-2)$ 时，拒绝 $H_0:\beta_1=0$，认为线性回归效果显著，即 y 与 x 之间存在显著的线性相关关系；当 $F<F_\alpha(1,n-2)$ 时，接受 $H_0:\beta_1=0$，认为线性回归效果不显著，即 y 与 x 之间不存在显著的线性相关关系。

3. r 检验法

根据性质 4.2.3 中的平方和分解公式，令

$$R^2=\frac{S_R^2}{S_T^2}$$

显然 R 的样本值 r 满足 $0\leqslant|r|\leqslant 1$。当 $|r|$ 接近 1 时，S_R^2 接近 S_T^2，表明 y 与 x 之间存在显著的线性相关关系；当 $|r|$ 接近 0 时，S_R^2 也接近 0，表明 y 与 x 之间不存在显著的线性相关关系。因此可用 R 统计量来检验 y 与 x 之间是否存在显著的线性相关关系，其拒绝域的形式为 $\{|r|>c\}$。

由于

$$R^2=\frac{S_R^2}{S_T^2}=\frac{l_{xy}^2}{l_{xx}l_{yy}}=\frac{\left[\sum_{i=1}^{n}(y_i-\bar{y})(x_i-\bar{x})\right]^2}{\sum_{i=1}^{n}(y_i-\bar{y})^2\sum_{i=1}^{n}(x_i-\bar{x})^2}=[\hat{\rho}(x,y)]^2$$

即 R 为 y 与 x 的相关系数 $\rho(x,y)$ 的矩估计——样本相关系数，所以临界值 c 可用样本相关系数的分布来确定。这时，拒绝域为

$$\{|r|>r_\alpha(n-2)\}$$

其中，$r_\alpha(n-2)$ 是样本相关系数分布的分位点。

事实上，对于一元线性回归模型，以上三种检验结果是完全一致的。

由 t 分布与 F 分布的关系 $t^2(n)=F(1,n)$ 可知，t 检验与 F 检验是完全一致的。

另外，因为 $F=\dfrac{S_R^2}{S_\varepsilon^2/(n-2)}=\dfrac{R^2S_T^2}{(1-R^2)S_T^2/(n-2)}=(n-2)\cdot\dfrac{R^2}{1-R^2}$，由此得 $F\geqslant F_\alpha(1,n-2)$ 等价于 $(n-2)\dfrac{R^2}{1-R^2}\geqslant F_\alpha(1,n-2)$，即 $|R|\geqslant\dfrac{1}{\sqrt{1+(n-2)/F_\alpha(1,n-2)}}=r_\alpha$，因此，$r$ 检验与 F 检验也是一致的。

因此，对一元线性回归模型只需要做其中一种检验即可。

4.2.5 预测与控制

经过回归方程的显著性检验认为回归方程 $\hat{y}=\hat{\beta}_0+\hat{\beta}_1x$ 确实能够描述 y 与 x 之间的相关关系后，下一步就是利用回归方程 $\hat{y}=\hat{\beta}_0+\hat{\beta}_1x$ 进行预测和控制。

预测与控制是回归分析的重要应用范畴。**预测**就是对给定的 x 的值 x_0，预测它所对应的 y_0 的估计值以及它的取值范围；**控制**就是当 y 在 $[y_1,y_2]$ 上取值时，如何控制 x 的取值范围。

1. 预测

预测分为**点预测和区间预测**。

1）点预测

点预测是指对给定的 $x=x_0$，根据观测值 $(x_i,y_i)(i=1,2,\cdots,n)$ 预测对应的随机变量 y_0 或 $E(y_0|x=x_0)=\beta_0+\beta_1x_0$ 的值。因为 $E(\hat{y}_0)=\beta_0+\beta_1x_0$，即 $\hat{y}_0$ 是 $E(y_0|x=x_0)$ 的无偏估计量，所以可用 $\hat{y}_0$ 作为 y_0 或 $E(y_0|x=x_0)$ 的点预测值。

2）区间预测

区间预测是指在一定的置信度下，预测随机变量 y_0 或 $E(y_0|x=x_0)$ 的取值范围。我们有以下结论。

定理 4.2.1 在一元线性回归模型 $y=\beta_0+\beta_1x+\varepsilon,\varepsilon\sim N(0,\sigma^2)$ 下，关于 $y_0=\beta_0+\beta_1x_0+\varepsilon_0$ 的置信度为 $1-\alpha$ 的预测区间为

$$[\hat{y}_0-\delta(x_0),\hat{y}_0+\delta(x_0)]$$

其中

$$\hat{y}_0=\hat{\beta}_0+\hat{\beta}_1x_0,\quad \delta(x_0)=\hat{\sigma}\cdot s(x_0)t_{\frac{\alpha}{2}}(n-2)\sqrt{\frac{n}{n-2}}$$

其中

$$s(x_0)=\sqrt{1+\frac{1}{n}+\frac{(x_0-\bar{x})^2}{l_{xx}}}$$

证明 由性质 4.2.1(3)得

$$\hat{y}_0=\hat{\beta}_0+\hat{\beta}_1x_0\sim N\left(\beta_0+\beta_1x_0,\left[\frac{1}{n}+\frac{(x_0-\bar{x})^2}{l_{xx}}\right]\sigma^2\right)$$

又因为

$$y_0 \sim N(\beta_0+\beta_1 x_0,\sigma^2)$$

可得

$$E(\hat{y}_0-y_0)=0$$

已知 $\hat{y}_0=\hat{\beta}_0+\hat{\beta}_1 x_0$，注意到 $\hat{\beta}_0,\hat{\beta}_1$ 都是 $y_1,y_2,\cdots,y_n$ 的线性组合，新值与之前的几个值之间没有相关性，因此，y_0 和 $\hat{y}_0$ 是不相关的，则有 $\operatorname{cov}(\hat{y}_0,y_0)=0$。那么

$$D(\hat{y}_0-y_0)=D(\hat{y}_0)+D(y_0)=\left[1+\frac{1}{n}+\frac{(x_0-\bar{x})^2}{l_{xx}}\right]\sigma^2$$

构造统计量

$$t=\frac{(\hat{y}_0-y_0)/[\sigma s(x_0)]}{\sqrt{n\hat{\sigma}^2/[(n-2)\sigma^2]}}=\frac{\hat{y}_0-y_0}{\hat{\sigma}s(x_0)}\sqrt{\frac{n-2}{n}}\sim t(n-2)$$

给定显著性水平 α，查 t 分布表(附表 B-3)得自由度为 $n-2$ 的临界值 $t_{\frac{\alpha}{2}}(n-2)$，则

$$P\left\{-t_{\frac{\alpha}{2}}(n-2)\leqslant\frac{\hat{y}_0-y_0}{\hat{\sigma}s(x_0)}\sqrt{\frac{n-2}{n}}\leqslant t_{\frac{\alpha}{2}}(n-2)\right\}=1-\alpha$$

或者

$$P\left\{\hat{y}_0-\hat{\sigma}s(x_0)t_{\frac{\alpha}{2}}(n-2)\sqrt{\frac{n}{n-2}}\leqslant y_0\leqslant\hat{y}_0+\hat{\sigma}s(x_0)t_{\frac{\alpha}{2}}(n-2)\sqrt{\frac{n}{n-2}}\right\}=1-\alpha$$

由上述定理可知，在一定置信度下，x_0 越接近 $\bar{x}$，预测精度越高；反之，x_0 偏离 $\bar{x}$ 越远，预测精度越低，样本回归直线的预测能力随之下降。

$x_0\in[x_{(1)},x_{(n)}]$时的预测过程称为**内推预测**，$x_0\notin[x_{(1)},x_{(n)}]$时的预测过程称为**外推预测**，这时的预测结果可能变得很差。其原因是所构造的模型仅反映样本的情况，对总体只是一种近似描述，当所要预测的特定值 x_0 远离样本时，根据原样本拟合的回归直线的预测结果可信度必然下降。所以利用样本回归直线进行预测时，只局限于原来观测数据的变动范围，不得随意外推，尤其是远距离外推，除非有充分的依据证明样本回归模型仍然具有代表性。

当样本容量 n 很大且 x_0 在 $\bar{x}$ 附近时，有

$$t_{\frac{\alpha}{2}}(n-2)\approx z_{\frac{\alpha}{2}},\quad s(x_0)=\sqrt{1+\frac{1}{n}+\frac{(x_0-\bar{x})^2}{l_{xx}}}\approx 1$$

此时 y 的预测区间是

$$(\hat{y}_0-\hat{\sigma}z_{\frac{\alpha}{2}},\hat{y}_0+\hat{\sigma}z_{\frac{\alpha}{2}})$$

在实际问题中，这种情形的预测区间经常使用。

从预测区间的形式可以看出，$\hat{\sigma}$ 越小，预测越精确；l_{xx} 越大，预测越精确；样本容量 n 越大，预测一般越精确。

2. 控制

事实上，控制问题是预测的反问题。在许多实际问题中，我们要求 y 在一定范围内取值。例如，在研究经济增长率时，希望其能保持在 6%～7%；期末考试时，希望学生的通过率达到 90%以上，等等。问题是如何控制影响经济增长或者考试成绩的主要因素 x 呢？统

计学就是讨论如何控制 x 的取值范围，才能以 $1-\alpha$ 的概率保证对应的因变量 y 控制在指定的区间 (y_1, y_2) 内，即

$$P\{y_1 \leqslant y \leqslant y_2 \mid y=\beta_0+\beta_1 x+\varepsilon, x_1<x<x_2\} \geqslant 1-\alpha$$

通常用近似的预测区间来确定 x 的取值区间 (x_1, x_2)。如果样本容量 n 很大，且 x_0 在 $\bar{x}$ 附近，$\hat{\beta}_1>0$ 时，对应的 y 在 $(\hat{y}_0-\hat{\sigma} z_{\frac{\alpha}{2}}, \hat{y}_0+\hat{\sigma} z_{\frac{\alpha}{2}})$ 中。若取 $1-\alpha=0.95$，则 $z_{\frac{\alpha}{2}} \approx 1.96$。此时 y 的预测区间近似为 $(\hat{y}_0-1.96\hat{\sigma}, \hat{y}_0+1.96\hat{\sigma})$，则问题简化为

$$\begin{cases} y_1=\hat{\beta}_0+\hat{\beta}_1 x_1-1.96\hat{\sigma} \\ y_2=\hat{\beta}_0+\hat{\beta}_1 x_2+1.96\hat{\sigma} \end{cases}$$

从中解出

$$\begin{cases} x_1=\dfrac{1}{\hat{\beta}_1}(y_1-\hat{\beta}_0+1.96\hat{\sigma}) \\ x_2=\dfrac{1}{\hat{\beta}_1}(y_2-\hat{\beta}_0-1.96\hat{\sigma}) \end{cases}$$

由此得到 x 的取值区间 (x_1, x_2) $(\hat{\beta}_1>0)$ 或 (x_2, x_1) $(\hat{\beta}_1<0)$。

例 4.2.1 已知某研究获得数据如表 4-1 所示。

表 4-1 回归分析数据 1

x	2.75	2.70	2.69	2.68	2.68	2.67	2.66	2.64	2.63	2.59
y	2.08	2.05	2.05	2.00	2.03	2.03	2.02	1.99	1.99	1.98

要求：

(1) 建立 y 关于 x 的回归方程；

(2) 在显著性水平 $\alpha=0.05$ 时，对 y 和 x 作线性假设显著性检验；

(3) 求在 $x=2.71$ 时，y 的 95%预测区间。

解 (1) 建立回归方程。

根据数据计算得

$$\sum_{i=1}^{10} x_i=26.69, \quad \sum_{i=1}^{10} x_i^2=71.2525, \quad \sum_{i=1}^{10} y_i=20.22, \quad \sum_{i=1}^{10} y_i^2=40.8942$$

$$\sum_{i=1}^{10} x_i y_i=53.9787, \quad l_{xx}=\sum_{i=1}^{10} x_i^2-n\bar{x}^2=0.01689, \quad l_{xy}=\sum_{i=1}^{10} x_i y_i-n\bar{x}\bar{y}=0.01152$$

$$l_{yy}=\sum_{i=1}^{10} y_i^2-n\bar{y}^2=0.00936$$

将其代入式(4.2.6)，得

$$\begin{cases} \hat{\beta}_0=0.20 \\ \hat{\beta}_1=0.68 \end{cases}$$

所求回归方程为

$$\hat{y}=0.20+0.68x$$

(2) 回归方程检验。

需要检验的假设为 $H_0:\beta_1=0, H_1:\beta_1\neq 0$。

假定显著性水平 $\alpha=0.05$，用 t 检验法，拒绝域为 $\{|t|>t_{0.025}(8)\}$。

经计算得 $\hat{\sigma}^2=0.00015, l_{xx}=0.01689, t=\dfrac{\hat{\beta}_1\sqrt{l_{xx}}}{\hat{\sigma}}\times\sqrt{\dfrac{n-2}{n}}=6.47$，查附表 B-3 得 $t_{0.025}(8)=2.3060$，由于 $6.47>2.3060$，落在拒绝域中，因此拒绝域 $H_0:\beta_1=0$，即认为线性回归效果显著。

(3) 根据数据计算得 $\hat{y}_0=\hat{\beta}_0+\hat{\beta}_1x_0=2.04, l_{xx}=0.01689$，代入定理 4.2.1 中的预测区间得 y_0 的预测区间是 $[2.01535, 2.0846]$。

Excel 软件实现

例 4.2.2 某次实验测量了弹簧悬挂不同重量的物体时的长度，所得数据如表 4-2 所示。

表 4-2 弹簧长度和悬挂质量数据

质量 x_i/g	5	10	15	20	25	30
长度 y_i/cm	7.25	8.12	8.95	9.90	10.9	11.8

要求：

(1) 建立 y 关于 x 的回归方程；

(2) 在显著性水平 $\alpha=0.05$ 时，对 y 和 x 作线性假设显著性检验；

(3) 在 $x=16$ 时，求 y 的 95% 预测区间。

解 (1) 求回归方程。

根据题意计算得

$$\bar{x}=\frac{1}{6}\sum_{i=1}^{6}x_i=17.5,\quad \bar{y}=\frac{1}{6}\sum_{i=1}^{6}y_i=9.4867,\quad l_{xx}=\sum_{i=1}^{6}(x_i-\bar{x})^2=437.5$$

$$l_{xy}=\sum_{i=1}^{6}(x_i-\bar{x})(y_i-\bar{y})=80.1,\quad l_{yy}=\sum_{i=1}^{6}(y_i-\bar{y})^2=14.678333$$

将其代入式(4.2.6)，得

$$\hat{\beta}_1=\frac{l_{xy}}{l_{xx}}=0.1831,\quad \hat{\beta}_0=\bar{y}-\hat{\beta}_1\bar{x}=6.28267$$

所以回归方程为

$$\hat{y}=6.28267+0.1831x$$

(2) 用 t 检验法。

检验假设

$$H_0:\beta_1=0,\quad H_1:\beta_1\neq 0$$

检验统计量为

$$t=\frac{\hat{\beta}_1\sqrt{l_{xx}}}{\hat{\sigma}}\times\sqrt{\frac{6-2}{6}}=66.7396$$

其中，$\hat{\sigma}^2=0.002195$。根据显著性水平 $\alpha=0.05$，查附表 B-3 得 $t_{0.025}(6-2)=2.7764$，显然

有 $t>t_{0.025}(4)$。

故拒绝原假设,即弹簧长度和重物质量的线性关系显著。

(3) 在 $x=16$ 时,y 的 95%预测区间为

$$\left(\hat{y}_0-\hat{\sigma}s(x_0)t_{\frac{\alpha}{2}}(n-2)\sqrt{\frac{n}{n-2}},\hat{y}_0+\hat{\sigma}s(x_0)t_{\frac{\alpha}{2}}(n-2)\sqrt{\frac{n}{n-2}}\right)$$

其中,$n=6$,$t_{0.025}(6-2)=2.7764$,$\hat{y}_0|_{x=16}=9.21227$,$s(x_0)=1.0825$,计算可得置信下限为

$$\hat{y}|_{x=x_0}-\hat{\sigma}t_{\frac{\alpha}{2}}(n-2)s(x_0)\sqrt{\frac{n}{n-2}}=9.21227-0.17245\approx 9.04$$

$$\hat{y}|_{x=x_0}+\hat{\sigma}t_{\frac{\alpha}{2}}(n-2)s(x_0)\sqrt{\frac{n}{n-2}}=9.21227+0.17245\approx 9.38$$

Excel 软件实现

故置信区间为[9.04,9.38]。

习题 4.2

(1) 从某大学随机抽取 10 名男生,测得其身高 x(单位:cm)和体重 y(单位:kg)的数值如表 4-3 所示。

表 4-3 身高和体重数值

x/cm	170	173	180	185	168	165	177	165	178	182
y/kg	66	66	68	72	63	62	68	59	69	71

要求:

① 建立 y 关于 x 的回归方程;

② 对回归模型进行检验($\alpha=0.05$);

③ 求回归标准差 $\hat{\sigma}$;

④ 给出回归系数 β_0,β_1 的置信度为 95%的置信区间。

(2) 为调查某广告对销售收入(单位:万元)的影响,某商店记录了 12 个月的销售收入 y 和广告费用 x,数据如表 4-4 所示。

表 4-4 某商店 12 个月的销售收与广告费用 单位:万元

月份	1	2	3	4	5	6	7	8	9	10	11	12
x	2	2	3	4	5	4.5	5.5	7.5	8	9	10	11
y	30	35	40	45	50	55	66	75	85	100	110	120

要求:

① 利用最小二乘法估计参数并求经验线性回归方程;

② 对回归模型进行检验($\alpha=0.05$);

③ 求回归标准差 $\hat{\sigma}$ 和 R^2;

④ 给出回归系数 β_0,β_1 的置信度为 95%的置信区间;

⑤ 当广告费用为 4.2 万元时,预计销售收入将达到多少?并给出置信度为 95%的置信区间。

4.3 多元线性回归分析

4.2 节讨论了一元线性回归分析,但在实际问题中,影响因变量的自变量往往不止一个。例如,成品钢材的需求量主要受经济发展水平、收入水平、产业发展、人民生活水平、能源转换技术等因素的影响,此时就需要考虑多元回归分析问题。本节讨论最简单但又最具有普遍性的多元线性回归分析问题。本书将重点介绍多元线性回归模型及假设、参数的最小二乘估计、回归方程的显著性检验、变量的选择和预测等问题。多元线性回归分析的原理与一元线性回归分析的原理完全相同,但是计算量要大很多,手工计算已不太现实,建议用计算机软件完成计算和分析。

4.3.1 多元线性回归分析模型

假设随机变量 y 和 p 个自变量 $x_1,x_2,\cdots,x_p$ 满足关系式

$$\begin{cases} y=\beta_0+\beta_1x_1+\beta_2x_2+\cdots+\beta_px_p+\varepsilon \\ \varepsilon\sim N(0,\sigma^2) \end{cases} \tag{4.3.1}$$

其中,$\beta_0,\beta_1,\beta_2,\cdots,\beta_p,\sigma^2$ 均为未知参数,且 $p\geqslant 2$,称式(4.3.1)为 **p 元线性回归模型**。自变量 $x_1,x_2,\cdots,x_p$ 是已知的确定性变量,β_0 称为**回归常数**,$\beta_1,\beta_2,\cdots,\beta_p$ 称为**回归系数**,有时也称 β_0 为回归系数,随机变量 y 称为**响应变量或因变量**。

由式(4.3.1)可知

$$E(y)=\beta_0+\beta_1x_1+\beta_2x_2+\cdots+\beta_px_p,D(y)=\sigma^2 \tag{4.3.2}$$

称 $E(y)$ 为 y 关于 $x_1,x_2,\cdots,x_p$ 的**回归函数**,则有

$$y\sim N(\beta_0+\beta_1x_1+\beta_2x_2+\cdots+\beta_px_p,\sigma^2)$$

针对一个实际问题,如果获得 n 组观测数据$(x_{i1},x_{i2},\cdots,x_{ip};y_i)(i=1,2,\cdots,n)$,则线性回归模型(4.3.1)可以表示为

$$\begin{cases} y_1=\beta_0+\beta_1x_{11}+\beta_2x_{12}+\cdots+\beta_px_{1p}+\varepsilon_1 \\ y_2=\beta_0+\beta_1x_{21}+\beta_2x_{22}+\cdots+\beta_px_{2p}+\varepsilon_2 \\ \qquad\vdots \\ y_n=\beta_0+\beta_1x_{n1}+\beta_2x_{n2}+\cdots+\beta_px_{np}+\varepsilon_n \\ \varepsilon_1,\varepsilon_2,\cdots,\varepsilon_n\text{ 独立同分布} \\ \varepsilon_i\sim N(0,\sigma^2),\quad i=1,2,\cdots,n \end{cases} \tag{4.3.3}$$

其中,$\beta_0,\beta_1,\beta_2,\cdots,\beta_p,\sigma^2$ 均为未知参数,则称式(4.3.3)为 **p 元样本线性回归模型**。式(4.3.1)表示的理论线性回归模型和式(4.3.3)表示的样本线性回归模型不加区分统称为 **p 元线性回归模型**。

为方便起见,常采用矩阵表达式来表示多元线性回归模型。记

$$\boldsymbol{Y}=\begin{pmatrix}y_1\\y_2\\\vdots\\y_n\end{pmatrix},\quad \boldsymbol{\beta}=\begin{pmatrix}\beta_0\\\beta_1\\\vdots\\\beta_p\end{pmatrix},\quad \boldsymbol{X}=\begin{pmatrix}1 & x_{11} & \cdots & x_{1p}\\1 & x_{21} & \cdots & x_{2p}\\\vdots & \vdots & & \vdots\\1 & x_{n1} & \cdots & x_{np}\end{pmatrix},\quad \boldsymbol{\varepsilon}=\begin{pmatrix}\varepsilon_1\\\varepsilon_2\\\vdots\\\varepsilon_n\end{pmatrix}$$

则模型(4.3.3)可表示为

$$\begin{cases}\boldsymbol{Y}=\boldsymbol{X}\boldsymbol{\beta}+\boldsymbol{\varepsilon}\\E(\boldsymbol{\varepsilon})=0,D(\boldsymbol{\varepsilon})=\sigma^2\boldsymbol{I}_n\end{cases}$$

或

$$\begin{cases}\boldsymbol{Y}=\boldsymbol{X}\boldsymbol{\beta}+\boldsymbol{\varepsilon}\\\boldsymbol{\varepsilon}\sim N(0,\sigma^2\boldsymbol{I}_n)\end{cases}\tag{4.3.4}$$

其中,$\boldsymbol{X}$ 为已知 $n\times(p+1)$ 的常数矩阵,称为模型的**设计矩阵**;$\boldsymbol{I}_n$ 是 n 阶单位矩阵,一般要求 $n>p+1$,并且 $\boldsymbol{X}$ 是列满秩的,即 $\text{rank}(\boldsymbol{X})=p+1$。

模型(4.3.3)或模型(4.3.4)称为**同方差线性模型**。

从而满足上述条件的多元线性回归模型(4.3.3)或模型(4.3.4)等价于

$$\boldsymbol{Y}=\boldsymbol{X\beta}+\boldsymbol{\varepsilon}\sim N_n(\boldsymbol{X\beta},\sigma^2\boldsymbol{I}_n)\tag{4.3.5}$$

与一元线性回归类似,这里介绍的多元线性回归分析的内容包括:对未知参数做出估计并由此获得线性回归方程;对线性回归效果和回归系数做统计检验;在自变量 $\boldsymbol{x}_0=(x_{01},x_{02},\cdots,x_{0p})'$ 处对相应的因变量 y_0 的取值进行预测等。

4.3.2 模型参数的最小二乘估计

多元线性回归模型中未知参数 $\beta_0,\beta_1,\beta_2,\cdots,\beta_p,\sigma^2$ 的估计与一元线性回归模型中参数估计的原理一样,仍然可以采用最小二乘估计法。

假定随机变量 y 和 p 个自变量 $x_1,x_2,\cdots,x_p$ 之间存在线性相关关系,即满足 p 元线性回归模型(4.3.1),最小二乘估计法就是根据 n 组样本观测值$(x_{i1},x_{i2},\cdots,x_{ip};y_i)$ $(i=1,2,\cdots,n)$,求参数 $\beta_0,\beta_1,\beta_2,\cdots,\beta_p$ 的估计值 $\hat{\beta}_0,\hat{\beta}_1,\hat{\beta}_2,\cdots,\hat{\beta}_p$,使误差平方和

$$Q(\beta_0,\beta_1,\cdots,\beta_p)=\sum_{i=1}^{n}(y_i-\beta_0-\beta_1x_{i1}-\beta_2x_{i2}-\cdots-\beta_px_{ip})^2\tag{4.3.6}$$

达到最小,即寻求 $\hat{\beta}_0,\hat{\beta}_1,\hat{\beta}_2,\cdots,\hat{\beta}_p$,满足

$$\begin{aligned}Q(\hat{\beta}_0,\hat{\beta}_1,\cdots,\hat{\beta}_p)&=(\boldsymbol{Y}-\boldsymbol{X}\hat{\boldsymbol{\beta}})'(\boldsymbol{Y}-\boldsymbol{X}\hat{\boldsymbol{\beta}})\\&=\sum_{i=1}^{n}(y_i-\hat{\beta}_0-\hat{\beta}_1x_{i1}-\hat{\beta}_2x_{i2}-\cdots-\hat{\beta}_px_{ip})^2\\&=\min_{\beta_0,\beta_1,\cdots,\beta_p}\sum_{i=1}^{n}(y_i-\beta_0-\beta_1x_{i1}-\beta_2x_{i2}-\cdots-\beta_px_{ip})^2\end{aligned}\tag{4.3.7}$$

根据式(4.3.7)求出的 $\hat{\beta}_0,\hat{\beta}_1,\hat{\beta}_2,\cdots,\hat{\beta}_p$ 称为参数 $\beta_0,\beta_1,\beta_2,\cdots,\beta_p$ 的最小二乘估计。由式(4.3.7)可知求 $\hat{\beta}_0,\hat{\beta}_1,\hat{\beta}_2,\cdots,\hat{\beta}_p$ 是一个求极值的问题,由于 Q 是关于 $\beta_0,\beta_1,\beta_2,\cdots,\beta_p$ 的非负二次函数,因此它的极小值总存在。由极值原理,$\hat{\beta}_0,\hat{\beta}_1,\hat{\beta}_2,\cdots,\hat{\beta}_p$ 应满足下面的方程组:

$$\begin{cases}\dfrac{\partial Q}{\partial \beta_0}=-2\sum\limits_{i=1}^{n}(y_i-\beta_0-\beta_1x_{i1}-\beta_2x_{i2}-\cdots-\beta_px_{ip})=0\\ \dfrac{\partial Q}{\partial \beta_1}=-2\sum\limits_{i=1}^{n}(y_i-\beta_0-\beta_1x_{i1}-\beta_2x_{i2}-\cdots-\beta_px_{ip})x_{i1}=0\\ \dfrac{\partial Q}{\partial \beta_2}=-2\sum\limits_{i=1}^{n}(y_i-\beta_0-\beta_1x_{i1}-\beta_2x_{i2}-\cdots-\beta_px_{ip})x_{i2}=0\\ \qquad\vdots\\ \dfrac{\partial Q}{\partial \beta_p}=-2\sum\limits_{i=1}^{n}(y_i-\beta_0-\beta_1x_{i1}-\beta_2x_{i2}-\cdots-\beta_px_{ip})x_{ip}=0\end{cases}$$

经过整理得到下面的**正规方程组**：

$$\begin{cases}n\beta_0+\beta_1\sum\limits_{i=1}^{n}x_{i1}+\beta_2\sum\limits_{i=1}^{n}x_{i2}+\cdots+\beta_p\sum\limits_{i=1}^{n}x_{ip}=\sum\limits_{i=1}^{n}y_i\\ \beta_0\sum\limits_{i=1}^{n}x_{i1}+\beta_1\sum\limits_{i=1}^{n}x_{i1}^2+\beta_2\sum\limits_{i=1}^{n}x_{i1}x_{i2}+\cdots+\beta_p\sum\limits_{i=1}^{n}x_{i1}x_{ip}=\sum\limits_{i=1}^{n}x_{i1}y_i\\ \beta_0\sum\limits_{i=1}^{n}x_{i2}+\beta_1\sum\limits_{i=1}^{n}x_{i1}x_{i2}+\beta_2\sum\limits_{i=1}^{n}x_{i2}^2+\cdots+\beta_p\sum\limits_{i=1}^{n}x_{i2}x_{ip}=\sum\limits_{i=1}^{n}x_{i2}y_i\\ \qquad\vdots\\ \beta_0\sum\limits_{i=1}^{n}x_{ip}+\beta_1\sum\limits_{i=1}^{n}x_{i1}x_{ip}+\beta_2\sum\limits_{i=1}^{n}x_{i2}x_{ip}+\cdots+\beta_p\sum\limits_{i=1}^{n}x_{ip}^2=\sum\limits_{i=1}^{n}x_{ip}y_i\end{cases}$$

正规方程组的解 $\hat{\beta}_0,\hat{\beta}_1,\hat{\beta}_2,\cdots,\hat{\beta}_p$ 就是 $\beta_0,\beta_1,\beta_2,\cdots,\beta_p$ 的最小二乘估计。

下面用矩阵形式表示正规方程组。

由于

$$\boldsymbol{X}'\boldsymbol{X}=\begin{pmatrix}n & \sum\limits_{i=1}^{n}x_{i1} & \sum\limits_{i=1}^{n}x_{i2} & \cdots & \sum\limits_{i=1}^{n}x_{ip}\\ \sum\limits_{i=1}^{n}x_{i1} & \sum\limits_{i=1}^{n}x_{i1}^2 & \sum\limits_{i=1}^{n}x_{i1}x_{i2} & \cdots & \sum\limits_{i=1}^{n}x_{i1}x_{ip}\\ \vdots & \vdots & \vdots & & \vdots\\ \sum\limits_{i=1}^{n}x_{ip} & \sum\limits_{i=1}^{n}x_{ip}x_{i1} & \sum\limits_{i=1}^{n}x_{ip}x_{i2} & \cdots & \sum\limits_{i=1}^{n}x_{ip}^2\end{pmatrix}$$

$$\boldsymbol{X}'\boldsymbol{Y}=\begin{pmatrix}1 & 1 & 1 & \cdots & 1\\ x_{11} & x_{21} & x_{31} & \cdots & x_{n1}\\ \vdots & \vdots & \vdots & & \vdots\\ x_{1p} & x_{2p} & x_{3p} & \cdots & x_{np}\end{pmatrix}\begin{pmatrix}y_1\\ y_2\\ \vdots\\ y_n\end{pmatrix}=\begin{pmatrix}\sum\limits_{i=1}^{n}y_i\\ \sum\limits_{i=1}^{n}x_{i1}y_i\\ \vdots\\ \sum\limits_{i=1}^{n}x_{ip}y_i\end{pmatrix}$$

因此，正规方程组可以表示为

$$\boldsymbol{X}'\boldsymbol{X}\boldsymbol{\beta}=\boldsymbol{X}'\boldsymbol{Y}$$

由于 $\mathrm{rank}(\boldsymbol{X})=p+1$，故 $\boldsymbol{X}'\boldsymbol{X}$ 的逆矩阵 $(\boldsymbol{X}'\boldsymbol{X})^{-1}$ 存在，由此得 $\beta_0,\beta_1,\beta_2,\cdots,\beta_p$ 的唯一解为

$$\hat{\boldsymbol{\beta}}=(\boldsymbol{X}'\boldsymbol{X})^{-1}\boldsymbol{X}'\boldsymbol{Y} \tag{4.3.8}$$

可以证明式(4.3.8)确定的 $\hat{\boldsymbol{\beta}}$ 确实是 $Q(\beta_0,\beta_1,\beta_2,\cdots,\beta_p)$ 的最小值点，因此 $\hat{\boldsymbol{\beta}}$ 是 $\boldsymbol{\beta}$ 的最小二乘估计。称 $\hat{y}=\hat{\beta}_0+\hat{\beta}_1x_1+\hat{\beta}_2x_2+\cdots+\hat{\beta}_px_p$ 为**经验线性回归方程**，称 $e_i=y_i-(\hat{\beta}_0+\hat{\beta}_1x_{i1}+\cdots+\hat{\beta}_px_{ip})(i=1,2,\cdots,n)$ 为**残差**，称 $S_\varepsilon^2=Q(\hat{\boldsymbol{\beta}})=\sum_{i=1}^{n}e_i^2$ 为**残差平方和**。

类似于一元线性回归分析的情形，我们有 $E(S_\varepsilon^2)=(n-p-1)\sigma^2$。证明如下。

由于被解释变量的估计值与观测值之间的残差

$$\begin{aligned}\boldsymbol{e}&=\boldsymbol{Y}-\boldsymbol{X}\hat{\boldsymbol{\beta}}\\&=\boldsymbol{X}\boldsymbol{\beta}+\boldsymbol{\varepsilon}-\boldsymbol{X}(\boldsymbol{X}'\boldsymbol{X})^{-1}\boldsymbol{X}'(\boldsymbol{X}\boldsymbol{\beta}+\boldsymbol{\varepsilon})\\&=\boldsymbol{\varepsilon}-\boldsymbol{X}(\boldsymbol{X}'\boldsymbol{X})^{-1}\boldsymbol{X}'\boldsymbol{\varepsilon}\\&=[\boldsymbol{I}-\boldsymbol{X}(\boldsymbol{X}'\boldsymbol{X})^{-1}\boldsymbol{X}']\boldsymbol{\varepsilon}\\&=\boldsymbol{M}\boldsymbol{\varepsilon}\end{aligned}$$

因为 $\boldsymbol{M}=\boldsymbol{I}-\boldsymbol{X}(\boldsymbol{X}'\boldsymbol{X})^{-1}\boldsymbol{X}'$ 为对称等幂矩阵，即

$$\boldsymbol{M}=\boldsymbol{M}'$$

$$\boldsymbol{M}^2=\boldsymbol{M}'\boldsymbol{M}=\boldsymbol{M}$$

所以得 $\boldsymbol{e}$ 的方差——协方差矩阵为

$$\boldsymbol{E}(\boldsymbol{e}\boldsymbol{e}')=\boldsymbol{E}(\boldsymbol{M}\boldsymbol{\varepsilon}\boldsymbol{\varepsilon}'\boldsymbol{M}')=\boldsymbol{E}(\boldsymbol{M}(\boldsymbol{\varepsilon}\boldsymbol{\varepsilon}')\boldsymbol{M}')=\boldsymbol{M}\boldsymbol{E}(\boldsymbol{\varepsilon}\boldsymbol{\varepsilon}')\boldsymbol{M}'=\sigma^2\boldsymbol{M}\boldsymbol{M}'=\sigma^2\boldsymbol{M}$$

由于 $\sum_{i=1}^{n}e_i^2=\boldsymbol{e}'\boldsymbol{e}=tr(\boldsymbol{e}\boldsymbol{e}')$，所以

$$\begin{aligned}E\left(\sum_{i=1}^{n}e_i^2\right)&=E(\boldsymbol{e}'\boldsymbol{e})=E(tr(\boldsymbol{e}\boldsymbol{e}'))=tr(\sigma^2\boldsymbol{M})\\&=tr[\sigma^2(\boldsymbol{I}_n-\boldsymbol{X}(\boldsymbol{X}'\boldsymbol{X})^{-1}\boldsymbol{X}')]\\&=\sigma^2tr(\boldsymbol{I}_n-\boldsymbol{X}(\boldsymbol{X}'\boldsymbol{X})^{-1}\boldsymbol{X}')\\&=\sigma^2\{tr(\boldsymbol{I}_n)-tr[\boldsymbol{X}(\boldsymbol{X}'\boldsymbol{X})^{-1}\boldsymbol{X}']\}\\&=\sigma^2\{tr(\boldsymbol{I}_n)-tr[(\boldsymbol{X}'\boldsymbol{X})^{-1}\boldsymbol{X}'\boldsymbol{X}]\}\\&=\sigma^2(n-p-1)\end{aligned}$$

其中，符号“tr”表示矩阵的迹，其定义为矩阵主对角线元素的和。于是

$$\sigma^2=\frac{E(S_\varepsilon^2)}{n-p-1}$$

因此，参数 σ^2 的无偏估计量为 $\hat{\sigma}^2=\dfrac{S_\varepsilon^2}{n-p-1}$。

最小二乘估计具有以下性质。

性质 4.3.1（线性） 估计量$\hat{\boldsymbol{\beta}}$是随机变量 y 的线性变换。

证明 由于$\hat{\boldsymbol{\beta}}=(\boldsymbol{X}'\boldsymbol{X})^{-1}\boldsymbol{X}'\boldsymbol{Y}$，而 $\boldsymbol{X}$ 是固定的设计矩阵，因此$\hat{\boldsymbol{\beta}}$是随机变量 y 的线性变换。

性质 4.3.2（无偏性） 估计量$\hat{\boldsymbol{\beta}}$是$\boldsymbol{\beta}$的无偏估计。

证明 由于

$$E(\hat{\boldsymbol{\beta}})=E((\boldsymbol{X}'\boldsymbol{X})^{-1}\boldsymbol{X}'\boldsymbol{Y})=(\boldsymbol{X}'\boldsymbol{X})^{-1}\boldsymbol{X}'E(\boldsymbol{Y})$$
$$=(\boldsymbol{X}'\boldsymbol{X})^{-1}\boldsymbol{X}'E(\boldsymbol{X\beta}+\boldsymbol{\varepsilon})=(\boldsymbol{X}'\boldsymbol{X})^{-1}\boldsymbol{X}'\boldsymbol{X\beta}=\boldsymbol{\beta}$$

因此$\hat{\boldsymbol{\beta}}$是$\boldsymbol{\beta}$的无偏估计。

这两个性质与一元线性回归模型中估计$\hat{\beta}_0$和$\hat{\beta}_1$的线性性质和无偏性质完全相同。

性质 4.3.3 $D(\hat{\boldsymbol{\beta}})=(\boldsymbol{X}'\boldsymbol{X})^{-1}\sigma^2$。

证明

$$\begin{aligned}D(\hat{\boldsymbol{\beta}})&=\operatorname{cov}(\hat{\boldsymbol{\beta}},\hat{\boldsymbol{\beta}})=\operatorname{cov}((\boldsymbol{X}'\boldsymbol{X})^{-1}\boldsymbol{X}'\boldsymbol{Y},(\boldsymbol{X}'\boldsymbol{X})^{-1}\boldsymbol{X}'\boldsymbol{Y})\\&=(\boldsymbol{X}'\boldsymbol{X})^{-1}\boldsymbol{X}'\operatorname{cov}(\boldsymbol{Y},\boldsymbol{Y})\boldsymbol{X}(\boldsymbol{X}'\boldsymbol{X})^{-1}\\&=(\boldsymbol{X}'\boldsymbol{X})^{-1}\boldsymbol{X}'\sigma^2\boldsymbol{X}(\boldsymbol{X}'\boldsymbol{X})^{-1}\\&=(\boldsymbol{X}'\boldsymbol{X})^{-1}\sigma^2\end{aligned}$$

性质 4.3.4 在 p 元线性回归模型(4.3.1)中有

(1) $\hat{\boldsymbol{\beta}}\sim N(\boldsymbol{\beta},(\boldsymbol{X}'\boldsymbol{X})^{-1}\sigma^2)$，$\hat{\beta}_i\sim N(\beta_i,c_{ii}\sigma^2)$，其中 $c_{ii}(i=1,2,\cdots,p)$是矩阵$(\boldsymbol{X}'\boldsymbol{X})^{-1}$对角线上的第 $i+1$ 个元素。

(2) $\dfrac{(n-p-1)\hat{\sigma}^2}{\sigma^2}\sim\chi^2(n-p-1)$，且$\hat{\sigma}^2$与$\hat{\boldsymbol{\beta}}=(\hat{\beta}_0,\hat{\beta}_1,\cdots,\hat{\beta}_p)'$相互独立。

证明 略。

由性质 4.3.4 可知，$\hat{\boldsymbol{\beta}}$和$\hat{\sigma}^2$分别是$\boldsymbol{\beta}$和σ^2的无偏估计。

定理 4.3.1 $\hat{\boldsymbol{\beta}}$在所有$\boldsymbol{\beta}$的线性无偏估计中方差最小。

证明 设$\boldsymbol{\beta}^*$为$\boldsymbol{\beta}$的另一个关于$\boldsymbol{Y}$的线性无偏估计式，可知$\boldsymbol{\beta}^*=\boldsymbol{AY}$($\boldsymbol{A}$ 为常数矩阵)。由无偏性可得

$$E(\boldsymbol{\beta}^*)=E(\boldsymbol{AY})=E(\boldsymbol{A}(\boldsymbol{X\beta}+\boldsymbol{\varepsilon}))=E(\boldsymbol{AX\beta})+\boldsymbol{A}E(\boldsymbol{\varepsilon})=\boldsymbol{AX}E(\boldsymbol{\beta})=\boldsymbol{\beta}$$

所以必须有约束条件$\boldsymbol{AX}=\boldsymbol{I}$。要证明最小二乘法估计式的方差$D(\hat{\beta}_i)$小于其他线性无偏估计式的方差$D(\beta_i^*)$，只要证明协方差矩阵之差$E((\boldsymbol{\beta}^*-\boldsymbol{\beta})(\boldsymbol{\beta}^*-\boldsymbol{\beta})')-E((\hat{\boldsymbol{\beta}}-\boldsymbol{\beta})(\hat{\boldsymbol{\beta}}-\boldsymbol{\beta})')$为半正定矩阵。

因为$\boldsymbol{\beta}^*-\boldsymbol{\beta}=\boldsymbol{AY}-\boldsymbol{\beta}=\boldsymbol{A}(\boldsymbol{X\beta}+\boldsymbol{\varepsilon})-\boldsymbol{\beta}=\boldsymbol{AX\beta}+\boldsymbol{A\varepsilon}-\boldsymbol{\beta}=\boldsymbol{\beta}+\boldsymbol{A\varepsilon}-\boldsymbol{\beta}=\boldsymbol{A\varepsilon}$，所以

$$E((\boldsymbol{\beta}^*-\boldsymbol{\beta})(\boldsymbol{\beta}^*-\boldsymbol{\beta})')=E((\boldsymbol{A\varepsilon})(\boldsymbol{A\varepsilon})')=E(\boldsymbol{A\varepsilon\varepsilon}'\boldsymbol{A}')=\boldsymbol{A}E(\boldsymbol{\varepsilon\varepsilon}')\boldsymbol{A}'=\boldsymbol{AA}'\sigma^2$$

从而

$$\begin{aligned}&E((\boldsymbol{\beta}^*-\boldsymbol{\beta})(\boldsymbol{\beta}^*-\boldsymbol{\beta})')-E((\hat{\boldsymbol{\beta}}-\boldsymbol{\beta})(\hat{\boldsymbol{\beta}}-\boldsymbol{\beta})')\\&=\boldsymbol{AA}'\sigma^2-(\boldsymbol{X}'\boldsymbol{X})^{-1}\sigma^2\\&=(\boldsymbol{AA}'-(\boldsymbol{X}'\boldsymbol{X})^{-1})\sigma^2\end{aligned}$$

由于

$$
\begin{aligned}
&(\boldsymbol{A}-(\boldsymbol{X}'\boldsymbol{X})^{-1}\boldsymbol{X}')(\boldsymbol{A}-(\boldsymbol{X}'\boldsymbol{X})^{-1}\boldsymbol{X}')' \\
=&(\boldsymbol{A}-(\boldsymbol{X}'\boldsymbol{X})^{-1}\boldsymbol{X}')(\boldsymbol{A}'-\boldsymbol{X}(\boldsymbol{X}'\boldsymbol{X})^{-1}) \\
=&\boldsymbol{A}\boldsymbol{A}'-(\boldsymbol{X}'\boldsymbol{X})^{-1}\boldsymbol{X}'\boldsymbol{A}'-\boldsymbol{A}\boldsymbol{X}(\boldsymbol{X}'\boldsymbol{X})^{-1}+(\boldsymbol{X}'\boldsymbol{X})^{-1}\boldsymbol{X}'\boldsymbol{X}(\boldsymbol{X}'\boldsymbol{X})^{-1} \\
=&\boldsymbol{A}\boldsymbol{A}'-(\boldsymbol{X}'\boldsymbol{X})^{-1}
\end{aligned}
$$

且 $\boldsymbol{A}\boldsymbol{A}'-(\boldsymbol{X}'\boldsymbol{X})^{-1}$ 是对称的实矩阵，令 $\boldsymbol{A}-(\boldsymbol{X}'\boldsymbol{X})^{-1}\boldsymbol{X}'=\boldsymbol{D}$，则

$$\boldsymbol{D}\boldsymbol{D}'=\boldsymbol{A}\boldsymbol{A}'-(\boldsymbol{X}'\boldsymbol{X})^{-1}$$

由线性代数可知，$\boldsymbol{D}\boldsymbol{D}'$ 为半正定矩阵，即 $\boldsymbol{A}\boldsymbol{A}'-(\boldsymbol{X}'\boldsymbol{X})^{-1}$ 为半正定矩阵。由于半正定矩阵对角线元素非负，因此有

$$D(\beta_i^*)\geqslant D(\hat{\beta}_i),\quad i=1,2,\cdots,n$$

4.3.3 回归方程的显著性检验

与一元线性回归分析类似，在求回归方程之前必须先解决 y 与 p 个自变量 $x_1,x_2,\cdots,x_p$ 之间是否存在线性相关的问题。这个问题可以归结为自变量 $x_1,x_2,\cdots,x_p$ 从整体上对随机变量 y 是否有显著影响，也就是检验 p 个回归系数 $\beta_1,\beta_2,\cdots,\beta_p$ 是否全为0。若全为0，则认为线性关系不显著；若不全为0，则认为线性关系显著。为此，需检验假设 H_0：$\beta_1=\beta_2=\cdots=\beta_p=0$，$H_1$：$\beta_1,\beta_2,\cdots,\beta_p$ 至少有一个不为0。

检验 H_0 需要用到以下的分解公式和检验原理。

性质 4.3.5（分解公式） $S_T^2=S_R^2+S_\varepsilon^2$。其中 $S_T^2=\sum_{i=1}^{n}(y_i-\bar{y})^2$，$S_R^2=\sum_{i=1}^{n}(\hat{y}_i-\bar{y})^2$ 分别表示总离差平方和，回归平方和；$S_\varepsilon^2=\sum_{i=1}^{n}(y_i-\hat{y}_i)^2$ 表示残差平方和。

证明 与一元线性回归模型的平方和分解公式的证明类似，关键需要证明

$$\sum_{i=1}^{n}(y_i-\hat{y}_i)(\hat{y}_i-\bar{y})=\sum_{i=1}^{n}(y_i-\hat{y}_i)\hat{y}_i=0$$

设 $\hat{\boldsymbol{\beta}}=(\hat{\beta}_0,\hat{\beta}_1,\cdots,\hat{\beta}_p)'$，$\hat{\boldsymbol{Y}}=(\hat{y}_1,\hat{y}_2,\cdots,\hat{y}_n)'$。因为

$$
\begin{aligned}
\sum_{i=1}^{n}(y_i-\hat{y}_i)\hat{y}_i&=\hat{\boldsymbol{Y}}'(\boldsymbol{Y}-\hat{\boldsymbol{Y}})=\hat{\boldsymbol{Y}}'\boldsymbol{Y}-\boldsymbol{Y}'\boldsymbol{H}'\boldsymbol{H}\boldsymbol{Y} \\
&=\hat{\boldsymbol{Y}}'\boldsymbol{Y}-\boldsymbol{Y}'\boldsymbol{H}'\boldsymbol{Y}=\hat{\boldsymbol{Y}}'\boldsymbol{Y}-\hat{\boldsymbol{Y}}'\boldsymbol{Y}=\boldsymbol{0}
\end{aligned}
$$

其中，

$$\boldsymbol{H}=\boldsymbol{X}(\boldsymbol{X}'\boldsymbol{X})^{-1}\boldsymbol{X}',\quad \hat{\boldsymbol{Y}}=\boldsymbol{X}\hat{\boldsymbol{\beta}}=\boldsymbol{X}(\boldsymbol{X}'\boldsymbol{X})^{-1}\boldsymbol{X}'\boldsymbol{Y}=\boldsymbol{H}\boldsymbol{Y},\quad \boldsymbol{H}^2=\boldsymbol{H},\boldsymbol{H}'=\boldsymbol{H}$$

所以，分解公式 $S_T^2=S_R^2+S_\varepsilon^2$ 成立。

性质 4.3.6 在 p 元线性回归模型(4.3.1)中有

(1) 在 H_0：$\beta_1=\beta_2=\cdots=\beta_p=0$ 条件下，S_R^2 与 S_ε^2 相互独立；

(2) 在 H_0：$\beta_1=\beta_2=\cdots=\beta_p=0$ 条件下，$\dfrac{S_T^2}{\sigma^2}\sim\chi^2(n-1)$，$\dfrac{S_R^2}{\sigma^2}\sim\chi^2(p)$。

证明 略。

根据以上两个性质，构造检验统计量

$$F=\frac{S_R^2/p}{S_\varepsilon^2/(n-p-1)}$$

当 $H_0:\beta_1=\beta_2=\cdots=\beta_p=0$ 成立时，$F\sim F(p,n-p-1)$。当 H_0 不成立时，F 有偏大的趋势。因此，对于给定的显著性水平 α，当 $F\geqslant F_\alpha(p,n-p-1)$时，拒绝 H_0，认为在显著性水平 α 下，y 与 $x_1,x_2,\cdots,x_p$ 之间存在显著的线性相关关系；当 $F<F_\alpha(p,n-p-1)$时，接受 H_0，认为在显著性水平 α 下，y 与 $x_1,x_2,\cdots,x_p$ 之间不存在显著的线性相关关系，所以其拒绝域为$\{F>F_\alpha(p,n-p-1)\}$。

此方法称为 ***F* 检验法**。

另外，还可利用回归平方和 S_R^2 在总离差平方和 S_T^2 中所占比例大小衡量 $x_1,x_2,\cdots,x_p$ 的线性函数对 y 的影响程度。称

$$R=\sqrt{\frac{S_R^2}{S_T^2}}=\sqrt{\frac{\sum_{i=1}^{n}(\hat{y}_i-\bar{y})^2}{\sum_{i=1}^{n}(y_i-\bar{y})^2}}$$

为**多元相关系数**或**复相关系数**；称 $R^2=\frac{S_R^2}{S_T^2}=1-\frac{S_\varepsilon^2}{S_T^2}$为**样本决定系数**。它们的取值都在[0,1]内。R^2 越接近 1，表明线性回归部分对 y 的影响越大；R^2 越接近 0，表明线性回归部分对 y 的影响越小。一般地，当$|R|>0.8$ 时，建立的线性回归方程是有效的。与 F 检验相比，R^2 可以更清楚地反映 y 受线性回归函数部分的影响大小，所以，选择 R 为检验统计量，H_0 的拒绝域为$\{R>r_\alpha(n-p-1)\}$。

此方法称为 ***R* 检验法**。

4.3.4 变量的选择

对一个实际问题，在建立多元线性回归方程时，如何从众多的解释变量 $x_i(i=1,2,\cdots,p)$中选择出主要变量呢？列出所有影响响应变量 y 的解释变量固然很好，但是，当解释变量个数很多时，参数估计的计算量就会相当大，并且过多的解释变量容易导致变量之间的多重相关性和信息重叠。因此，需要从众多的解释变量中筛选出主要的解释变量。同时，还要注意到，如果遗漏了某些重要的解释变量，建立的回归方程效果肯定不佳。所以回归解释变量的选择非常重要。

解释变量的选择通常有以下几个准则。

1. 修正的决定系数达到最大

修正的决定系数 $R_a^2=1-\frac{n-1}{n-m-1}(1-R^2)$，其中，$m$ 表示选出来的变量个数。

2. 信息量 AIC 达到最小

$$\mathrm{AIC}=-2\ln L(\hat{\theta}_L, y)+2m$$

其中，模型的似然函数为 $L(\theta, y)$，随机样本 $\boldsymbol{y}=(y_1, y_2, \cdots, y_n)'$，$\theta$ 的维数为 m，$\hat{\theta}_L$ 表示参数 θ 的最大似然估计。

3. C_m 统计量达到最小

$$C_m=(n-p-1)\frac{(S_{\varepsilon}^2)_m}{(S_{\varepsilon}^2)_p}-n+2m$$

其中，m 表示选出来的变量个数，p 表示全部变量的个数。

除此之外，还有一些准则就不再一一列举了。

另外，变量选择的一个重要环节是对每个解释变量 $x_i(i=1,2,\cdots,p)$ 进行显著性检验，如果某个解释变量 x_i 对 y 的作用不显著，那么在回归方程中，它的系数 β_i 就近似为 0。因此提出假设

$$H_{0i}:\beta_i=0, \quad H_{1i}:\beta_i\neq 0 \quad (i=1,2,\cdots,p) \tag{4.3.9}$$

要检验上述假设，需要用到下面的性质。

性质 4.3.7 在模型(4.3.1)的假设下，$\hat{\boldsymbol{\beta}}=(\boldsymbol{X}'\boldsymbol{X})^{-1}\boldsymbol{X}'\boldsymbol{Y}\sim N_{p+1}(\boldsymbol{\beta}, \sigma^2(\boldsymbol{X}'\boldsymbol{X})^{-1})$。

证明 由性质 4.3.1、性质 4.3.2、性质 4.3.3 可得。

假设 $c_{ii}(i=1,2,\cdots,p)$ 表示矩阵 $\boldsymbol{C}=(\boldsymbol{X}'\boldsymbol{X})^{-1}=(c_{ij})_{(p+1)\times(p+1)}$ 中对角线上 $i+1$ 的元素，则由性质 4.3.4 可知 $\hat{\beta}_i\sim N(\beta_i, c_{ii}\sigma^2)$，即在 H_{0i} 成立时，$\dfrac{\hat{\beta}_i}{\sigma\sqrt{c_{ii}}}\sim N(0,1)$。为此，要检验假设(4.3.9)，可以使用以下 t 检验法。

检验统计量为 $T_i=\dfrac{\hat{\beta}_i}{\hat{\sigma}\sqrt{c_{ii}}}$，拒绝域为 $\{|t_i|>t_{\frac{\alpha}{2}}(n-p-1)\}$。

也可以使用 F 检验法。

检验统计量为 $F_i=\dfrac{\hat{\beta}_i^2}{\hat{\sigma}^2 c_{ii}}$，拒绝域为 $\{f_i>F_{\alpha}(1, n-p-1)\}$，其中 $\hat{\sigma}^2=\dfrac{S_{\varepsilon}^2}{n-p-1}$。

实际上，这两种检验法是等价的。

变量的选择常常使用逐步回归法，其基本思想是：将解释变量一个一个地引入方程中，每当引入一个新的解释变量，都要对已选入的解释变量逐个进行 t 检验或 F 检验，当原有的解释量由于新解释变量的引入而变得不再显著时，要将其剔除。这个过程需要反复进行，直至既无显著解释变量引入又无不显著的解释变量从回归方程中剔除为止。

例如，对经验线性回归模型 $\hat{y}=\hat{\beta}_0+\hat{\beta}_1 x_1+\cdots+\hat{\beta}_p x_p$，如果假设式(4.3.9)的检验结果是接受 H_{0i}，即 $\beta_i=0$，则应将 x_i 从 $\hat{y}=\hat{\beta}_0+\hat{\beta}_1 x_1+\cdots+\hat{\beta}_p x_p$ 中剔除，重新用最小二乘法估计回归系数，建立新的回归方程

$$\hat{y}=\hat{\beta}_0^*+\hat{\beta}_1^* x_1+\cdots+\hat{\beta}_{i-1}^* x_{i-1}+\hat{\beta}_{i+1}^* x_{i+1}+\cdots+\hat{\beta}_p^* x_p$$

这时新回归方程的系数与原来回归方程的系数有以下关系：

$$\hat{\beta}_j^*=\hat{\beta}_j-\frac{c_{ij}}{c_{ii}}\hat{\beta}_i \quad (j\neq i, j=0,1,\cdots,p)$$

注意：在剔除不显著解释变量时，考虑到解释变量之间的相互作用对响应变量 y 的影响，每次只剔除一个解释变量。如果有几个解释变量检验都不显著，则先剔除其中 t_i 值最小的那个解释变量。当剔除 x_i 建立新的回归方程后，还必须对剩余的 $p-1$ 个解释变量 $x_1,x_2,\cdots,x_{i-1},x_{i+1},\cdots,x_p$ 再用上述方法检验它们的显著性。如果不显著，还需逐个剔除直至保留下的解释变量都对 y 有显著的作用为止。

在逐步回归中需要注意的是引入解释变量和剔除解释变量的显著性水平 α 是不同的，通常要求引入解释变量的显著性水平小于剔除解释变量的显著性水平，否则可能陷入"死"循环。

4.3.5 预测

多元线性回归方程通常用于预测。与一元线性回归的情形类似，预测分为点预测和区间预测。

1. 点预测

由多元线性回归模型(4.3.1)可知，当给定点 $\boldsymbol{x}_0=(1,x_{01},x_{02},\cdots,x_{0p})'$ 时，对应的随机变量 $\boldsymbol{Y}_0=\boldsymbol{y}_0+\boldsymbol{\varepsilon}_0$，其中 $\boldsymbol{\varepsilon}_0\sim N(\boldsymbol{0},\sigma^2)$，$\boldsymbol{y}_0=E(\boldsymbol{Y}_0\mid \boldsymbol{x}=\boldsymbol{x}_0)=\boldsymbol{x}_0'\boldsymbol{\beta}$，$\boldsymbol{Y}_0$，$\boldsymbol{y}_0$ 的预测值都选择为点估计值 $\hat{\boldsymbol{y}}_0=\boldsymbol{x}_0'\hat{\boldsymbol{\beta}}$。注意，可选择一般或最佳回归方程进行预测。如果选择一般的多元线性回归方程进行预测，当变量个数 p 较大时，其计算量比较大。因为解释变量较少时，全方程是最优方程，但当涉及的解释变量的数目较多($\geqslant 5$)时，很少有最优的方程。

2. 区间预测

区间预测需要用到下面的结论。

性质 4.3.8 记 $\boldsymbol{x}_0'=(1,x_{01},x_{02},\cdots,x_{0p})$，则 $\hat{\boldsymbol{y}}_0=\boldsymbol{x}_0'\hat{\boldsymbol{\beta}}\sim N(\boldsymbol{x}_0'\boldsymbol{\beta},\sigma^2(\boldsymbol{x}_0'(\boldsymbol{X}'\boldsymbol{X})^{-1}\boldsymbol{x}_0))$，其中 $\boldsymbol{x}_0'(\boldsymbol{X}'\boldsymbol{X})^{-1}\boldsymbol{x}_0$ 是关于 $\boldsymbol{x}_0$ 的二次型，假定它是正定的。

性质 4.3.9 在一般的多元线性回归模型的假定下，有

$$\boldsymbol{Y}_0-\hat{\boldsymbol{y}}_0\sim N(\boldsymbol{0},\sigma^2(\boldsymbol{1}+(\boldsymbol{x}_0'(\boldsymbol{X}'\boldsymbol{X})^{-1}\boldsymbol{x}_0)))$$

根据性质 4.3.9，不妨令 $s(\boldsymbol{x}_0)=\sqrt{1+(\boldsymbol{x}_0'(\boldsymbol{X}'\boldsymbol{X})^{-1}\boldsymbol{x}_0)}$，由此得到 $\dfrac{\boldsymbol{Y}_0-\hat{\boldsymbol{y}}_0}{\sigma\cdot s(\boldsymbol{x}_0)}\sim N(0,1)$。对未知参数 σ，用 $\hat{\sigma}$ 替代，得到 $\dfrac{\boldsymbol{Y}_0-\hat{\boldsymbol{y}}_0}{\hat{\sigma}\cdot s(\boldsymbol{x}_0)}\sim t(n-p-1)$。于是，关于 $\boldsymbol{Y}_0$ 的置信度为 $1-\alpha$ 的预测区间为

$$(\hat{\boldsymbol{y}}_0-\delta(\boldsymbol{x}_0),\hat{\boldsymbol{y}}_0+\delta(\boldsymbol{x}_0))$$

其中，$\delta(\boldsymbol{x}_0)=\hat{\sigma}\cdot s(\boldsymbol{x}_0)\cdot t_{\frac{\alpha}{2}}(n-p-1)$。

例 4.3.1 通过计算办公楼的四项指标(底层面积 X_1、办公室的个数 X_2、入口个数 X_3、办公楼的使用年限 X_4)和已知的评估办公楼价值 Y，探索 Y 和各项 X 之间的关系以便评估其他办公楼的价值。具体数据如表 4-5 所示。

(1) 建立 Y 与 X_1,X_2,X_3,X_4 的回归方程。

(2) 在显著性水平为 0.05 时，Y 与 X_1,X_2,X_3,X_4 是否存在显著的线性相关关系？各回归系数是否显著非 0？

(3) 在 $X_1=2400,X_2=3,X_3=2.5,X_4=15$ 时，Y 的 95%置信区间。

表 4-5　多元线性回归数据

底层面积 $(X_1)/\mathrm{m}^2$	办公室个数 (X_2)/个	入口个数 (X_3)/个	办公楼的使用年限 (X_4)/年	办公楼的评估价值 (Y)/万元
2310	2	2	20	142
2333	2	2	1.2	144
2356	3	1.5	33	151
2379	3	2	43	150
2402	2	3	53	139
2425	4	2	23	169
2448	2	1.5	99	126
2471	2	2	34	142
2494	3	3	23	163
2517	4	4	55	169
2540	2	3	22	149

解　(1) 求回归方程。根据题意计算得

$$X'X=\begin{pmatrix} 11 & 26675 & 29 & 26 & 406.2 \\ 26675 & 64745065 & 70463 & 63418 & 990168.6 \\ 29 & 70463 & 83 & 70.5 & 1067.4 \\ 26 & 63418 & 70.5 & 67.5 & 954.4 \\ 406.2 & 990168.6 & 1067.4 & 954.4 & 21672.44 \end{pmatrix}$$

$$X'Y=\begin{pmatrix} 1644 \\ 3989966 \\ 4428 \\ 3938.5 \\ 59323.8 \end{pmatrix},\quad \hat{\beta}=(X'X)^{-1}(X'Y)=\begin{pmatrix} 48.2010207721650 \\ 0.0286136186375914 \\ 12.8313361291226 \\ 2.61573342097294 \\ -0.220574402613987 \end{pmatrix}$$

所以,回归方程为 $Y=48.2+0.0286X_1+12.83X_2+2.616X_3-0.22X_4$。

(2) 直接计算得 $S_R^2=1740.4816$,$S_\varepsilon^2=10.2456$,$F=(S_R^2/4)/(S_\varepsilon^2/6)=254.8131$,$F$ 服从 $F(4,6)$分布,查附表 B-4 得 $F_{0.05}(4,6)=4.53$。因 $254.8131>4.53$,即认为 Y 与 X_1,X_2,X_3,X_4 有显著的线性回归关系。

对于系数的显著性检验,需使用检验统计量 $T_i=\dfrac{\hat{\beta}_i}{\hat{\sigma}\sqrt{c_{ii}}}$,拒绝域为$\{|t_i|>t_{0.025}(6)=2.45\}$,为此需计算 $\hat{\sigma}=\sqrt{\dfrac{S_\varepsilon^2}{6}}=1.3068$,$c_{ii}$ 为矩阵

$$(X'X)^{-1}=\begin{pmatrix} 162.949 & -0.0718 & -0.0707 & 4.0554 & 0.0532 \\ -0.0718 & 3.2038\mathrm{e}-05 & -0.0001104 & -0.00194 & -2.6366\mathrm{e}-05 \\ -0.0707 & -0.0001104 & 0.1695 & -0.048 & 0.0001326 \\ 4.0554 & -0.00194 & -0.048 & 0.3 & 0.001724 \\ 0.0532 & -2.6366\mathrm{e}-05 & 0.00013258 & 0.001724 & 0.0001717 \end{pmatrix}$$

对角线第 $i+1$ 个元素,即有

$$T_1=0.0286136/(1.3068\times\sqrt{3.2038\times10^{-5}})=3.8684$$

$$T_2=12.831336/(1.3068\times\sqrt{0.1695})=23.8494$$

$$T_3=2.6157/(1.3068\times\sqrt{0.3})=3.6544$$

$$T_4=-0.22057/(1.3068\times\sqrt{0.0001717})=-12.8811$$

其绝对值都比 2.45 大，各回归系数显著非 0。

(3) 令 $\boldsymbol{x}'_0=(1,2400,3,2.5,15)$，则

$$s(\boldsymbol{x}_0)=\sqrt{1+(\boldsymbol{x}'_0(\boldsymbol{X}'\boldsymbol{X})^{-1}\boldsymbol{x}_0)}=1.0912,\quad \hat{\boldsymbol{y}}_0=\boldsymbol{x}'_0\hat{\boldsymbol{\beta}}=158.5984$$

关于 Y 的置信度为 95%的预测区间为

$$(\hat{\boldsymbol{y}}_0-\hat{\sigma}\cdot s(\boldsymbol{x}_0)\cdot t_{0.025}(6),\quad \hat{\boldsymbol{y}}_0+\hat{\sigma}\cdot s(\boldsymbol{x}_0)\cdot t_{0.025}(6))$$

代入数据，有$(158.5984-1.3068\times1.0912\times2.45,158.5984+1.3068\times1.0912\times2.45)$，95%，预测区间即为$(155.1047,162.0921)$。

Excel 软件实现

习题 4.3

(1) 一项关于水稻亩产量的研究中，从 10 个农场获得水稻亩产量 y、施肥量 x_1 与播种量 x_2 的数据如表 4-6 所示。

表 4-6 水稻亩产量、施肥量与播种量数据

x_1	38	39	40	41	42	43	44	46	47	48
x_2	50	50	52	56	60	64	58	63	62	61
y	50	51	55	59	62	64	66	68	69	71

要求：

① 求 y 关于 x_1,x_2 的回归方程；

② 在显著性水平 $\alpha=0.05$ 时，对回归方程做显著性检验；

③ 在显著性水平 $\alpha=0.05$ 时，对各回归系数做显著性检验。

(2) 某种水泥在凝固时释放出的热量 y(单位：cal/g)与水泥中四种化学成分 x_1,x_2,x_3,x_4 有关，现测得 13 组数据如表 4-7 所示。

要求：

① 求 y 关于 x_1,x_2,x_3,x_4 的线性回归方程；

② 对回归方程做显著性检验($\alpha=0.05$)；

③ 筛选变量，剔除不显著的因素(变量)，重新建立回归方程。($\alpha=0.05$)

表 4-7 数据表

编号	y_i/(cal/g)	x_{i1}/%	x_{i2}/%	x_{i3}/%	x_{i4}/%
1	78.5	7	26	6	60
2	74.3	1	29	15	52
3	104.3	11	56	8	20
4	87.6	11	31	8	47

续表

编号	y_i/(cal/g)	x_{i1}/%	x_{i2}/%	x_{i3}/%	x_{i4}/%
5	95.9	7	52	6	33
6	109.2	11	55	9	22
7	102.7	3	71	17	6
8	72.5	1	31	22	44
9	93.1	2	54	18	22
10	115.9	21	47	4	26
11	83.8	1	40	23	34
12	113.3	11	66	9	12
13	109.4	10	68	8	12

第5章

方差分析

之前我们讨论了如何对一个或两个总体的均值进行检验，如要检验两种销售方式的效果是否相同，可以对假设 $H_0:\mu_1=\mu_2$ 进行检验。但有时需要检验多个（三个或以上）总体的均值是否相等，如检验四种销售方式下的某产品的销售量是否相等、研究三种不同药剂对水稻苗高是否有影响、考查教师的职称（助教、讲师、副教授、教授）是否会影响学生的学习成绩等，这就需要运用方差分析的方法。

方差分析是英国统计学家费希尔在20世纪20年代创立的。他在农业试验站工作时为了分析试验结果而发明了方差分析方法。方差分析最初主要应用于生物和农业田间试验，之后推广到各个领域。该方法的基本思想是将测量数据的总变异（即总方差）按照变异来源分为处理（组间）效应和误差（组内）效应，并作出其数量估计，从而确定试验处理对研究结果影响力的大小。按因素划分，可分为单因素方差分析、双因素方差分析和多因素方差分析。本章主要介绍单因素方差分析和双因素方差分析。对于多因素方差分析主要运用正交实验设计方法进行。正交试验设计主要研究如何合理、有效地安排多因素的试验，设计多要素所处水平的合理搭配使试验次数尽可能地减少，确定各因素对试验指标影响的大小，找出最优试验方案。本章不做介绍，有兴趣的读者可以参考相关文献。

5.1 方差分析概述

5.1.1 方差分析基本概念

在科学试验和生产实践中，影响一个事物的因素往往有很多。例如，在化工生产中，有原料成分、原料剂量、催化剂、反应温度、压力、溶液浓度、反应时间、机器设备及操作人员的水平等因素，每个因素的改变都有可能影响产品的数量和质量，有些因素影响较大，有些较小。为了使生产过程稳定进行，保证优质、高产，就必须找出对产品质量有显著影响的因素。为此，我们需要进行很多试验，方差分析就是对试验的结果进行分析，鉴别各有关因素对试验结果影响大小的有效方法。

在试验中，我们将要考察的指标称为试验**指标**。影响试验指标的条件称为**因素**。因素可分为两类，一类是可以控制的（可控因素）；另一类是不能控制的（不可控因素）。例如，反应温度、原料剂量、溶液浓度等是可以控制的因素，而测量误差、气象条件等一般是难以控制的因素。本章提到的因素都是指可控因素。因素所处的状态，称为该因素的**水平**。如果在试验的过程中只有一个因素在变化称为**单因素试验**，如果多于一个因素在变化则称为**多因素试验**。

例 5.1.1 某公司采用四种方式推销产品。为检验不同方式推销产品的效果，随机抽样得到 1～5 号产品在不同销售方式下的销售量，如表 5-1 所示。

表 5-1 销售量数据

销售方式	产品序号					销售量平均值
	1	2	3	4	5	
方式一	77	86	81	88	83	83
方式二	95	92	78	96	89	90
方式三	71	76	68	81	74	74
方式四	80	84	79	70	82	79

这里，试验的指标是产品的销售量。销售方式为因素，四种不同的销售方式就是这个因素的四个不同的水平。假定除销售方式这一因素外，产品的规格、价格等其他条件都相同，就是单因素试验。试验的目的是考察各种销售方式下产品的销售量有无显著的差异，即考察销售方式这一因素对产品销售量有无显著的影响。如果销售量有显著差异，就表明销售方式这一因素对销售量的影响是显著的。

例 5.1.2 某养鸡场配置了四种不同配方的饲料，用这四种配方饲料喂养了 6 只同一品种且同时孵出的小鸡，共饲养了 8 周，每只鸡增重数据(单位：g)如表 5-2 所示。

表 5-2 小鸡增重数据 单位：g

饲料配方	增重					
	1	2	3	4	5	6
配方一	370	420	450	490	500	450
配方二	490	380	400	390	500	410
配方三	330	340	400	380	470	360
配方四	410	480	400	420	380	410

这里，试验的指标是小鸡增重量。饲料配方为因素，四种不同配方的饲料就是这个因素的 4 个不同的水平。这是单因素试验，试验的目的是考察用不同配方的饲料喂养小鸡，小鸡体重变化有无显著差异，即考察饲料配方这一因素对小鸡增重数据有无显著影响。

例 5.1.3 为研究雌激素对大白鼠子宫发育的影响，现有 4 窝不同品种且未成年的大白鼠，每窝 3 只，随机分别注射不同剂量的雌激素，然后在相同条件下进行试验，并称得它们的子宫重量，如表 5-3 所示。

表 5-3 各品种大白鼠不同剂量雌激素的子宫重量数据 单位：mg/100g

品种(A)	雌激素剂量(B)		
	$B_1(0.2)$	$B_2(0.4)$	$B_3(0.8)$
A_1	106	116	145
A_2	42	68	115
A_3	70	111	133
A_4	42	63	87

这里，试验的指标是大白鼠的子宫重量。大白鼠品种和雌激素注射量为因素，它们分别有 4 个、3 个水平。这是双因素试验，试验是为了考察不同品种的大白鼠注射了不同剂量的

雌激素后，其子宫重量有没有显著差异，即考察品种、雌激素注射剂量这两个因素对大白鼠的子宫重量有没有显著影响。

例 5.1.4 对火箭用四种燃料，三种推进器作射程试验。每种燃料与每种推进器的组合各发射火箭两次，得射程(单位：海里)数据如表 5-4 所示。

表 5-4 火箭的射程数据 单位：海里

燃料(A)	不同类型推进器(B)		
	B_1	B_2	B_3
A_1	58.2 52.6	56.2 41.2	65.3 60.8
A_2	49.1 42.8	54.1 50.5	51.6 48.4
A_3	60.1 58.3	70.9 73.2	39.2 40.7
A_4	75.8 71.5	58.2 51.0	48.7 41.4

这里，试验的指标是火箭的射程。推进器和燃料为因素，它们分别有 3 个、4 个水平。这是双因素试验，试验的目的在于考察在各种因素的各个水平下，射程有无显著的变化，即考察推进器和燃料这两个因素对射程是否有显著的影响。

5.1.2 方差分析的基本思想

例 5.1.1 要比较不同推销方式的效果，其实就是检验各种推销方式下，产品的平均销售量 $\mu_i(i=1,2,3,4)$ 是否相等的问题，即检验假设 $H_0:\mu_1=\mu_2=\mu_3=\mu_4$ 是否为真。从表 5-1 中数据观察，四种销售方式的销售量均值都不相等，方式二的销售量明显较大。然而，我们并不能简单地根据这种第一印象否定原假设，而应该分析 μ_1、μ_2、μ_3、μ_4 之间差异产生的原因。

从表 5-1 可以看出，20 个数据各不相同，这种差异可能由两方面的原因引起：一是推销方式的影响，不同的方式会使人们产生不同的消费冲动和购买欲望，从而产生不同的购买行为，这种由不同水平(不同的推销方式)造成的差异，称为**系统性差异**；二是随机因素的影响，同一种推销方式在不同的工作日销量也会不同，因为商场的顾客群数量不同，经济收入不同，当班销售员态度不同等，这种由随机因素造成的差异，称为**随机性差异**。两个方面产生的差异用以下两个方差来计量：一是 μ_1、μ_2、μ_3、μ_4 之间的总体差异，即**组间方差**；二是水平内部的差异性，即**组内方差**。前者既包括系统性差异，也包括随机性差异；后者仅包括随机性差异。如果不同的水平对结果没有影响(如例题 5.1.1 中推销方式对销售量不产生影响)，那么组间方差仅包含随机性差异，没有系统性差异，它与组内方差就应该很接近，两个方差的比值就会接近于 1；反之，如果不同水平对结果产生了影响，那么组间方差不仅包含随机性差异，还包含系统性差异，这时，组间方差就会大于组内方差，两个方差的比值就会大于 1。当这个比值大到某种程度，即达到临界点时，就可做出判断，不同的水平之间存在着显著性差异。因此，方差分析就是通过对组间方差和组内方差的比较，做出拒绝原假设还是接受原假设的判断。

5.1.3 方差分析的基本假定

在方差分析中通常有以下假定：首先是各样本的独立性，即各组观察数据是从相互独立的总体中抽取的，只有是独立的随机样本，才能保证变异的可加性；其次要求所有观察值都是从正态总体中抽取的，且方差相等。而在实际应用中能够严格满足这些假定条件的很少，在社会经济现象中更是如此，但一般应近似地符合上述要求。

在上述假设条件成立的情况下，由第 1 章理论可以证明，组间方差与组内方差之间的比值$\left(F=\dfrac{\text{组间方差}}{\text{组内方差}}\right)$是一个服从 F 分布的统计量，我们可以通过对这个统计量的检验做出拒绝原假设或接受原假设的决策。

5.2 单因素方差分析

5.2.1 单因素方差分析模型

1. 单因素试验

试验中固定其他因素，只考虑一个因素 A 对试验结果的影响，而且因素 A 在试验中有 s 个不同水平，记为 $A_1, A_2, \cdots, A_s$，这类试验称为 s 个水平的**单因素试验**。

在因素 A 的第 j 个水平 $A_j(j=1,2,\cdots,s)$下进行 $n_j(n_j\geqslant 2)$次独立试验，其结果是一个样本，如表 5-5 所示。

表 5-5 单因素方差分析的试验数据

指标观察值	因素水平			
	A_1	A_2	…	A_s
观察结果	X_{11}	X_{12}	…	X_{1s}
	X_{21}	X_{22}	…	X_{2s}
	$\vdots$	$\vdots$		$\vdots$
	$X_{n_1 1}$	$X_{n_2 2}$	…	$X_{n_s s}$
样本总和	$T_{\cdot 1}$	$T_{\cdot 2}$	…	$T_{\cdot s}$
样本均值	$\overline{X}_{\cdot 1}$	$\overline{X}_{\cdot 2}$	…	$\overline{X}_{\cdot s}$
总体均值	μ_1	μ_2	…	μ_s

根据方差分析的基本假定，将水平 $A_j(j=1,2,\cdots,s)$下的指标(变量)看作具有相同方差 σ^2，均值为 μ_j 的正态总体 $N(\mu_j,\sigma^2)$，μ_j,σ^2 均未知。设 $X_{1j},X_{2j},\cdots,X_{n_j j}$ 是来自第 j 个总体 $N(\mu_j,\sigma^2)$的样本，假设不同水平 A_j 下的样本之间相互独立。要比较各个总体的均值是否相等，即要检验同方差的多个正态总体均值是否相等，就是需要检验假设：$H_0:\mu_1=\mu_2=\cdots=\mu_s$，$H_1:\mu_1,\mu_2,\cdots,\mu_s$ 不全相等。

2. 单因素方差分析模型

由于 $X_{ij}\sim N(\mu_j,\sigma^2)$，即 $X_{ij}-\mu_j\sim N(0,\sigma^2)$，故 $X_{ij}-\mu_j$ 可看成是随机误差。记 $X_{ij}-\mu_j=\varepsilon_{ij}$，则 X_{ij} 可写成

$$\begin{cases} X_{ij} = \mu_j + \varepsilon_{ij} \\ \varepsilon_{ij} \sim N(0,\sigma^2), \quad \text{各 } \varepsilon_{ij} \text{ 独立} \\ i = 1,2,\cdots,n_j; \quad j = 1,2,\cdots,s \end{cases} \tag{5.2.1}$$

其中，μ_j，σ^2 均为未知参数。式(5.2.1)称为单因素试验方差分析的数学模型。

单因素方差分析希望解决的问题主要有以下两个方面。

(1) 比较各水平下的总体均值是否相同，即需要检验假设：

$$H_0:\mu_1 = \mu_2 = \cdots = \mu_s, \quad H_1:\mu_1,\mu_2,\cdots,\mu_s \text{ 不全相等} \tag{5.2.2}$$

(2) 如果拒绝 H_0，则表明因素 A 的 s 个水平下的总体均值不全相同，说明因素 A 的不同水平对试验指标的影响是有显著差异的，这时需要确定 s 个水平中对试验指标影响最大或最小的水平。

为了更好地分析问题，通常引入总均值和水平效应的概念。记

$$\bar{\mu} = \frac{1}{n}\sum_{j=1}^{s} n_j \mu_j \quad (n = n_1 + n_2 + \cdots + n_s)$$

$$\delta_j = \mu_j - \bar{\mu}$$

式中，$\bar{\mu}$ 为**总均值**，δ_j 称为第 j 个水平的主效应，也称为 A_j 的**水平效应**，反映水平 A_j 对试验指标作用的大小。易证 $\sum_{j=1}^{s} n_j \delta_j = 0$。模型(5.2.1)可转化为如下的线性模型：

$$\begin{cases} X_{ij} = \bar{\mu} + \delta_j + \varepsilon_{ij} \\ \varepsilon_{ij} \sim N(0,\sigma^2), \text{各 } \varepsilon_{ij} \text{ 独立} \\ i = 1,2,\cdots,n_j;\ j = 1,2,\cdots,s \\ \sum_{j=1}^{s} n_j \delta_j = 0 \end{cases} \tag{5.2.3}$$

即假设(5.2.2)等价于：

$$H_0:\delta_1 = \delta_2 = \cdots = \delta_s = 0, \quad H_1:\delta_1,\delta_2,\cdots,\delta_s \text{ 不全为零} \tag{5.2.4}$$

即检验因素 A 的各水平效应是否有显著差异。

5.2.2 方差分解和检验方法

1. 方差分解

下面根据 5.1.2 小节方差分析的基本思想，从分析表 5-5 中数据差异性来源的角度探讨假设(5.2.4)的检验方法。

记水平 A_j $(j=1,2,\cdots,s)$ 下(表 5-5 中第 j 列数据)的样本均值为

$$\overline{X}_{\cdot j} = \frac{1}{n_j}\sum_{i=1}^{n_j} X_{ij}$$

表 5-5 中全部数据的均值为

$$\overline{X} = \frac{1}{n}\sum_{j=1}^{s}\sum_{i=1}^{n_j} X_{ij} = \frac{1}{n}\sum_{j=1}^{s} n_j \overline{X}_{\cdot j}$$

称

$$S_T=\sum_{j=1}^{s}\sum_{i=1}^{n_j}(X_{ij}-\overline{X})^2 \tag{5.2.5}$$

为**总方差**，它度量了全部试验数据的离散程度，即差异性大小。

称

$$S_A=\sum_{j=1}^{s}\sum_{i=1}^{n_j}(\overline{X}_{\cdot j}-\overline{X})^2=\sum_{j=1}^{s}n_j\overline{X}_{\cdot j}^2-n\overline{X}^2$$

为因素 A 的**组间方差**，它是由 A_j 的水平效应和随机误差引起的差异，用来衡量因素 A 的水平变化引起的试验指标变化的程度，也称为因素 A 的**效应平方和**。

称

$$S_E=\sum_{j=1}^{s}\sum_{i=1}^{n_j}(X_{ij}-\overline{X}_{\cdot j})^2$$

为因素 A 的**组内方差**，它是由随机误差所引起的，也称为**误差平方和**。

定理 5.2.1 总方差可以分解为组间方差和组内方差之和，即

$$S_T=S_A+S_E$$

证明 由式(5.2.5)

$$\begin{aligned}S_T&=\sum_{j=1}^{s}\sum_{i=1}^{n_j}[(X_{ij}-\overline{X}_{\cdot j})+(\overline{X}_{\cdot j}-\overline{X})]^2\\&=\sum_{j=1}^{s}\sum_{i=1}^{n_j}(X_{ij}-\overline{X}_{\cdot j})^2+\sum_{j=1}^{s}\sum_{i=1}^{n_j}(\overline{X}_{\cdot j}-\overline{X})^2+2\sum_{j=1}^{s}\sum_{i=1}^{n_j}(X_{ij}-\overline{X}_{\cdot j})(\overline{X}_{\cdot j}-\overline{X})\\&=S_E+S_A+2\sum_{j=1}^{s}\sum_{i=1}^{n_j}(X_{ij}-\overline{X}_{\cdot j})(\overline{X}_{\cdot j}-\overline{X})\end{aligned}$$

又因为

$$\begin{aligned}2\sum_{j=1}^{s}\sum_{i=1}^{n_j}(X_{ij}-\overline{X}_{\cdot j})(\overline{X}_{\cdot j}-\overline{X})&=2\sum_{j=1}^{s}(\overline{X}_{\cdot j}-\overline{X})\left[\sum_{i=1}^{n_j}(X_{ij}-\overline{X}_{\cdot j})\right]\\&=2\sum_{j=1}^{s}(\overline{X}_{\cdot j}-\overline{X})\left(\sum_{i=1}^{n_j}X_{ij}-n_j\overline{X}_{\cdot j}\right)=0\end{aligned}$$

因此有

$$S_T=S_A+S_E$$

由定理 5.2.1 可知，表 5-5 中数据 X_{ij} 的差异性来源于因素 A 的水平变化和其他随机因素。如果总方差 S_T 中 S_A 所占的比重较大，则 S_E 所占比重就小，说明试验指标的变化主要由因素 A 的水平变化引起；反之，试验指标的变化主要由其他随机因素引起。因此，可以通过比较 S_A 与 S_E 的相对大小来推断假设式(5.2.4)中 H_0 是否成立。

2. 统计分析

定理 5.2.2 在单因素模型(5.2.1)下，有：

(1) $\dfrac{S_E}{\sigma^2}\sim\chi^2(n-s)$；

(2) 如果 H_0 成立，则$\dfrac{S_A}{\sigma^2}\sim\chi^2(s-1)$，且 S_A 与 S_E 相互独立；

(3) $F=\dfrac{S_A/(s-1)}{S_E/(n-s)}\sim F(s-1,n-s)$。

证明 由于 $X_{ij}\sim N(\mu_j,\sigma^2)$，$i=1,2,\cdots,n_j$；$j=1,2,\cdots,s$。根据定理1.3.4，有

$$\frac{\sum_{i=1}^{n_j}(X_{ij}-\overline{X}_{\cdot j})^2}{\sigma^2}\sim\chi^2(n_j-1),\quad j=1,2,\cdots,s$$

又因为 X_{ij}，$i=1,2,\cdots,n_j$；$j=1,2,\cdots,s$ 相互独立，故

$$\frac{\sum_{i=1}^{n_j}(X_{ij}-\overline{X}_{\cdot j})^2}{\sigma^2},\quad j=1,2,\cdots,s$$

相互独立。再由 χ^2 分布的可加性，得

$$\frac{S_E}{\sigma^2}=\frac{1}{\sigma^2}\sum_{j=1}^{s}\sum_{i=1}^{n_j}(X_{ij}-\overline{X}_{\cdot j})^2\sim\chi^2(n-s)$$

即结论(1)成立。

当假设 $H_0:\mu_1=\mu_2=\cdots=\mu_s=\mu$ 成立时，有

$$X_{ij}\sim N(\mu,\sigma^2),\quad i=1,2,\cdots,n_j;\quad j=1,2,\cdots,s$$

由定理5.2.1，$S_T/\sigma^2=S_A/\sigma^2+S_E/\sigma^2$ 易见，S_E/σ^2 的自由度为 $n-s$，S_A/σ^2 的自由度为 $s-1$，S_T/σ^2 的自由度为 $n-1$。根据柯赫伦(Corchran)定理(见参考文献[2])知 S_A 与 S_E 相互独立，且 H_0 成立时，则

$$\frac{S_A}{\sigma^2}\sim\chi^2(s-1)$$

由 F 分布的定义得

$$F=\frac{S_A/(s-1)}{S_E/(n-s)}\sim F(s-1,n-s)$$

3. 假设检验

在前述问题中，我们提到引起数据 X_{ij} 的总差异有随机误差和因素 A 的不同水平的作用。如果组间差异 S_A 比组内差异 S_E 大得多，就可以认为因素 A 的不同水平间有显著影响，假设 H_0 不成立，此时比值 $\dfrac{S_A/(s-1)}{S_E/(n-s)}$ 有偏大的趋势。为此，根据定理5.2.2的结论，对于假设(5.2.4)，可构造检验统计量 $F=\dfrac{S_A/(s-1)}{S_E/(n-s)}$，$H_0$ 成立时，其服从分布 $F(s-1,n-s)$。对于给定的显著性水平 α，则有

$$P\{F\geqslant F_\alpha(s-1,n-s)\}=\alpha$$

即若 $F\geqslant F_\alpha(s-1,n-s)$，则拒绝 H_0，认为因素 A 的各水平的改变对试验指标有显著影响；若 $F<F_\alpha(s-1,n-s)$，则接受 H_0，认为因素 A 的各水平的改变对试验指标没有显著影响。以上的分析结果如表5-6所示，称为**单因素方差分析表**。

表 5-6 单因素试验方差分析表

方差来源	平方和	自由度	均方和	F 值
组间方差	S_A	$s-1$	$\bar{S}_A=\frac{S_A}{s-1}$	$F=\frac{\bar{S}_A}{\bar{S}_E}$
组内方差	S_E	$n-s$	$\bar{S}_E=\frac{S_E}{n-s}$	—
总方差	S_T	$n-1$	—	—

实际应用时，我们常常采用以下比较简便的形式计算 S_T，S_A 和 S_E。

$$S_T=\sum_{j=1}^{s}\sum_{i=1}^{n_j}X_{ij}^2-n\bar{X}^2=\sum_{j=1}^{s}\sum_{i=1}^{n_j}X_{ij}^2-\frac{T_{\cdot\cdot}^2}{n}$$

$$S_A=\sum_{j=1}^{s}n_j\bar{X}_{\cdot j}^2-n\bar{X}^2=\sum_{j=1}^{s}\frac{T_{\cdot j}^2}{n_j}-\frac{T_{\cdot\cdot}^2}{n}$$

$$S_E=S_T-S_A$$

其中，$T_{\cdot\cdot}=\sum_{j=1}^{s}\sum_{i=1}^{n_j}X_{ij}$，$T_{\cdot j}=\sum_{i=1}^{n_j}X_{ij}$，$j=1,2,\cdots,s$。

例 5.2.1 设例 5.1.1 符合单因素方差分析模型(5.2.1)条件，检验假设($\alpha=0.05$)：$H_0:\mu_1=\mu_2=\mu_3=\mu_4$，$H_1:\mu_1,\mu_2,\mu_3,\mu_4$ 不全相等。

解 $s=4$，$n_1=n_2=n_3=n_4=5$，$n=20$，则

$$S_T=\sum_{j=1}^{s}\sum_{i=1}^{n_j}X_{ij}^2-\frac{T_{\cdot\cdot}^2}{n}=134028-\frac{1630^2}{20}=1183$$

$$S_A=\sum_{j=1}^{s}\frac{T_{\cdot j}^2}{n_j}-\frac{T_{\cdot\cdot}^2}{n}=133530-\frac{1630^2}{20}=685$$

$$S_E=S_T-S_A=1183-685=498$$

S_T、S_A 和 S_E 的自由度依次为 $n-1=19$，$s-1=3$，$n-s=16$，方差分析如表 5-7 所示。

表 5-7 例 5.2.1 的方差分析表

方差来源	平方和	自由度	均方	F 值
组间方差	685	3	228.3	7.3
组内方差	498	16	31.1	—
总方差	1183	19	—	—

查附表 B-4 知，在显著性水平 $\alpha=0.05$ 时，$F_\alpha(3,16)=3.24$。$F>F_\alpha(3,16)$，故拒绝原假设，即推销方式对销售量有影响。

Excel 软件实现

5.2.3 多重比较和 LSD 方法

方差分析当拒绝 H_0 时，表示各均值不全相等，但具体哪一个或哪几个均值与其他均值有显著不同，或者哪几个均值仍然可以认为是相同的，方差分析就不能给出答案了，这时可

以采用多重比较的方法来处理。**多重比较**是通过对总体均值之间两两比较来进一步检验哪些均值之间存在差异，总共要做 C_s^2 次比较。

多重比较的方法有十几种，目前被广泛使用的是费希尔提出的最小显著差异法(least significant difference,LSD)，该方法可以判断哪些均值之间存在差异。**LSD 方法**是对检验两个总体均值是否相等的 t 检验法的总体方差估计加以修正而得到的。多重比较的步骤如下。

(1) 提出假设：

$$H_0:\mu_j=\mu_k;\quad H_1:\mu_j\neq\mu_k\quad k,j=1,2,\cdots,s$$

(2) 计算检验统计量。

第三章检验两个总体均值是否相等采用的是 t 检验法，t 统计量为

$$t=\frac{(\bar{X}_{\cdot j}-\bar{X}_{\cdot k})}{S_W\sqrt{\dfrac{1}{n_j}+\dfrac{1}{n_k}}}$$

式中，S_W 是根据两个总体的样本资料计算的。方差分析面对的是多个总体，对多个总体进行比较时需要对 S_W 做相应调整，这里用 $\bar{S}_E=\dfrac{S_E}{n-s}$代替 S_W。相应的检验 H_0 选取的统计量调整为

$$t=\frac{(\bar{X}_{\cdot j}-\bar{X}_{\cdot k})}{\sqrt{\bar{S}_E\left(\dfrac{1}{n_j}+\dfrac{1}{n_k}\right)}}$$

若 H_0 为真，t 服从 $t(n-s)$，采用 t 检验法进行检验。

(3) 判断。

若 $|t|\geqslant t_{\frac{\alpha}{2}}(n-s)$，则拒绝 H_0；若 $|t|<t_{\frac{\alpha}{2}}(n-s)$，则接受 H_0。

习题 5.2

(1) 有四种产品，设 $A_i(i=1,2,3)$分别表示国内三个工厂生产的产品，A_4 表示国外同类产品，现从各类产品中随机抽取 10,6,6,2 个产品做 300 小时连续磨损的老化试验，获得变化率如表 5-8 所示。

表 5-8 四种产品的变化率

产品	变化率									
A_1	20	18	19	17	15	16	13	18	22	17
A_2	26	19	26	28	23	25				
A_3	24	25	18	22	27	24				
A_4	12	14								

假定各厂产品试验的变化率近似服从等方差的正态分布。

① 试问四种产品的变化率有无显著性差异？($\alpha=0.05$)

② 若有差异，请进一步检验国内产品与国外产品有无显著性差异？国内各厂家的产品

有无显著性差异？($\alpha=0.05$)

(2) 为研究人们在催眠状态下对各种情绪的反应是否有差异，选取了8个人。在催眠状态下，要求每人按任意顺序做出恐惧、愉快、忧虑与平静四种反应。受试者在处于四种情绪状态下皮肤的电位变化值如表5-9所示。试检验受试者在催眠状态下对这四种情绪的反应是否有显著性差异？($\alpha=0.05$)

表5-9 皮肤的电位变化值 单位：mV

情绪状态	受试者							
	1	2	3	4	5	6	7	8
恐惧	23.1	57.6	10.5	23.6	11.9	54.6	21.0	20.3
愉快	22.7	53.2	9.7	19.6	13.8	47.1	13.6	23.6
忧虑	22.5	53.7	10.8	21.1	13.7	39.2	13.7	16.3
平静	22.6	53.1	8.3	21.6	13.3	37.0	14.8	14.8

(3) 对某疾病治疗有五种方式处置，包括一种安慰剂。表5-10中数据给出了由开始治疗到痊愈所需天数。

要求：

① 对每种处置方式计算均值和标准差；

② 对给定数据作方差分析($\alpha=0.05$)；

③ 给出总效应和处理方式效应估计值；

④ 用LSD多重比较，说明各种治疗方式的效果。($\alpha=0.05$)

表5-10 痊愈天数 单位：天

处置方式	痊愈所需天数	处置方式	痊愈所需天数
1(安慰剂)	5,8,7,7,10,8	4	7,4,6,6,3,5
2	4,6,6,3,5,6	5	9,3,5,7,7,6
3	6,4,4,5,4,3	—	—

(4) 为了寻求适应本地区的高产量油菜品种，选取了五种不同的品种进行试验，每一品种在四块实验田上试种，且各试验田的耕种条件基本相同。试验结果(亩产量)如表5-11所示。问：不同品种的平均亩产量是否存在差异？($\alpha=0.05$)

表5-11 实验结果

品种	田块			
	1	2	3	4
A_1	256	222	280	298
A_2	244	300	290	275
A_3	250	277	230	322
A_4	288	280	315	259
A_5	206	212	220	212

(5) 为了研究咖啡因对人体功能的影响，特选30名体质大致相同的健康大学生进行手指叩击训练。将咖啡因选三个水平：A_1：0mg，A_2：100mg，A_3：200mg，每个水平冲泡10杯，

外观无差别并编号，然后让30位大学生每人任选一杯服用，2小时后请每人做手指叩击练习，统计员记录其每分钟叩击次数，结果如表5-12所示。问：咖啡因的不同剂量对于手指叩击次数有无影响？($\alpha=0.05$)

表 5-12　叩击次数

咖啡因剂量/mg	叩击次数/次									
A_1：0	242	245	244	248	247	248	242	244	246	242
A_2：100	248	246	245	247	248	250	247	246	243	244
A_3：200	246	248	250	252	248	250	246	248	245	250

(6) 在化工厂设备未损耗前，对三种制缸设备A，B，C的日产量进行观察，结果如表5-13所示。问：能否认为三种制缸设备的平均日产量无差异？($\alpha=0.05$)

表 5-13　观察结果

设备	序　　号								
	1	2	3	4	5	6	7	8	9
A	84	60	40	47	34				
B	67	92	95	40	98	60	59	108	86
C	46	93	100						

(7) 某煤矿有四个掘进组，分别在四个条件大致相同的工作面上作业。现在以10天为一个单元统计得五个单元时间各掘进组的数据如表5-14所示。问：各掘进组的工作效率有无差异？($\alpha=0.01$)

表 5-14　掘进组数据

组别	单　　元				
	1	2	3	4	5
一	12	11	12	13	12
二	14	12	13	14	12
三	9	10	11	9	11
四	10	11	12	12	10

5.3 双因素方差分析

实际问题中，影响试验结果的因素可能是多个。例如，比较使用四种燃料、三种推进器下火箭的发射射程有无显著差异时，就有燃料种类和推进器种类两个因素需要考虑。再如，在销售饮料时，除了关注饮料的颜色之外，还想了解销售地区是否影响销售量。如果在不同的地区，销售量存在显著的差异，就需要分析原因，采用不同的销售策略，使该饮料在市场占有率较高的地区继续保持领先地位，而在市场占有率较低的地区，进一步扩大宣传，让更多的消费者了解、接受该饮料。这种考虑两个因素对试验指标影响的方差分析称为**双因素方差分析**。双因素方差分析需要检验究竟一个因素起作用还是两个因素都起作用，或者两个因素的影响都不显著。

双因素方差分析有两种类型：一种是**无交互作用**的双因素方差分析，它假定因素 A 和因素 B 的效应之间是相互独立的，不存在相互关系；另一种是**有交互作用**的双因素方差分析，它假定 A，B 两个因素不是独立的，而是存在相互作用，两个因素同时起作用的结果不是两个因素分别作用的简单相加，而是两者的结合会产生一个新的效应，即交互效应。例如，某些合金，当单独加入元素 A 或元素 B 时，性能变化不大，但当同时加入元素 A 和元素 B 时，合金性能的变化就特别显著。再如，耕地深度和施肥量都会影响农作物产量，但同时深耕和适当地施肥可能使产量成倍增加，此时耕地深度和施肥量就存在交互作用。两个因素结合后会产生一个新的效应，属于有交互作用的方差分析问题。

5.3.1 无交互作用的双因素方差分析

1. 数据结构

假设试验指标 X 受到因素 A 和因素 B 的影响。因素 A 有 r 个水平 $A_1, A_2, \cdots, A_r$；因素 B 有 s 个水平 $B_1, B_2, \cdots, B_s$。假设因素 A 和因素 B 没有交互作用，现因素 A 和因素 B 不同水平的组合 $(A_i, B_j)(i=1,2,\cdots,r;\ j=1,2,\cdots,s)$ 都只做一次实验，得到一个观察值 X_{ij}，得到无交互作用的双因素方差分析的数据结构表，如表 5-15 所示。

表 5-15 无交互作用双因素方差分析数据结构表

因素 A	因素 B			
	B_1	B_2	$\cdots$	B_s
A_1	X_{11}	X_{12}	$\cdots$	X_{1s}
A_2	X_{21}	X_{22}	$\cdots$	X_{2s}
$\vdots$	$\vdots$	$\vdots$		$\vdots$
A_r	X_{r1}	X_{r2}	$\cdots$	X_{rs}

2. 模型与假设

假设 $X_{ij}(i=1,2,\cdots,r; j=1,2,\cdots,s)$ 之间相互独立，且 $X_{ij}=\mu_{ij}+\varepsilon_{ij}$，其中 ε_{ij} 独立同分布，$\varepsilon_{ij} \sim N(0,\sigma^2)$。与单因素方差分析模型类似，引入记号：

$$\mu = \frac{1}{rs}\sum_{i=1}^{r}\sum_{j=1}^{s}\mu_{ij}$$

$$\mu_{i\cdot} = \frac{1}{s}\sum_{j=1}^{s}\mu_{ij}, \quad i=1,2,\cdots,r$$

$$\mu_{\cdot j} = \frac{1}{r}\sum_{i=1}^{r}\mu_{ij}, \quad j=1,2,\cdots,s$$

$$\alpha_i = \mu_{i\cdot} - \mu, \quad i=1,2,\cdots,r$$

$$\beta_j = \mu_{\cdot j} - \mu, \quad j=1,2,\cdots,s$$

易得

$$\sum_{i=1}^{r}\alpha_i = 0, \quad \sum_{j=1}^{s}\beta_j = 0$$

称 μ 为**总平均**；称 α_i 为因素 A 的第 i 个**水平 A_i 的效应**；称 β_j 为因素 B 的第 j 个**水平 B_j 的效应**。这样可以将 μ_{ij} 表示成

$$\mu_{ij}=\mu+\alpha_i+\beta_j+(\mu_{ij}-\mu_{i\cdot}-\mu_{\cdot j}+\mu)\quad(i=1,2,\cdots,r;j=1,2,\cdots,s)\tag{5.3.1}$$

令

$$\gamma_{ij}=\mu_{ij}-\mu_{i\cdot}-\mu_{\cdot j}+\mu\quad(i=1,2,\cdots,r;j=1,2,\cdots,s)\tag{5.3.2}$$

称 γ_{ij} 为**水平 A_i 和水平 B_j 的交互效应**，这是由 A_i，B_j 联合起作用而引起的。

易得 $\sum\limits_{i=1}^{r}\gamma_{ij}=0$，$\sum\limits_{j=1}^{s}\gamma_{ij}=0$。若 $\gamma_{ij}=0$，即 $\mu_{ij}=\mu+\alpha_i+\beta_j$，称因素 A 和因素 B 无交互作用，此时因素 A、因素 B 对指标的作用是相互独立的，只需要在每个水平组合下做一次实验得到一个观测值 X_{ij}，因此无相互作用双因素实验一般也称为**双因素无重复实验**。

在上述基本假定下，有以下基本模型：

$$\begin{cases}X_{ij}=\mu+\alpha_i+\beta_j+\varepsilon_{ij}\\ \varepsilon_{ij}\sim N(0,\sigma^2)\quad(i=1,2,\cdots,r;\ j=1,2,\cdots,s)\\ \text{各 }\varepsilon_{ij}\text{ 相互独立}\end{cases}\tag{5.3.3}$$

式(5.3.3)就是无交互作用的双因素方差分析的数学模型。

与单因素方差分析类似，判断因素 A 的影响是否显著等价于检验假设：

$$H_{01}:\alpha_1=\alpha_2=\cdots=\alpha_r=0,\quad H_1:\alpha_1,\alpha_2,\cdots,\alpha_r\text{ 不全为 }0\tag{5.3.4}$$

判断因素 B 的影响是否显著等价于检验假设：

$$H_{02}:\beta_1=\beta_2=\cdots=\beta_s=0,\quad H_1:\beta_1,\beta_2,\cdots,\beta_s\text{ 不全为 }0\tag{5.3.5}$$

3. 检验方法

记全部数据的均值：

$$\overline{X}=\frac{1}{rs}\sum_{i=1}^{r}\sum_{j=1}^{s}X_{ij}$$

因素 A 的第 i 个水平的样本均值为

$$\overline{X}_{i\cdot}=\frac{1}{s}\sum_{j=1}^{s}X_{ij},\quad i=1,2,\cdots,r$$

因素 B 的第 j 个水平的样本均值为

$$\overline{X}_{\cdot j}=\frac{1}{r}\sum_{i=1}^{r}X_{ij},\quad j=1,2,\cdots,s$$

与单因素方差分析类似，上述假设的检验方法也是建立在方差分解的基础上。总方差 S_T 分解为三部分：S_A，S_B，S_E，分别反映因素 A 的组间差异、因素 B 的组间差异和随机误差的离散情况。S_T，S_A，S_B 的计算公式分别为

$$S_T=\sum_{i=1}^{r}\sum_{j=1}^{s}(X_{ij}-\overline{X})^2\tag{5.3.6}$$

$$S_A=\sum_{i=1}^{r}s(\overline{X}_{i\cdot}-\overline{X})^2\tag{5.3.7}$$

$$S_B=\sum_{j=1}^{s}r(\overline{X}_{\cdot j}-\overline{X})^2\tag{5.3.8}$$

并且有

$$S_T = S_A + S_B + S_E \tag{5.3.9}$$

由平方和与自由度可以计算出均方和，从而计算出 F 检验值，如表5-16所示。

表5-16　无交互作用双因素方差分析表

方差来源	平方和	自由度	均方和	F 值
因素 A	S_A	$r-1$	$\bar{S}_A=\frac{S_A}{r-1}$	$F_A=\frac{\bar{S}_A}{\bar{S}_E}$
因素 B	S_B	$s-1$	$\bar{S}_B=\frac{S_B}{s-1}$	$F_B=\frac{\bar{S}_B}{\bar{S}_E}$
误差	S_E	$(r-1)(s-1)$	$\bar{S}_E=\frac{S_E}{(r-1)(s-1)}$	
总方差	S_T	$rs-1$		

对于给定的显著性水平 α，在式(5.3.4)中，拒绝域为

$$F_A=\frac{\bar{S}_A}{\bar{S}_E} \geqslant F_\alpha(r-1,(r-1)(s-1))$$

在式(5.3.5)中，拒绝域为

$$F_B=\frac{\bar{S}_B}{\bar{S}_E} \geqslant F_\alpha(s-1,(r-1)(s-1))$$

在实际应用中，式(5.3.6)～式(5.3.9)中的平方和可按式(5.3.10)计算：

$$\begin{cases} S_T=\sum_{i=1}^{r}\sum_{j=1}^{s}X_{ij}^2-\frac{T_{\cdot\cdot}^2}{rs} \\ S_A=\frac{1}{s}\sum_{i=1}^{r}T_{i\cdot}^2-\frac{T_{\cdot\cdot}^2}{rs} \\ S_B=\frac{1}{r}\sum_{j=1}^{s}T_{\cdot j}^2-\frac{T_{\cdot\cdot}^2}{rs} \\ S_E=S_T-S_A-S_B \end{cases} \tag{5.3.10}$$

其中，$T_{\cdot\cdot}=\sum_{i=1}^{r}\sum_{j=1}^{s}X_{ij}$，$T_{i\cdot}=\sum_{j=1}^{s}X_{ij}$，$T_{\cdot j}=\sum_{i=1}^{r}X_{ij}$。

例5.3.1　在例5.1.3中，假设符合无交互作用双因素方差分析模型假设。试在显著性水平 $\alpha=0.01$ 下，检验不同品种的小白鼠子宫重量有无显著差异？注射雌激素的剂量对大白鼠子宫重量有没有显著影响？

解　这是一个无交互作用的双因素方差分析问题。因素 A 表示小白鼠种类，有四个水平，即 $r=4$；因素 B 表示注射雌激素剂量，有三个水平，即 $s=3$。方差分析过程如下。

(1) 计算各平方和。根据式(5.3.10)有

$$S_T=\sum_{i=1}^{r}\sum_{j=1}^{s}X_{ij}^2-\frac{T_{\cdot\cdot}^2}{rs}=113542-100467=13075$$

$$S_A=\frac{1}{s}\sum_{i=1}^{r}T_{i\cdot}^2-\frac{T_{\cdot\cdot}^2}{rs}=106924.7-100467=6457.7$$

$$S_B=\frac{1}{r}\sum_{j=1}^{s}T_{\cdot j}^2-\frac{T_{\cdot\cdot}^2}{rs}=106541-100467=6074$$

$$S_E=S_T-S_A-S_B=13075-6457.7-6074=543.3$$

(2) 列出方差分析表,如表 5-17 所示。

表 5-17 方差分析表

方差来源	平方和	自由度	均方和	F 值
因素 A(品种)	6457.7	3	2152.6	23.77
因素 B(雌激素剂量)	6074	2	3037	33.54
误差	543.3	6	90.6	
总方差	13075	11		

(3) 查分位点,给出检验结果。

查附表 B-4 可知,在显著性水平 $\alpha=0.01$ 时,$F_{0.01}(3,6)=9.78$,$F_{0.01}(2,6)=10.92$。因素 A 的 F 值 $F_A=23.77>9.78$,故拒绝原假设 H_{01},说明不同品种的小白鼠子宫发育有显著差异;因素 B 的 F 值 $F_B=33.54>10.92$,故拒绝原假设 H_{02},说明雌激素剂量对小白鼠子宫发育有显著影响。也可以仿照单因素方差分析对平均测定结果进行多重比较,具体做法可以参照相关资料。

Excel 软件实现

5.3.2 有交互作用的双因素方差分析

在上面的分析中,假定两个因素对指标的影响是独立的,但如果两个因素搭配在一起会对指标产生一种新的效应,就需要考虑交互作用对指标的影响,这就是有交互作用的双因素方差分析。

1. 数据结构

假设试验指标 X 受到因素 A 和因素 B 的影响。因素 A 有 r 个水平 $A_1,A_2,\cdots,A_r$;因素 B 有 s 个水平 $B_1,B_2,\cdots,B_s$。因素 A 和因素 B 的每个组合(A_i,B_j)下有 t 次重复试验,样本为 $X_{ijk}(i=1,2,\cdots,r;\ j=1,2,\cdots,s;\ k=1,2,\cdots,t)$,则一次抽样共有 rst 个观测值。这类试验结果的数据结构如表 5-18 所示。

表 5-18 有交互作用双因素方差分析数据结构表

因素 A	因素 B			
	B_1	B_2	…	B_s
A_1	$X_{111},X_{112},\cdots,X_{11t}$	$X_{121},X_{122},\cdots,X_{12t}$	…	$X_{1s1},X_{1s2},\cdots,X_{1st}$
A_2	$X_{211},X_{212},\cdots,X_{21t}$	$X_{221},X_{222},\cdots,X_{22t}$	…	$X_{2s1},X_{2s2},\cdots,X_{2st}$
⋮	⋮	⋮		⋮
A_r	$X_{r11},X_{r12},\cdots,X_{r1t}$	$X_{r21},X_{r22},\cdots,X_{r2t}$	…	$X_{rs1},X_{rs2},\cdots,X_{rst}$

2. 模型与假设

假设 $X_{ijk}(i=1,2,\cdots,r;\ j=1,2,\cdots,s;\ k=1,2,\cdots,t)$ 相互独立，且 $X_{ijk}\sim N(\mu_{ij},\sigma^2)$，其中 μ_{ij},σ^2 均为未知参数。也可表示为 $X_{ijk}=\mu_{ij}+\varepsilon_{ijk}$，其中 ε_{ijk} 独立同分布，$\varepsilon_{ijk}\sim N(0,\sigma^2)$。

沿用5.3.1小节的记号，注意到现在假设存在交互作用，此时 $\gamma_{ij}\neq 0$。由式(5.3.1)和式(5.3.2)可得有交互作用双因素方差分析模型为

$$\begin{cases} X_{ijk}=\mu+\alpha_i+\beta_j+\gamma_{ij}+\varepsilon_{ijk} \\ \varepsilon_{ijk}\sim N(0,\sigma^2),\quad i=1,2,\cdots,r;\ j=1,2,\cdots,s;\ k=1,2,\cdots,t \\ \varepsilon_{ijk}\ \text{相互独立} \\ \sum\limits_{i=1}^{r}\alpha_i=0,\sum\limits_{j=1}^{s}\beta_j=0,\sum\limits_{i=1}^{r}\gamma_{ij}=0,\sum\limits_{j=1}^{s}\gamma_{ij}=0 \end{cases} \tag{5.3.11}$$

对这个模型，我们要检验的假设有以下三个。

(1) 判断因素 A 的影响是否显著等价于检验假设：

$$H_{01}:\alpha_1=\alpha_2=\cdots=\alpha_r=0,\quad H_1:\alpha_1,\alpha_2,\cdots,\alpha_r\ \text{不全为}\ 0 \tag{5.3.12}$$

(2) 判断因素 B 的影响是否显著等价于检验假设：

$$H_{02}:\beta_1=\beta_2=\cdots=\beta_s=0,\quad H_1:\beta_1,\beta_2,\cdots,\beta_s\ \text{不全为}\ 0 \tag{5.3.13}$$

(3) 判断因素 A 和因素 B 的交互作用的影响是否显著等价于检验假设：

$$H_{12}:\gamma_{11}=\gamma_{12}=\cdots=\gamma_{rs}=0,\quad H_1:\gamma_{11},\gamma_{12},\cdots,\gamma_{rs}\ \text{不全为}\ 0 \tag{5.3.14}$$

3. 检验方法

设 $i=1,2,\cdots,r;\ j=1,2,\cdots,s;\ k=1,2,\cdots,t$。记

$$T_{ij\cdot}=\sum_{k=1}^{t}X_{ijk};\quad \bar{X}_{ij\cdot}=\frac{1}{t}\sum_{k=1}^{t}X_{ijk}$$

$$T_{i\cdot\cdot}=\sum_{j=1}^{s}\sum_{k=1}^{t}X_{ijk};\quad \bar{X}_{i\cdot\cdot}=\frac{1}{st}\sum_{j=1}^{s}\sum_{k=1}^{t}X_{ijk}$$

$$T_{\cdot j\cdot}=\sum_{i=1}^{r}\sum_{k=1}^{t}X_{ijk};\quad \bar{X}_{\cdot j\cdot}=\frac{1}{rt}\sum_{i=1}^{r}\sum_{k=1}^{t}X_{ijk}$$

$$T_{\cdot\cdot\cdot}=\sum_{i=1}^{r}\sum_{j=1}^{s}\sum_{k=1}^{t}X_{ijk};\quad \bar{X}=\frac{1}{rst}\sum_{i=1}^{r}\sum_{j=1}^{s}\sum_{k=1}^{t}X_{ijk}$$

总离差平方和：

$$S_T=\sum_{i=1}^{r}\sum_{j=1}^{s}\sum_{k=1}^{t}(X_{ijk}-\bar{X})^2=\sum_{i=1}^{r}\sum_{j=1}^{s}\sum_{k=1}^{t}X_{ijk}^2-\frac{T_{\cdot\cdot\cdot}^2}{rst}$$

水平组合平方和：

$$S_{AB}=\sum_{i=1}^{r}\sum_{j=1}^{s}\sum_{k=1}^{t}(\bar{X}_{ij\cdot}-\bar{X})^2=\frac{1}{t}\sum_{i=1}^{r}\sum_{j=1}^{s}T_{ij\cdot}^2-\frac{T_{\cdot\cdot\cdot}^2}{rst}$$

因素 A 的效应平方和：

$$S_A=\sum_{i=1}^{r}\sum_{j=1}^{s}\sum_{k=1}^{t}(\bar{X}_{i\cdot\cdot}-\bar{X})^2=\frac{1}{st}\sum_{i=1}^{r}T_{i\cdot\cdot}^2-\frac{T_{\cdot\cdot\cdot}^2}{rst}$$

因素 B 的效应平方和：

$$S_B=\sum_{i=1}^{r}\sum_{j=1}^{s}\sum_{k=1}^{t}(\overline{X}_{\cdot j\cdot}-\overline{X})^2=\frac{1}{rt}\sum_{j=1}^{s}T_{\cdot j\cdot}^2-\frac{T_{\cdots}^2}{rst}$$

因素 A 与因素 B 的交互效应平方和：

$$S_{A\times B}=\sum_{i=1}^{r}\sum_{j=1}^{s}\sum_{k=1}^{t}(\overline{X}_{ij\cdot}-\overline{X}_{i\cdot\cdot}-\overline{X}_{\cdot j\cdot}+\overline{X})^2=S_{AB}-S_A-S_B$$

误差平方和：

$$S_E=\sum_{i=1}^{r}\sum_{j=1}^{s}\sum_{k=1}^{t}(X_{ijk}-\overline{X}_{ij\cdot})^2=S_T-S_A-S_B-S_{A\times B}$$

方差分析表如表 5-19 所示。

表 5-19　有交互作用双因素方差分析表

方差来源	平方和	自由度	均方和	F 值
因素 A	S_A	$r-1$	$\overline{S}_A=\frac{S_A}{r-1}$	$F_A=\frac{\overline{S}_A}{\overline{S}_E}$
因素 B	S_B	$s-1$	$\overline{S}_B=\frac{S_B}{s-1}$	$F_B=\frac{\overline{S}_B}{\overline{S}_E}$
交互作用	$S_{A\times B}$	$(r-1)(s-1)$	$\overline{S}_{A\times B}=\frac{S_{A\times B}}{(r-1)(s-1)}$	$F_{A\times B}=\frac{\overline{S}_{A\times B}}{\overline{S}_E}$
误差	S_E	$rs(t-1)$	$\overline{S}_E=\frac{S_E}{rs(t-1)}$	
总方差	S_T	$rst-1$		

对于给定的显著性水平 α，假设式(5.3.12)的拒绝域为

$$F_A=\frac{\overline{S}_A}{\overline{S}_E}\geqslant F_\alpha(r-1,rs(t-1))$$

假设式(5.3.13)的拒绝域为

$$F_B=\frac{\overline{S}_B}{\overline{S}_E}\geqslant F_\alpha(s-1,rs(t-1))$$

假设式(5.3.14)的拒绝域为

$$F_{A\times B}=\frac{\overline{S}_{A\times B}}{\overline{S}_E}\geqslant F_\alpha((r-1)(s-1),rs(t-1))$$

例 5.3.2　在例 5.1.4 中，假设符合有交互效应双因素方差分析模型假设条件。试在显著性水平 $\alpha=0.05$ 时，检验不同燃料、不同推进器下的射程是否有显著差异？交互作用是否显著？

解　这是一个有交互作用的双因素方差分析问题。A 因素代表燃料，有 4 个水平，即 $r=4$；B 因素代表推进器，有 3 个水平，即 $s=3$；每个组合(A_i,B_j)下有 2 次重复试验，即 $t=2$。先算出 $T_{i\cdot\cdot}$、$T_{\cdot j\cdot}$、$T_{\cdots}$，如表 5-20 所示。

表 5-20　数据求和

燃料(A)	不同类型推进器(B)			$T_{i\cdot\cdot}$
	B_1	B_2	B_3	
A_1	58.2	56.2	65.3	334.3
	52.6	41.2	60.8	
A_2	49.1	54.1	51.6	296.5
	42.8	50.5	48.4	
A_3	60.1	70.9	39.2	342.4
	58.3	73.2	40.7	
A_4	75.8	58.2	48.7	346.6
	71.5	51.0	41.4	
$T_{\cdot j\cdot}$	468.4	455.3	396.1	1319.8

(1) 计算各平方和。

$$S_T=\sum_{i=1}^{r}\sum_{j=1}^{s}\sum_{k=1}^{t}X_{ijk}^2-\frac{T_{\cdots}^2}{rst}=75216.3-72578=2638.3$$

$$S_{AB}=\frac{1}{t}\sum_{i=1}^{r}\sum_{j=1}^{s}T_{ij\cdot}^2-\frac{T_{\cdots}^2}{rst}=74979.4-72578=2401.4$$

$$S_A=\frac{1}{st}\sum_{i=1}^{r}T_{i\cdot\cdot}^2-\frac{T_{\cdots}^2}{rst}=72839.7-72578=261.7$$

$$S_B=\frac{1}{rt}\sum_{j=1}^{s}T_{\cdot j\cdot}^2-\frac{T_{\cdots}^2}{rst}=72949.0-72578.0=371.0$$

$$S_{A\times B}=S_{AB}-S_A-S_B=2401.3-261.7-371.0=1768.6$$

$$S_E=S_T-S_A-S_B-S_{A\times B}=2638.3-261.7-371.0-1768.7=236.9$$

(2) 列出方差分析表，如表 5-21 所示。

表 5-21　例 5.3.2 的方差分析表

方差来源	平方和	自由度	均方和	F 值
燃料	261.7	3	87.2	4.42
推进器	371.0	2	185.5	9.39
交互作用	1768.7	6	294.8	14.9
误差	237.0	12	19.7	
总方差	2638.3	23		

(3) 查分位点，给出检验结果。

查附表 B-4 可知，在显著性水平 $\alpha=0.05$ 时，$F_{0.05}(3,12)=3.49$，$F_{0.05}(2,12)=3.89$，$F_{0.05}(6,12)=3.00$。A 因素的 F 值 $F_A=4.42>3.49$，故拒绝原假设 H_{01}，说明不同燃料对火箭发射射程有显著影响；B 因素的 F 值 $F_B=9.39>3.89$，故拒绝原假设 H_{02}，说明不同推进器下火箭发射的射程显著不同，即推进器对火箭射程有显著影响。进一步还可以得到 $F_{A\times B}=14.9>3.00$，说明交互作用效应高度显著。表 5-20 也显示 A_4 与 B_1 或 A_3 与 B_2 的搭配都会使火箭射

Excel 软件实现

程较其他水平的搭配要远得多。我们可以根据方差分析的结果来决定选择哪种最优搭配以获得最远的射程。

例 5.3.3 在注塑成型时，成型品尺寸与射出压力和模腔温度有关。某工程师根据不同水平设置的射出压力和模腔温度试验得出某成型品的关键尺寸，如表 5-22 所示。用方差分析法分析两因素及其交互作用对成型品关键尺寸是否存在重要影响。($\alpha=0.05$)

表 5-22 成型品尺寸与射出压力、模腔温度数据

因素 A：模腔温度	因素 B：射出压力		
	水平 1	水平 2	水平 3
水平 1	30.51 30.62	30.47 30.67	30.84 30.88
水平 2	30.97 30.80	30.29 30.42	30.79 30.89
水平 3	30.99 31.26	29.86 30.11	30.62 30.56

解 这是一个有交互作用的双因素方差分析问题。A 因素有 3 个水平，即 $r=3$；B 因素有 3 个水平，即 $s=3$；每个组合 (A_i, B_j) 下有 2 次重复试验，即 $t=2$。先计算出 $T_{i\cdot\cdot}$，$T_{\cdot j\cdot}$ 及 $T_{\cdots}$，如表 5-23 所示。

表 5-23 数据求和

因素 A：模腔温度	因素 B：射出压力			$T_{i\cdot\cdot}$
	B_1	B_2	B_3	
A_1	30.51 30.62	30.47 30.67	30.84 30.88	183.99
A_2	30.97 30.80	30.29 30.42	30.79 30.89	184.16
A_3	30.99 31.26	29.86 30.11	30.62 30.56	183.40
$T_{\cdot j\cdot}$	185.15	181.82	184.58	551.55

(1) 计算各平方和。

$$S_T=\sum_{i=1}^{r}\sum_{j=1}^{s}\sum_{k=1}^{t}X_{ijk}^2-\frac{T_{\cdots}^2}{rst}=16902.35-16900.41=1.94$$

$$S_{AB}=\frac{1}{t}\sum_{i=1}^{r}\sum_{j=1}^{s}T_{ij\cdot}^2-\frac{T_{\cdots}^2}{rst}=16902.23-16900.41=1.82$$

$$S_A=\frac{1}{st}\sum_{i=1}^{r}T_{i\cdot\cdot}^2-\frac{T_{\cdots}^2}{rst}=16900.46-16900.41=0.05$$

$$S_B=\frac{1}{rt}\sum_{j=1}^{s}T_{\cdot j\cdot}^2-\frac{T_{\cdots}^2}{rst}=16901.47-16900.41=1.06$$

$$S_{A\times B}=S_{AB}-S_A-S_B=1.8138-0.0530-1.0573=0.7035$$

$$S_E=S_T-S_A-S_B-S_{A\times B}=1.93805-0.0530-1.0573-0.7035=0.12425$$

(2) 列出方差分析表，如表 5-24 所示。

表 5-24　例 5.3.3 的方差分析表

方差来源	平方和	自由度	均方和	F 值
模腔温度	0.0530	2	0.0265	1.9207
射出压力	1.0573	2	0.5287	38.2926
交互作用	0.7035	4	0.1759	12.7388
误差	0.1243	9	0.0138	
总方差	1.9381	17		

(3) 查分位点，给出检验结果。

查附表 B-4 知，在显著性水平 $\alpha=0.05$ 时，$F_{0.05}(2,9)=4.26$，$F_{0.05}(4,9)=3.63$。A 因素的 F 值 $F_A=1.9207<F_{0.05}(2,9)$，故接受原假设 H_{01}，说明在不同的模腔温度下成型品关键尺寸没有显著差异，即模腔温度对成型品关键尺寸没有显著影响；B 因素的 F 值 $F_B=38.2926>F_{0.05}(2,9)$，故拒绝原假设 H_{02}，说明设定不同射出压力，成型品关键尺寸显著不同，即射出压力对成型品关键尺寸有显著影响。进一步还可以得到 $F_{A\times B}=12.7388>F_{0.05}(4,9)$，说明交互作用效应是高度显著的。从表 5-23 可以看出，A_3 与 B_1 的搭配可以获得较大的成型品关键尺寸。

Excel 软件实现

习题 5.3

(1) 酿造厂有化验员 3 名，负责发酵粉的颗粒检验。化验员每天从该厂生产的发酵粉中抽样一次，连续 10 天，每天检验其中所含颗粒的百分率，结果如表 5-25 所示。在显著性水平 $\alpha=0.05$ 时，试分析 3 名化验员的化验技术之间与每日抽取样本之间有无显著差异？

表 5-25　颗粒检验结果

因素 A（化验员）	因素 B（化验时间）				
	B_1	B_2	B_3	B_4	B_5
A_1	10.1	4.7	3.1	3.0	7.8
A_2	10.0	4.9	3.1	3.2	7.8
A_3	10.2	4.8	3.0	3.0	7.8
因素 A（化验员）	因素 B（化验时间）				
	B_6	B_7	B_8	B_9	B_{10}
A_1	8.2	7.8	6.0	4.9	3.4
A_2	8.2	7.7	6.2	5.1	3.4
A_3	8.4	7.8	6.1	5.0	3.3

(2) 设有 5 个工作人员在 4 台机器上分别工作了一天，得到的产量如表 5-26 所示。问：工作人员的不同、机器的差异是否分别对产量有影响？($\alpha=0.05$)

(3) 某女排运动员在世界杯赛、世界锦标赛和奥运会与美国队、日本队、俄罗斯队和古巴队的比赛中，其扣球成功率(单位：%)如表 5-27 所示。试判断不同比赛场合对其扣球成功率是否分别有影响？($\alpha=0.05$)

表 5-26　产量表

人　员	机　　器			
	1	2	3	4
1	53	47	57	45
2	56	50	63	52
3	45	47	54	42
4	52	47	57	41
5	49	53	58	48

表 5-27　扣球成功率　　单位：%

赛　　别	队　　别			
	美国	日本	俄罗斯	古巴
世界杯	70	68	89	85
世界锦标赛	60	70	80	78
奥运会	62	63	65	74

(4) 为考察蒸馏水的 pH 值和硫酸铜溶液浓度对化验血清中蛋白与球蛋白的影响，对蒸馏水的 pH 值(A)取了 4 个不同水平，对硫酸铜溶液的浓度(B)取了 3 个不同的水平，对每一组合各进行一次试验，得到数据如表 5-28 所示。试问蒸馏水的 pH 值和硫酸铜的浓度是否对试验结果分别有影响？($\alpha=0.05$)

表 5-28　化验数据

pH 值	浓　　度		
	B_1	B_2	B_3
A_1	3.5	2.3	2.0
A_2	2.6	2.0	1.9
A_3	2.0	1.5	1.2
A_4	1.4	0.8	0.3

(5) 试验某种钢的冲击值(单位：$kg \cdot m/cm^2$)，影响该指标的因素有两个，一个是含铜量 A，另一个是温度 B，不同状态下的实验数据如表 5-29 所示。试检验含铜量和试验温度是否会对铜的冲击值产生显著差异？($\alpha=0.05$)

表 5-29　实验数据　　单位：$kg \cdot m/cm^2$

含　铜　量	试 验 温 度			
	20℃	0℃	−20℃	−40℃
0.2%	10.6	7	4.2	4.2
0.4%	11.6	11	6.8	6.3
0.8%	14.5	13.3	11.5	8.7

(6) 为了研究金属管的防腐蚀性能，现将四种不同的涂料涂层涂在 4 根金属管上，并将金属管埋设在三种不同性质的土壤中，经过一定的时间，测得金属管腐蚀的最大深度如

表 5-30 所示。在 $\alpha=0.05$ 水平时，试检验不同的涂料涂层防腐的最大深度的平均值有无显著差异，在不同土壤下腐蚀的最大深度的平均值有无显著差异？设这两因素之间没有交互作用效应。

表 5-30 腐蚀深度

涂 层	土壤类型(因素 B)		
	1	2	3
涂层(因素 A)	1.63	1.35	1.27
	1.34	1.30	1.22
	1.19	1.14	1.27
	1.30	1.09	1.32

(7) 表 5-31 给出了两个工人分别用两台机床生产某种产品的数量(每日)。

在 $\alpha=0.05$ 时，试根据上述数据，回答下列问题。

① 是否有某工人用某机床能生产出更多的产品？这在方差分析中有什么作用？

② 两台机床性能有无差别？

③ 两个工人的技术水平有无差别？

表 5-31 机床生产产品数量

工人	机床(因素 B)									
	A					B				
1	69	68	72	74	75	95	98	100	96	97
2	81	88	84	87	88	105	110	187	112	118

(8) 为了提高化工厂的产品质量，需要寻求最优反应温度与反应压力的组合，为此选择如下水平。

因素 A 反应温度(单位：℃)：60,70,80；

因素 B 反应压力(单位：kg)：2,2.5,3。

在每个(A_i, B_j)条件下做两次实验，其产量如表 5-32 所示($\alpha=0.05$)。要求：

① 对数据做方差分析(考虑交互作用)；

② 求最优条件下平均产量的点估值和置信水平 95%的区间估计。

表 5-32 实验数据

因素 B：反应压力/kg	因素 A：反应温度/℃		
	A_1	A_2	A_3
B_1	4.6	6.1	6.8
	4.3	6.5	6.4
B_2	6.3	3.4	4.0
	6.7	3.8	3.8
B_3	4.7	3.9	6.5
	4.3	3.5	7.0

(9) 表 5-33 给出了某种化工过程在三种浓度、四种温度水平时得率的数据。假设在诸水平搭配下得率的总体服从正态分布，且方差相等，试在 $\alpha=0.05$ 水平时检验在不同浓度下

得率有无显著差异；在不同温度下得率是否有显著差异；交互作用的效应是否显著。

表 5-33　得率数据

浓度/%	温度/℃			
	10	24	38	52
2	41	11	13	10
	10	11	9	12
4	9	10	7	6
	7	8	11	10
6	5	13	12	14
	11	14	13	10

（10）表 5-34 中的数据是在四个地区种植的三种松树的直径。在 $\alpha=0.05$ 时，问：

① 是否有某种树特别适合在某地区种植？

② 若①是否定的，各树种有无差别？哪树种最好？哪个地区最适合松树的生长。

表 5-34　松树的直径

树种	位置																			
	1					2					3					4				
A	23	15	26	13	21	25	20	21	16	18	21	17	16	24	27	14	11	19	20	24
B	28	22	25	19	26	30	26	26	20	28	19	24	19	25	29	17	21	18	26	23
C	18	10	12	22	13	15	21	22	14	12	23	25	19	13	22	18	12	23	22	19

第 6 章

多元统计分析**

多元统计分析(简称多元分析)是运用数理统计的方法来研究多变量(多指标)问题的理论和方法,它是一元统计分析的推广。在实际问题中,很多随机现象经常涉及多个变量,并且这些变量间存在一定的联系。如一个地区经济发展涉及总产值、利润、效益、劳动生产率、固定资产、物价、信贷、税收等指标;医学诊断需要同时考虑血压、脉搏、白细胞、体温等指标。如何同时对多个随机变量的观测数据进行有效的分析和研究就是多元统计分析研究的内容。

多元统计分析起源于20世纪初,1928年威沙特(Wishart)发表的论文《多元正态总体样本协差阵的精确分布》可以说是多元统计分析的开端。随后多元统计分析得到了迅速发展,20世纪40年代,多元统计分析在心理学、教育学、生物学等领域有许多应用,但由于计算量大,其发展受到一定的影响。50年代中期,随着电子计算机的出现和发展,多元统计分析在地质、气象、医学、社会学等领域得到广泛的应用。60年代通过应用和实践,多元统计分析理论不断完善和发展,新的理论和方法不断涌现,使得其应用范围更加广泛。70年代初期,多元统计分析在我国得到关注,并在理论研究和应用上取得了显著成绩,有些研究工作已经达到了国际水平并形成了活跃在各条战线上的科技队伍。进入21世纪以来,人们可获得的数据正以前所未有的速度急剧增加,产生了许多超大型数据库,并遍及各行各业,这就为多元统计分析与其他学科融合提供了重要平台。

本章主要介绍多元统计分析的一些初步知识,包括多元正态分布、判别分析、聚类分析、主成分分析、因子分析、数据相关性分析。与前面几章类似,多元正态分布在这些研究中起着基本的作用,因此先从多元正态分布开始本章的学习。

6.1 多元正态分布

在研究单个随机变量时,重要并且常用的分布是正态分布 $N(\mu,\sigma^2)$。类似地,在研究随机向量的联合分布时,重要和常用的分布是多元正态分布。本节介绍多元正态分布的定义、多元正态分布的参数估计和多元正态分布的假设检验。

6.1.1 多元正态分布的定义

1. 随机向量的基本概念和性质

定义 6.1.1 称 p 个随机变量 $X_1,X_2,\cdots,X_p$ 组成的向量 $\boldsymbol{X}=(X_1,X_2,\cdots,X_p)'$ 为一个 $\boldsymbol{p}$ **维随机向量**,它表示对同一个个体观测 p 个指标(变量)。如果随机向量的每一个分量

的均值(期望)都存在,即 $E(X_i)=\mu_i(i=1,2,\cdots,p)$,则称

$$E(\boldsymbol{X})=\begin{pmatrix}E(X_1)\\E(X_2)\\\vdots\\E(X_p)\end{pmatrix}=\begin{pmatrix}\mu_1\\\mu_2\\\vdots\\\mu_p\end{pmatrix}\triangleq\boldsymbol{\mu}$$

为随机向量 $\boldsymbol{X}$ 的**均值向量**。

定义 6.1.2 如果若 X_i 与 X_j 的协方差 $\mathrm{cov}(X_i,X_j)=\sigma_{ij}$ 均存在($i,j=1,2,\cdots,p$),则称

$$\begin{aligned}\boldsymbol{\Sigma}&=\mathrm{var}(\boldsymbol{X})=\mathrm{cov}(\boldsymbol{X},\boldsymbol{X})=(\mathrm{cov}(X_i,X_j))_{p\times p}=(\sigma_{ij})_{p\times p}\\&=\begin{pmatrix}\mathrm{cov}(X_1,X_1)&\mathrm{cov}(X_1,X_2)&\cdots&\mathrm{cov}(X_1,X_p)\\\mathrm{cov}(X_2,X_1)&\mathrm{cov}(X_2,X_2)&\cdots&\mathrm{cov}(X_2,X_p)\\\vdots&\vdots&&\vdots\\\mathrm{cov}(X_p,X_1)&\mathrm{cov}(X_p,X_2)&\cdots&\mathrm{cov}(X_p,X_p)\end{pmatrix}\end{aligned}$$

为随机向量 $\boldsymbol{X}$ 的**协方差矩阵**。随机向量 $\boldsymbol{X}$ 的协方差矩阵是一个对称的非负定矩阵。随机向量 $\boldsymbol{X}$ 的协方差矩阵的行列式 $|\boldsymbol{\Sigma}|$ 称为 p 维随机向量 $\boldsymbol{X}$ 的**广义方差**。

定义 6.1.3 若 X_i 与 X_j 的协方差 $\mathrm{cov}(X_i,X_j)$ 均存在($i,j=1,2,\cdots,p$),则称

$$\begin{aligned}\mathrm{cov}(\boldsymbol{X},\boldsymbol{Y})&=E[(\boldsymbol{X}-E(\boldsymbol{X}))(\boldsymbol{Y}-E(\boldsymbol{Y}))']\\&=\begin{pmatrix}\mathrm{cov}(X_1,Y_1)&\mathrm{cov}(X_1,Y_2)&\cdots&\mathrm{cov}(X_1,Y_q)\\\mathrm{cov}(X_2,Y_1)&\mathrm{cov}(X_2,Y_2)&\cdots&\mathrm{cov}(X_2,Y_q)\\\vdots&\vdots&&\vdots\\\mathrm{cov}(X_p,Y_1)&\mathrm{cov}(X_p,Y_2)&\cdots&\mathrm{cov}(X_p,Y_q)\end{pmatrix}\end{aligned}$$

为随机向量 $\boldsymbol{X}$ 和 $\boldsymbol{Y}$ 的**协方差矩阵**。若对任意的 $i,j(=1,2,\cdots,p)$ 都有 $\mathrm{cov}(X_i,X_j)=0$,则称 $\boldsymbol{X}$ 与 $\boldsymbol{Y}$ 不相关。称 $\boldsymbol{R}=(r_{ij})_{p\times p}$ 为随机向量 $\boldsymbol{X}$ 和 $\boldsymbol{Y}$ 的**相关系数矩阵**,其中,$r_{ij}=\dfrac{\mathrm{cov}(X_i,X_j)}{\sqrt{\mathrm{var}(X_i)}\sqrt{\mathrm{var}(X_j)}}$。

均值向量和协方差矩阵具有以下性质。

性质 6.1.1 设 $\boldsymbol{X}$ 和 $\boldsymbol{Y}$ 为随机向量,$\boldsymbol{A}$,$\boldsymbol{B}$ 为常数矩阵,则

(1) $E(\boldsymbol{AX})=\boldsymbol{A}E(\boldsymbol{X})$;

(2) $E(\boldsymbol{AXB})=\boldsymbol{A}E(\boldsymbol{X})\boldsymbol{B}$;

(3) $\mathrm{var}(\boldsymbol{AX})=\boldsymbol{A}\,\mathrm{var}(\boldsymbol{X})\boldsymbol{A}'$;

(4) $\mathrm{cov}(\boldsymbol{AX},\boldsymbol{BY})=\boldsymbol{A}\,\mathrm{cov}(\boldsymbol{X},\boldsymbol{Y})\boldsymbol{B}'$。

2. 多元正态分布

类似于一元情况,我们给出多元正态分布的定义如下。

定义 6.1.4 称 p 维随机向量 $\boldsymbol{X}=(X_1,X_2,\cdots,X_p)'$ 服从参数为 $\boldsymbol{\mu}$,$\boldsymbol{\Sigma}$ 的多元正态分布,记为 $\boldsymbol{X}\sim N_p(\boldsymbol{\mu},\boldsymbol{\Sigma})$,如果其概率密度函数为

$$f(\boldsymbol{x})=f(x_1,x_2,\cdots,x_p)=\frac{1}{(2\pi)^{\frac{p}{2}}|\boldsymbol{\Sigma}|^{\frac{1}{2}}}\mathrm{e}^{\frac{(\boldsymbol{x}-\boldsymbol{\mu})\boldsymbol{\Sigma}^{-1}(\boldsymbol{x}-\boldsymbol{\mu})'}{2}}$$

其中，$|\boldsymbol{\Sigma}|$是$\boldsymbol{X}$的广义方差。

多元正态分布具有以下性质。

性质 6.1.2 设$\boldsymbol{X}=(X_1,X_2,\cdots,X_p)'\sim N_p(\boldsymbol{\mu},\boldsymbol{\Sigma})$，则有$E(\boldsymbol{X})=\boldsymbol{\mu}$，$\text{var}(\boldsymbol{X})=\boldsymbol{\Sigma}$。

性质 6.1.3 若$\boldsymbol{X}=(X_1,X_2,\cdots,X_p)'\sim N_p(\boldsymbol{\mu},\boldsymbol{\Sigma})$，$\boldsymbol{\Sigma}$为对角矩阵，则$X_1,X_2,\cdots,X_p$相互独立。

性质 6.1.4 若$\boldsymbol{X}\sim N_p(\boldsymbol{\mu},\boldsymbol{\Sigma})$，$\boldsymbol{A}$为$s\times p$阶常值矩阵，$\boldsymbol{d}$为$s$维常值向量，则$\boldsymbol{AX}+\boldsymbol{d}\sim N_s(\boldsymbol{A\mu}+\boldsymbol{d},\boldsymbol{A\Sigma A}')$，即正态分布的线性函数仍然是正态分布。

性质 6.1.5 若$\boldsymbol{X}\sim N_p(\boldsymbol{\mu},\boldsymbol{\Sigma})$，将$\boldsymbol{X},\boldsymbol{\mu},\boldsymbol{\Sigma}$作如下剖分。

$$\boldsymbol{X}=\begin{pmatrix}\boldsymbol{X}^{(1)}\\ \boldsymbol{X}^{(2)}\end{pmatrix}\begin{matrix}q\\ p-q\end{matrix},\quad \boldsymbol{\mu}=\begin{pmatrix}\boldsymbol{\mu}^{(1)}\\ \boldsymbol{\mu}^{(2)}\end{pmatrix}\begin{matrix}q\\ p-q\end{matrix},\quad \boldsymbol{\Sigma}=\begin{pmatrix}\boldsymbol{\Sigma}_{11} & \boldsymbol{\Sigma}_{12}\\ \boldsymbol{\Sigma}_{21} & \boldsymbol{\Sigma}_{22}\end{pmatrix}\begin{matrix}q\\ p-q\end{matrix}$$

则$\boldsymbol{X}^{(1)}\sim N_q(\boldsymbol{\mu}^{(1)},\boldsymbol{\Sigma}_{11})$，$\boldsymbol{X}^{(2)}\sim N_{p-q}(\boldsymbol{\mu}^{(2)},\boldsymbol{\Sigma}_{22})$。即多元正态分布的边缘分布仍服从多元正态分布。

性质 6.1.6 设维p随机向量$\boldsymbol{X}\sim N_p(\boldsymbol{\mu},\boldsymbol{\Sigma})$，有

$$\boldsymbol{X}=\begin{pmatrix}\boldsymbol{X}^{(1)}\\ \boldsymbol{X}^{(2)}\end{pmatrix}\sim N_p\left(\begin{pmatrix}\boldsymbol{\mu}^{(1)}\\ \boldsymbol{\mu}^{(2)}\end{pmatrix},\begin{pmatrix}\boldsymbol{\Sigma}_{11} & \boldsymbol{\Sigma}_{12}\\ \boldsymbol{\Sigma}_{21} & \boldsymbol{\Sigma}_{22}\end{pmatrix}\right)$$

则$\boldsymbol{X}^{(1)}$与$\boldsymbol{X}^{(2)}$相互独立$\Leftrightarrow\boldsymbol{\Sigma}_{12}=\boldsymbol{0}$，即$\boldsymbol{X}^{(1)}$与$\boldsymbol{X}^{(2)}$互不相关。

注：

(1) 多元正态分布的任何边缘分布仍为正态分布，反之不真；

(2) 由于$\boldsymbol{\Sigma}_{12}=\text{cov}(\boldsymbol{X}^{(1)},\boldsymbol{X}^{(2)})$，故$\boldsymbol{\Sigma}_{12}=\boldsymbol{0}$表示$\boldsymbol{X}^{(1)}$与$\boldsymbol{X}^{(2)}$不相关；

(3) 对多元正态分布来说，$\boldsymbol{X}$与$\boldsymbol{Y}$独立与不相关是等价的。

6.1.2 多元正态分布的参数估计

设$\boldsymbol{X}_{(1)},\boldsymbol{X}_{(2)},\cdots,\boldsymbol{X}_{(n)}$为来自$p$维正态总体$N_p(\boldsymbol{\mu},\boldsymbol{\Sigma})$的独立样本，其中$\boldsymbol{X}'_{(\alpha)}=(X_{\alpha1},X_{\alpha2},\cdots,X_{\alpha p})(\alpha=1,2,\cdots,n)$。记

$$\boldsymbol{X}=\begin{pmatrix}X_{11} & X_{12} & \cdots & X_{1p}\\ X_{21} & X_{22} & \cdots & X_{2p}\\ \vdots & \vdots & & \vdots\\ X_{n1} & X_{n2} & \cdots & X_{np}\end{pmatrix}=\begin{pmatrix}\boldsymbol{X}'_{(1)}\\ \boldsymbol{X}'_{(2)}\\ \vdots\\ \boldsymbol{X}'_{(n)}\end{pmatrix}$$

$$\bar{\boldsymbol{X}}=\frac{1}{n}\sum_{\alpha=1}^{n}\boldsymbol{X}_{(\alpha)}=\begin{pmatrix}\frac{1}{n}\sum_{\alpha=1}^{n}X_{\alpha1}\\ \frac{1}{n}\sum_{\alpha=1}^{n}X_{\alpha2}\\ \vdots\\ \frac{1}{n}\sum_{\alpha=1}^{n}X_{\alpha p}\end{pmatrix}$$

$$\boldsymbol{A}=(a_{ij})_{p\times p}=\sum_{\alpha=1}^{n}(\boldsymbol{X}_{(\alpha)}-\bar{\boldsymbol{X}})(\boldsymbol{X}_{(\alpha)}-\bar{\boldsymbol{X}})'=\boldsymbol{X}'\boldsymbol{X}-n\bar{\boldsymbol{X}}\bar{\boldsymbol{X}}'$$

$$S=\frac{1}{n-1}A=\frac{1}{n-1}\sum_{\alpha=1}^{n}(X_{(\alpha)}-\bar{X})(X_{(\alpha)}-\bar{X})'=(s_{ij})_{p\times p}$$

定义 6.1.5 称 $\bar{X}$ 为样本均值向量；称 A 为样本离差矩阵；称 S 为样本协方差矩阵。

定理 6.1.1 设 $X_{(1)},X_{(2)},\cdots,X_{(n)}$ 为来自 p 维正态总体 $N_p(\mu,\Sigma)$ 的样本，$\bar{X},A$ 分别为样本均值向量和样本离差矩阵，则参数 μ,Σ 的最大似然估计分别为

$$\mu=\bar{X},\quad \Sigma=\frac{1}{n}A$$

注：$\frac{1}{n}A$ 是 Σ 的相合估计，但不是无偏估计。

定理 6.1.2 设 $X_{(1)},X_{(2)},\cdots,X_{(n)}$ 为来自 p 维正态总体 $N_p(\mu,\Sigma)$ 的样本，则 $\hat{\mu}=\bar{X}$，$\hat{\Sigma}=S$ 分别是参数 μ,Σ 的无偏估计。

（以上定理的证明见参考文献[2]）。

6.1.3 多元正态分布参数 μ 的假设检验

在一元统计分析中，常常要对总体均值进行检验。设一元总体 X 服从正态分布 $N(\mu,\sigma^2)$，检验假设：$H_0:\mu=\mu_0$。对于多元正态总体，总体均值向量的检验也非常重要。

1. 一个正态总体均值的假设检验

设 $X_{(1)},X_{(2)},\cdots,X_{(n)}$ 为来自 p 维正态总体 $N_p(\mu,\Sigma)$ 的样本，$\bar{X}=\frac{1}{n}\sum_{\alpha=1}^{n}X_{(\alpha)}$，$S=\frac{1}{n-1}\sum_{\alpha=1}^{n}(X_{(\alpha)}-\bar{X})(X_{(\alpha)}-\bar{X})'$ 分别是其样本均值向量和样本协方差矩阵。

（1）协方差矩阵 Σ 已知时，均值向量的检验：

$$H_0:\mu=\mu_0;\quad H_1:\mu\neq\mu_0$$

取检验统计量

$$\chi^2=n(\bar{X}-\mu_0)'\Sigma^{-1}(\bar{X}-\mu_0)$$

在 H_0 成立时，$\chi^2\sim\chi^2(p)$。给定显著性水平 α，查 χ^2 分布表使得 $P(\chi^2\geqslant\chi^2_\alpha(p))=\alpha$，确定临界值 $\chi^2_\alpha(p)$，再用样本值计算出 χ^2 值。若 $\chi^2\geqslant\chi^2_\alpha(p)$，则拒绝 H_0；否则接受 H_0。

（2）协方差矩阵 Σ 未知时，均值向量的假设检验：

$$H_0:\mu=\mu_0;\quad H_1:\mu\neq\mu_0$$

取检验统计量

$$T^2=n(\bar{X}-\mu_0)'S^{-1}(\bar{X}-\mu_0)$$

H_0 为真时，$T^2\sim T^2(p,n-1)$。利用 T^2 与 F 分布的关系，取检验统计量为

$$F=\frac{(n-1)-p+1}{(n-1)p}T^2\sim F(p,(n-1)-p+1)=F(p,n-p)$$

给定显著性水平 α，得拒绝域 $F\geqslant F_\alpha(p,n-p)$。

2. 两个正态总体均值的假设检验

在许多实际问题中常常要比较两个总体的平均水平之间有无关系，如考察两所大学新生录取成绩是否有明显差异；检验实施两种不同治疗方案的两组病人的血压是否有明显差异等。

假定两总体协方差矩阵相等，设 $\boldsymbol{X}'_{(\alpha)}=(X_{\alpha1},X_{\alpha2},\cdots,X_{\alpha p})(\alpha=1,2,\cdots,n_1)$ 为来自正态总体 $N_p(\boldsymbol{\mu}_1,\boldsymbol{\Sigma})$ 的样本；$\boldsymbol{X}'_{(\beta)}=(X_{\beta1},X_{\beta2},\cdots,X_{\beta p})(\beta=1,2,\cdots,n_2)$ 为来自正态总体 $N_p(\boldsymbol{\mu}_2,\boldsymbol{\Sigma})$ 的样本，且两样本独立，$n_1>p$，$n_2>p$。对下面的假设做检验：

$$H_0:\boldsymbol{\mu}_1=\boldsymbol{\mu}_2;\quad H_1:\boldsymbol{\mu}_1\neq\boldsymbol{\mu}_2$$

（1）协方差矩阵 $\boldsymbol{\Sigma}$ 已知，取检验统计量

$$\chi^2=\frac{n_1n_2}{n_1+n_2}(\bar{\boldsymbol{X}}-\bar{\boldsymbol{Y}})'\boldsymbol{\Sigma}^{-1}(\bar{\boldsymbol{X}}-\bar{\boldsymbol{Y}})$$

H_0 为真时，$\chi^2\sim\chi^2(p)$，给定显著性水平 α，得拒绝域：$\chi^2\geqslant\chi^2_\alpha(p)$。

（2）协方差矩阵 $\boldsymbol{\Sigma}$ 未知，取统计量

$$T^2=\frac{n_1n_2}{n_1+n_2}(\bar{\boldsymbol{X}}-\bar{\boldsymbol{Y}})'\left(\frac{\boldsymbol{A}_1+\boldsymbol{A}_2}{n_1+n_2-2}\right)^{-1}(\bar{\boldsymbol{X}}-\bar{\boldsymbol{Y}})$$

其中，$\boldsymbol{A}_1,\boldsymbol{A}_2$ 分别为总体 $N_p(\boldsymbol{\mu}_1,\boldsymbol{\Sigma})$ 和 $N_p(\boldsymbol{\mu}_2,\boldsymbol{\Sigma})$ 的样本离差矩阵。H_0 为真时，则

$$T^2\sim T^2(p,n_1+n_2-2)$$

利用 T^2 与 F 的关系，取检验统计量为

$$F=\frac{(n_1+n_2-2)-p+1}{(n_1+n_2-2)p}T^2\sim F(p,n_1+n_2-p-1)$$

给定显著性水平 α，得拒绝域：$F\geqslant F_\alpha(p,n_1+n_2-p-1)$。

上述统计量在原假设 H_0 成立时，所服从分布的证明比较复杂。对证明感兴趣的读者可参阅相关文献。

例 6.1.1 表 6-1 是某医疗小组对新生儿进行的医学实验研究数据。试检验实验组和对照组的新生儿身体发育状况有无显著差异。($\alpha=0.05$)

表 6-1 新生儿医学实验研究数据

编号	实验组		编号	对照组	
	体重/kg	身高/cm		体重/kg	身高/cm
1	3.05	50	7	3.20	50
2	4.10	50	8	3.00	46
3	3.50	53	9	3.00	45
4	3.64	50	10	3.35	47
5	3.60	52	11	2.60	50
6	4.00	55	12	3.15	50
			13	3.55	52

解 假设两总体的协方差矩阵相等，将实验组 6 个新生儿数据看作第一个总体 $N_1(\boldsymbol{\mu}_1,\boldsymbol{\Sigma})$ 的样本；对照组 7 个新生儿数据看作第二个总体 $N_2(\boldsymbol{\mu}_2,\boldsymbol{\Sigma})$ 的样本。检验实验组和对照组的新生儿身体发育状况有无显著差异就是检验两个正态总体的均值向量是否相等，即检验假设：$H_0:\boldsymbol{\mu}_1=\boldsymbol{\mu}_2$；$H_1:\boldsymbol{\mu}_1\neq\boldsymbol{\mu}_2$。本例的协方差矩阵 $\boldsymbol{\Sigma}$ 未知，取检验统计量

$$T^2=\frac{n_1n_2}{n_1+n_2}(\bar{\boldsymbol{X}}_1-\bar{\boldsymbol{X}}_2)'\boldsymbol{S}_T^{-1}(\bar{\boldsymbol{X}}_1-\bar{\boldsymbol{X}}_2)$$

其中，$\boldsymbol{S}_T=\dfrac{(n_1-1)\boldsymbol{S}_1+(n_2-1)\boldsymbol{S}_2}{n_1+n_2-2}$。$\boldsymbol{S}_1,\boldsymbol{S}_2$ 分别是两个总体 $N_1(\boldsymbol{\mu}_1,\boldsymbol{\Sigma})$ 和 $N_2(\boldsymbol{\mu}_2,\boldsymbol{\Sigma})$ 的

样本协方差矩阵。H_0 为真时，$T^2 \sim T^2(p, n_1+n_2-2)=T^2(2,11)$。由表 6-1 可算得

$$\bar{\boldsymbol{X}}_1=\begin{pmatrix}3.65\\51.67\end{pmatrix},\quad \bar{\boldsymbol{X}}_2=\begin{pmatrix}3.15\\48.57\end{pmatrix},\quad \bar{\boldsymbol{X}}_1-\bar{\boldsymbol{X}}_2=\begin{pmatrix}0.50\\3.10\end{pmatrix}$$

$$\boldsymbol{S}_1=\begin{pmatrix}0.142 & 0.245\\0.245 & 4.267\end{pmatrix},\quad \boldsymbol{S}_2=\begin{pmatrix}0.091 & 0.211\\0.211 & 6.619\end{pmatrix}$$

$$\boldsymbol{S}_T=\frac{5\times \boldsymbol{S}_1+6\times \boldsymbol{S}_2}{6+7-2}=\begin{pmatrix}0.114 & 0.226\\0.226 & 5.550\end{pmatrix},\quad \boldsymbol{S}_T^{-1}=\begin{pmatrix}9.522 & -0.387\\-0.387 & 0.200\end{pmatrix}$$

$$T^2=\frac{n_1 n_2}{n_1+n_2}(\bar{\boldsymbol{X}}_1-\bar{\boldsymbol{X}}_2)'\boldsymbol{S}_T^{-1}(\bar{\boldsymbol{X}}_1-\bar{\boldsymbol{X}}_2)$$

$$=\frac{42}{13}\times(0.53\quad 3.10)\begin{pmatrix}9.522 & -0.387\\-0.387 & 0.200\end{pmatrix}\begin{pmatrix}0.53\\3.10\end{pmatrix}=10.616$$

利用 T^2 与 F 的关系，转化为 F 统计量

$$F=\frac{n_1+n_2-p-1}{(n_1+n_2-2)p}T^2 \sim F(2,10)$$

计算得 $F=\frac{10}{22}\times 10.616=4.83$，查附表 B-4 得 $F_\alpha(p, n_1+n_2-p-1)=F_{0.05}(2,10)=4.10$，故 $F>F_{0.05}(2,10)$，因此拒绝原假设，即认为实验组和对照组的新生儿身体发育状况有显著差异。

6.2 判别分析

判别分析是利用已知类别的样本模型为未知类别样本判类的一种统计方法。它产生于 20 世纪 30 年代。判别分析最著名的例子是 1936 年费希尔的鸢尾花数据。鸢尾花有山鸢尾(setosa)、变色鸢尾(versicolor)、维吉尼亚鸢尾(verginica)三种，这三种鸢尾花很像，人们试图根据萼片的长、宽和花瓣的长、宽四个维度数据建立鸢尾花种类判别模型，以此判别鸢尾花的种类。在医学研究中也会遇到这类问题，例如，临床上常需根据就诊者的各项症状、体征、实验室检查、病理学检查及医学影像学资料等作出是否患有某种疾病的诊断或对可能患有的几种疾病进行鉴别诊断，有时已初步诊断为某种疾病，还需进一步作出属该类疾病中哪一种或哪一类型的判断。

判别分析的特点是首先根据已掌握的、历史上每个类别的若干样本的数据信息，总结出客观事物分类的规律性，建立判别模型或判别准则。然后，当遇到新的样本点时，只需要根据总结出来的判别模型或判别准则判别该样本点所属的类别。近年来，在自然科学、社会科学中都有广泛的应用。如判断某企业是否偷漏税、医生对病情的诊断、信用风险的判定、成功概率的判定、企业运行状态或财务状况的判定等都可以用判别分析进行研究。

判别分析内容丰富，方法多种多样。判别分析按分类数的不同分为两个总体的判别分析和多总体的判别分析；按判别模型来分，有线性判别和非线性判别。本节仅介绍几种常用的判别方法：距离判别法、贝叶斯判别法和费希尔判别法。

6.2.1 距离判别法

1. 马氏距离

在多元统计分析中，距离的概念十分重要，样品间的关系特征都可以用距离来描述。

设 $\boldsymbol{X}=(X_1,X_2,\cdots,X_p)'$ 是 p 维随机向量，其两个样品观测值 $\boldsymbol{x}_{(1)}=(x_{11},x_{12},\cdots,x_{1p})'$ 和 $\boldsymbol{x}_{(2)}=(x_{21},x_{22},\cdots,x_{2p})'$ 可以看作 p 维欧氏空间 R^p 的两个 p 维向量，则两个 p 维向量的欧氏距离定义为

$$d(\boldsymbol{x}_{(1)},\boldsymbol{x}_{(2)})=\sqrt{(\boldsymbol{x}_{(1)}-\boldsymbol{x}_{(2)})'(\boldsymbol{x}_{(1)}-\boldsymbol{x}_{(2)})}=\sqrt{\sum_{j=1}^{p}(x_{1j}-x_{2j})^2}$$

但是欧氏距离没有考虑到不同变量变化的尺度不同，如观察指标为长度时，长度单位选择米和选择厘米时算出的距离绝对数将相差很大；同时，欧氏距离也没有考虑到变量与变量之间的相关性。下面定义一种距离既能消除变量数据单位尺度不同的影响又能反映变量间的相关性，即**统计距离**，也称为**马氏距离**。

定义 6.2.1 两个样品 $\boldsymbol{x}_{(1)}=(x_{11},x_{12},\cdots,x_{1p})'$ 和 $\boldsymbol{x}_{(2)}=(x_{21},x_{22},\cdots,x_{2p})'$ 的马氏距离为

$$d=\sqrt{(\boldsymbol{x}_{(1)}-\boldsymbol{x}_{(2)})'\boldsymbol{\Sigma}^{-1}(\boldsymbol{x}_{(1)}-\boldsymbol{x}_{(2)})}$$

根据这个定义，方差更大的变量贡献更小的权重，两个高度相关的变量的贡献小于两个相关性较低的变量，同时消除了变量单位尺度的影响。马氏距离是多元统计分析中非常重要的一个概念，对后续学习判别分析、聚类分析等都有很大的作用。

2. 两总体的距离判别

1）总体均值向量和协方差矩阵已知

设有两个总体 G_1,G_2，其均值向量分别为 $\boldsymbol{\mu}_1$ 和 $\boldsymbol{\mu}_2$，协方差矩阵相等，都等于 $\boldsymbol{\Sigma}$。对于一个新样本 $\boldsymbol{X}$，要判断它属于哪个总体。

最直观的想法是，计算 $\boldsymbol{X}$ 到两总体 G_1,G_2 的距离，并按以下标准进行判断：

$$\begin{cases}\boldsymbol{X}\in G_1, d(\boldsymbol{X},G_1)<d(\boldsymbol{X},G_2)\\ \boldsymbol{X}\in G_2, d(\boldsymbol{X},G_2)<d(\boldsymbol{X},G_1)\\ \text{待判}, d(\boldsymbol{X},G_1)=d(\boldsymbol{X},G_2)\end{cases}$$

当总体 G_1,G_2 为正态分布时，选用马氏距离，即

$$d^2(\boldsymbol{X},G_1)=(\boldsymbol{X}-\boldsymbol{\mu}_1)'\boldsymbol{\Sigma}_1^{-1}(\boldsymbol{X}-\boldsymbol{\mu}_1)$$
$$d^2(\boldsymbol{X},G_2)=(\boldsymbol{X}-\boldsymbol{\mu}_2)'\boldsymbol{\Sigma}_2^{-1}(\boldsymbol{X}-\boldsymbol{\mu}_2)$$

这里 $\boldsymbol{\mu}_1,\boldsymbol{\mu}_2$ 分别是总体 G_1,G_2 的均值向量，$\boldsymbol{\Sigma}_1,\boldsymbol{\Sigma}_2$ 分别是 G_1,G_2 的协方差矩阵。

当 $\boldsymbol{\Sigma}_1=\boldsymbol{\Sigma}_2=\boldsymbol{\Sigma}$ 时

$$\begin{aligned}d^2(\boldsymbol{X},G_1)-d^2(\boldsymbol{X},G_2)&=(\boldsymbol{X}-\boldsymbol{\mu}_1)'\boldsymbol{\Sigma}^{-1}(\boldsymbol{X}-\boldsymbol{\mu}_1)-(\boldsymbol{X}-\boldsymbol{\mu}_2)'\boldsymbol{\Sigma}^{-1}(\boldsymbol{X}-\boldsymbol{\mu}_2)\\&=2\boldsymbol{X}'\boldsymbol{\Sigma}^{-1}(\boldsymbol{\mu}_2-\boldsymbol{\mu}_1)+\boldsymbol{\mu}_1'\boldsymbol{\Sigma}^{-1}\boldsymbol{\mu}_1-\boldsymbol{\mu}_2'\boldsymbol{\Sigma}^{-1}\boldsymbol{\mu}_2\\&=-2\left(\boldsymbol{X}-\frac{\boldsymbol{\mu}_1+\boldsymbol{\mu}_2}{2}\right)'\boldsymbol{\Sigma}^{-1}(\boldsymbol{\mu}_1-\boldsymbol{\mu}_2)\end{aligned}$$

令

$$\bar{\boldsymbol{\mu}}=\frac{\boldsymbol{\mu}_1+\boldsymbol{\mu}_2}{2},\quad \boldsymbol{\alpha}=\boldsymbol{\Sigma}^{-1}(\boldsymbol{\mu}_1-\boldsymbol{\mu}_2)$$

则

$$d^2(\boldsymbol{X},G_1)-d^2(\boldsymbol{X},G_2)=-2(\boldsymbol{X}-\bar{\boldsymbol{\mu}})'\boldsymbol{\alpha}$$

记

$$W(\boldsymbol{X})=\boldsymbol{\alpha}'(\boldsymbol{X}-\bar{\boldsymbol{\mu}}) \tag{6.2.1}$$

则判别规则可表示为

$$\begin{cases}\boldsymbol{X}\in G_1, W(\boldsymbol{X})>0\\ \boldsymbol{X}\in G_2, W(\boldsymbol{X})<0\\ \text{待判}, W(\boldsymbol{X})=0\end{cases} \tag{6.2.2}$$

$W(\boldsymbol{X})$称为**判别函数**。它是 $\boldsymbol{X}$ 的线性函数,又称为**线性判别函数**,$\boldsymbol{\alpha}$ 称为**判别系数**。

线性判别函数是使用最方便、实际应用最广的判别工具。

当两总体协方差矩阵$\boldsymbol{\Sigma}_1,\boldsymbol{\Sigma}_2$ 不相等时,可用

$$\begin{aligned}W(\boldsymbol{X})&=d^2(\boldsymbol{X},G_1)-d^2(\boldsymbol{X},G_2)\\&=(\boldsymbol{X}-\boldsymbol{\mu}_1)'\boldsymbol{\Sigma}_1^{-1}(\boldsymbol{X}-\boldsymbol{\mu}_1)-(\boldsymbol{X}-\boldsymbol{\mu}_2)'\boldsymbol{\Sigma}_2^{-1}(\boldsymbol{X}-\boldsymbol{\mu}_2)\end{aligned}$$

作为判别函数,这时它是 $\boldsymbol{X}$ 的二次函数。

例 6.2.1 在企业的考核中,可以根据企业的生产经营情况把企业分为优秀企业和一般企业。考核企业经营状况的指标有:资金利润率$=\dfrac{\text{利润总额}}{\text{资金占用总额}}$;劳动生产率$=\dfrac{\text{总产值}}{\text{职工平均人数}}$;产品净值率$=\dfrac{\text{净产值}}{\text{总产值}}$。三个指标的均值向量和协方差矩阵如表 6-2 所示。

表 6-2 企业经营状况数据

变量	均值向量		协方差矩阵		
	优秀	一般			
资金利润率	13.5	5.4	68.39	40.24	21.41
劳动生产率	40.7	29.8	40.24	54.58	11.67
产品净值率	10.7	6.2	21.41	11.67	7.90

现有两个企业,观测值分别为(7.8,39.1,9.6)和(8.1,34.2,6.9),问这两个企业应该属于哪一类?

解 把优秀企业和一般企业看作两个不同的总体,并且假设这两个总体协方差矩阵相等,可运用判别规则式(6.2.2)进行判别:

$$\boldsymbol{\Sigma}^{-1}=\begin{pmatrix}0.1193&-0.0275&-0.2828\\-0.0275&0.0331&0.0257\\-0.2828&0.0257&0.8550\end{pmatrix}$$

$$\boldsymbol{\mu}_1-\boldsymbol{\mu}_2=\begin{pmatrix}8.1\\10.9\\4.5\end{pmatrix},\quad \frac{\boldsymbol{\mu}_1+\boldsymbol{\mu}_2}{2}=\begin{pmatrix}9.45\\35.25\\8.45\end{pmatrix}$$

则判别系数为

$$\boldsymbol{\alpha}'=\boldsymbol{\Sigma}^{-1}(\boldsymbol{\mu}_1-\boldsymbol{\mu}_2)=\begin{pmatrix}-0.6058\\0.2536\\1.8368\end{pmatrix}$$

判别函数的常数项

$$\left(\frac{\boldsymbol{\mu}_1+\boldsymbol{\mu}_2}{2}\right)'\boldsymbol{\Sigma}^{-1}(\boldsymbol{\mu}_1-\boldsymbol{\mu}_2)=(9.45\quad 35.25\quad 8.45)\begin{pmatrix}-0.6058\\0.2536\\1.8368\end{pmatrix}=18.7360$$

判别函数为

$$y=-0.6058x_1+0.2536x_2+1.8368x_3-18.7360$$

$$y_1=-0.6058\times 7.8+0.2536\times 39.1+1.8368\times 9.6-18.7358=4.089>0$$

$$y_2=-0.6058\times 8.1+0.2536\times 34.2+1.8368\times 6.9-18.7358=-2.295<0$$

所以第一个企业应属于一类，第二个企业属于二类。

2）总体均值向量和协方差矩阵未知

在实际应用中，总体的均值向量和协方差矩阵一般是未知的，可由样本均值向量和样本协方差矩阵分别进行估计。设

$$\boldsymbol{X}_1^{(1)},\boldsymbol{X}_2^{(1)},\cdots,\boldsymbol{X}_{n_1}^{(1)};\quad \boldsymbol{X}_1^{(2)},\boldsymbol{X}_2^{(2)},\cdots,\boldsymbol{X}_{n_2}^{(2)}$$

是分别来自总体 G_1,G_2 的样本，则均值向量 $\boldsymbol{\mu}_1,\boldsymbol{\mu}_2$ 的一个无偏估计分别为

$$\hat{\boldsymbol{\mu}}_1=\frac{1}{n_1}\sum_{i=1}^{n_1}\boldsymbol{X}_i^{(1)}=\bar{\boldsymbol{X}}_1,\quad \hat{\boldsymbol{\mu}}_2=\frac{1}{n_2}\sum_{i=1}^{n_2}\boldsymbol{X}_i^{(2)}=\bar{\boldsymbol{X}}_2$$

$\boldsymbol{\Sigma}$ 的一个联合无偏估计为

$$\hat{\boldsymbol{\Sigma}}=\frac{1}{n_1+n_2-2}[(n_1-1)\boldsymbol{S}_1+(n_2-1)\boldsymbol{S}_2]$$

其中，$\bar{\boldsymbol{X}}_1,\bar{\boldsymbol{X}}_2$ 分别是 G_1,G_2 的样本均值向量；$\boldsymbol{S}_1,\boldsymbol{S}_2$ 分别是 G_1,G_2 的样本协方差矩阵。

此时判别函数为

$$\hat{W}(\boldsymbol{X})=\hat{\boldsymbol{\alpha}}'(\boldsymbol{X}-\bar{\boldsymbol{X}})$$

其中，

$$\bar{\boldsymbol{X}}=\frac{1}{2}(\bar{\boldsymbol{X}}_1+\bar{\boldsymbol{X}}_2),\quad \hat{\boldsymbol{\alpha}}=\hat{\boldsymbol{\Sigma}}^{-1}(\bar{\boldsymbol{X}}_1-\bar{\boldsymbol{X}}_2)$$

判别规则为

$$\begin{cases}\boldsymbol{X}\in G_1,\hat{W}(\boldsymbol{X})>0\\ \boldsymbol{X}\in G_2,\hat{W}(\boldsymbol{X})<0\\ \text{待判},\hat{W}(\boldsymbol{X})=0\end{cases}$$

3. 多个总体的距离判别

1）协方差矩阵相同

设有 k 个($k\geqslant 3$)总体 $G_1,G_2,\cdots,G_k$，其均值向量分别为 $\boldsymbol{\mu}_1,\boldsymbol{\mu}_2,\cdots,\boldsymbol{\mu}_k$，协方差矩阵均

为$\boldsymbol{\Sigma}$，对于新样本$\boldsymbol{X}$，判断它归为哪个总体。

类似于两总体的讨论，计算$\boldsymbol{X}$到每一个总体的距离：

$$d^2(\boldsymbol{X},G_i)=(\boldsymbol{X}-\boldsymbol{\mu}_i)'\boldsymbol{\Sigma}^{-1}(\boldsymbol{X}-\boldsymbol{\mu}_i)=\boldsymbol{X}'\boldsymbol{\Sigma}^{-1}\boldsymbol{X}-2\boldsymbol{\mu}_i'\boldsymbol{\Sigma}^{-1}\boldsymbol{X}+\boldsymbol{\mu}_i'\boldsymbol{\Sigma}^{-1}\boldsymbol{\mu}_i$$

上式第一项$\boldsymbol{X}'\boldsymbol{\Sigma}^{-1}\boldsymbol{X}$与$i$无关，舍去，得到一个等价的函数：

$$g_i(\boldsymbol{X})=-2\boldsymbol{\mu}_i'\boldsymbol{\Sigma}^{-1}\boldsymbol{X}+\boldsymbol{\mu}_i'\boldsymbol{\Sigma}^{-1}\boldsymbol{\mu}_i=-2(\boldsymbol{\mu}_i'\boldsymbol{\Sigma}^{-1}\boldsymbol{X}-0.5\boldsymbol{\mu}_i'\boldsymbol{\Sigma}^{-1}\boldsymbol{\mu}_i)$$

令

$$f_i(\boldsymbol{X})=\boldsymbol{X}'\boldsymbol{\Sigma}^{-1}\boldsymbol{\mu}_i-0.5\boldsymbol{\mu}_i'\boldsymbol{\Sigma}^{-1}\boldsymbol{\mu}_i$$

此即为判别函数，它是关于$\boldsymbol{X}$的线性函数。

判别规则为

$$f_l(\boldsymbol{X})=\max_{1\leqslant i\leqslant k}f_i(\boldsymbol{X}),\quad 则\ \boldsymbol{X}\in G_l$$

这与前面提出的判别规则是等价的。

2）协方差矩阵不相同

设总体$G_1,G_2,\cdots,G_k$的协方差矩阵分别为$\boldsymbol{\Sigma}_1,\boldsymbol{\Sigma}_2,\cdots,\boldsymbol{\Sigma}_k$，它们不全相等。计算$\boldsymbol{X}$到各个总体的马氏距离，即

$$d^2(\boldsymbol{X},G_\alpha)=(\boldsymbol{X}-\boldsymbol{\mu}_\alpha)'\boldsymbol{\Sigma}_\alpha^{-1}(\boldsymbol{X}-\boldsymbol{\mu}_\alpha),\quad \alpha=1,2,\cdots,k$$

则判别规则为

$$若\ d(\boldsymbol{X},G_i)=\min_{1\leqslant\alpha\leqslant k}d(\boldsymbol{X},G_\alpha),\quad 则\ \boldsymbol{X}\in G_i$$

6.2.2 贝叶斯判别法

距离判别只要求知道总体的数字特征，不涉及总体的分布函数，当总体均值向量和总体协方差矩阵未知时，就用样本均值向量和样本协方差矩阵来估计。距离判别方法简单实用，但没有考虑到每个总体出现的先验概率大小，没有考虑到误判的损失。事实上，不同的误判带来的损失是不同的，如通常认为“将一个实际患病的人误判为正常人”，其误判损失就大于“将一个正常人误诊为患者”。贝叶斯判别法正是为了解决这两个问题而提出的判别分析方法，它既考虑了总体的先验概率，又考虑了误判损失的大小。

贝叶斯统计思想是假定对研究对象已有一定的认知，常用先验概率描述这种认知，然后取得一个样本来修正已有的认知得到后验概率，各种统计推断都是通过后验概率分布来进行。将贝叶斯思想用于判别分析就得到贝叶斯判别。贝叶斯判别法是基于两个准则进行的：一是最大后验准则；二是最小平均误判损失准则。

1. 最大后验准则

设有k个总体$G_1,G_2,\cdots,G_k$，第i个总体G_i的概率密度函数为$f_i(\boldsymbol{x})$；根据以往经验知道G_i出现的概率（先验概率）为

$$q_i(i=1,2,\cdots,k)$$

则当$\boldsymbol{X}=\boldsymbol{x}_0$时，它属于类$G_i$的概率可由贝叶斯公式表示为

$$P\{G_i\mid\boldsymbol{x}_0\}=\frac{q_if_i(\boldsymbol{x}_0)}{\sum_{j=1}^{k}q_jf_j(\boldsymbol{x}_0)}$$

根据最大后验准则，判别规则如下。

若

$$P\{G_l \mid \boldsymbol{x}_0\}=\max_{1\leqslant i\leqslant k}\frac{q_i f_i(\boldsymbol{x}_0)}{\sum_{j=1}^{k} q_j f_j(\boldsymbol{x}_0)}$$

即若

$$q_l f_l(\boldsymbol{x}_0)=\max_{1\leqslant i\leqslant k} q_i f_i(\boldsymbol{x}_0)$$

则 $\boldsymbol{x}_0\in G_l$。

例 6.2.2 设有三个总体 G_1,G_2,G_3，三个总体出现的概率分别为 $q_1=q_2=q_3=\frac{1}{3}$，其服从的分布分别为 $N(2,0.5^2)$，$N(0,2^2)$，$N(3,1^2)$。试用最大后验准则判别样品 $x=2.5$ 应该归于哪一类？

解 计算样品 $x=2.5$ 属于 $G_i(i=1,2,3)$的后验概率：

$$P\{G_i \mid \boldsymbol{x}\}=\frac{q_i f_i(\boldsymbol{x})}{\sum_{j=1}^{3} q_j f_j(\boldsymbol{x})}$$

$$P\{G_1 \mid x=2.5\}=\frac{0.1613}{0.1613+0.034+0.1174}=\frac{0.1613}{0.3091}=0.5218$$

$$P\{G_2 \mid x=2.5\}=\frac{0.0304}{0.1613+0.034+0.1174}=\frac{0.0304}{0.3091}=0.0984$$

$$P\{G_3 \mid x=2.5\}=\frac{0.1174}{0.1613+0.034+0.1174}=\frac{0.1174}{0.3091}=0.3798$$

因为 $0.0984<0.3798<0.5218$，所以样品 $x=2.5$ 应归判于 G_1。

2. 最小平均误判损失准则

最小平均误判损失准则也称为贝叶斯判别准则。最小平均误判损失准则既考虑了先验概率的不同，还考虑了误判损失的大小。

设有总体 $G_1,G_2,\cdots,G_k$，$G_i(i=1,2,\cdots,k)$具有 p 维概率密度函数 $f_i(\boldsymbol{x})$，且这 k 个总体的先验概率分别为

$$p_1,p_2,\cdots,p_k,\quad p_1+p_2+\cdots+p_k=1$$

贝叶斯判别规则是，找到 R^p 的一个划分 $D_1,D_2,\cdots,D_k$，当样品 $\boldsymbol{X}$ 落入 D_i 时，可判 $\boldsymbol{X}\in G_i(i=1,2,\cdots,k)$。关键的问题是如何获得这个划分以及划分的原则是什么。下面介绍在“平均误判损失最小”原则下如何取得 R^p 的这个划分。

来自总体 G_i 的样品被误判到总体 G_j 的条件概率称为**误判概率**。即

$$p(j \mid i)=\begin{cases}\iint_{D_j} f_i(\boldsymbol{x})\mathrm{d}\boldsymbol{x}, & i\neq j\\ 0, & i=j(i,j=1,2,\cdots,k)\end{cases}$$

用 $c(j \mid i)$表示相应误判所造成的损失，则样品 $\boldsymbol{x}$ 的**平均误判损失**定义为

$$ECM=\sum_{i=1}^{k} q_i \sum_{j=1}^{k} c(j \mid i)p(j \mid i)=\sum_{i=1}^{k} q_i r_i$$

其中，$r_i=\sum_{j=1}^{k}c(j|i)p(j|i)$ 表示将实际属于 G_i 的样品误判为其他总体的平均损失。使 ECM 最小的 R^p 的划分 $D_1,D_2,\cdots,D_k$ 即是贝叶斯判别的解。

定理 6.2.1 设有 k 个总体 $G_1,G_2,\cdots,G_k$，已知 G_i 的概率密度函数为 $f_i(\boldsymbol{x})$，先验概率为 $q_i(i=1,2,\cdots,k)$，来自总体 G_i 的样品被误判到总体 G_j 的误判损失为 $c(j|i)$，则贝叶斯判别的解 $D^*=\{D_1^*,D_2^*,\cdots,D_k^*\}$ 为

$$D_s^*=\{\boldsymbol{x}\mid R_s(\boldsymbol{x})=\min_{1\leqslant t\leqslant k}h_t(\boldsymbol{x})\}$$

其中，$h_t(\boldsymbol{x})=\sum_{i=1}^{k}q_ic(t|i)f_i(\boldsymbol{x})$，它表示把样品 $\boldsymbol{x}$ 误判归 G_t 的平均损失。

证明 设 $D=\{D_1,D_2,\cdots,D_k\}$ 是 R^p 的任意一种划分，则它带来的平均误判损失为

$$\begin{aligned}ECM&=\sum_{i=1}^{k}q_i\sum_{j=1}^{k}c(j|i)\int_{D_j}f_i(\boldsymbol{x})\mathrm{d}\boldsymbol{x}\\&=\sum_{j=1}^{k}\int_{D_j}\sum_{i=1}^{k}q_ic(j|i)f_i(\boldsymbol{x})\mathrm{d}\boldsymbol{x}\\&=\sum_{j=1}^{k}\int_{D_j}h_j(\boldsymbol{x})\mathrm{d}\boldsymbol{x}\end{aligned}$$

则对于划分 D^*，它带来的平均误判损失为

$$ECM^*=\sum_{s=1}^{k}\int_{D_s^*}h_s(\boldsymbol{x})\mathrm{d}\boldsymbol{x}$$

则两种划分下，样品 $\boldsymbol{X}$ 平均误判损失的差为

$$\begin{aligned}ECM^*-ECM&=\sum_{s=1}^{R}\int_{D_s^*}h_s(\boldsymbol{x})\mathrm{d}\boldsymbol{x}-\sum_{j=1}^{k}\int_{D_j}h_j(\boldsymbol{x})\mathrm{d}\boldsymbol{x}\\&=\sum_{j=1}^{k}\sum_{s=1}^{R}\int_{D_s^*\cap D_j}[h_s(\boldsymbol{x})-h_j(\boldsymbol{x})]\mathrm{d}\boldsymbol{x}\end{aligned}$$

由 D^* 的定义知：$h_s(\boldsymbol{x})\leqslant h_j(\boldsymbol{x})(j=1,2,\cdots,k)$，故有 $ECM^*\leqslant ECM$，即

$$ECM^*=\min_{一切划分D}ECM$$

故 D^* 即为贝叶斯判别的解。

由定理 6.2.1 可知贝叶斯判别的步骤如下。

(1) 对待判样品 $\boldsymbol{x}$，分别计算 $h_t(\boldsymbol{x})(t=1,2,\cdots,k)$。

(2) 选择其中最小者，待判样本归于相应的总体。

例 6.2.3 设有两个正态总体 G_1 和 G_2，已知 $\boldsymbol{\mu}_1=\begin{pmatrix}10\\15\end{pmatrix}$，$\boldsymbol{\mu}_2=\begin{pmatrix}20\\25\end{pmatrix}$，$\boldsymbol{\Sigma}_1=\boldsymbol{\Sigma}_2=\boldsymbol{\Sigma}\begin{pmatrix}18&12\\12&32\end{pmatrix}$，先验概率分别为 $q_1=q_2$ 且 $c(2|1)=10$，$c(1|2)=75$，试问样品 $\boldsymbol{x}^{(1)}=\begin{pmatrix}20\\20\end{pmatrix}$ 和 $\boldsymbol{x}^{(2)}=\begin{pmatrix}15\\20\end{pmatrix}$ 分别应归于哪一类。

解 根据定理 6.2.1，只需计算 $h_1(\boldsymbol{x})=q_2c(1|2)f_2(\boldsymbol{x})$，$h_2(\boldsymbol{x})=q_1c(2|1)f_1(\boldsymbol{x})$，并

比较 $h_1(\boldsymbol{x})$ 与 $h_2(\boldsymbol{x})$ 的大小。

$$\frac{h_1(\boldsymbol{x})}{h_2(\boldsymbol{x})}=\frac{c(1|2)}{c(2|1)}\frac{f_2(\boldsymbol{x})}{f_1(\boldsymbol{x})}=\frac{75}{10}\times\frac{f_2(\boldsymbol{x})}{f_1(\boldsymbol{x})}$$

$$=7.5\exp\left\{-\frac{1}{2}\left[(\boldsymbol{x}-\boldsymbol{\mu}_2)'\boldsymbol{\Sigma}^{-1}(\boldsymbol{x}-\boldsymbol{\mu}_2)-(\boldsymbol{x}-\boldsymbol{\mu}_1)'\boldsymbol{\Sigma}^{-1}(\boldsymbol{x}-\boldsymbol{\mu}_1)\right]\right\}$$

$$=7.5\exp\{-(\boldsymbol{x}-\bar{\boldsymbol{\mu}})'\boldsymbol{\Sigma}^{-1}(\boldsymbol{\mu}_1-\boldsymbol{\mu}_2)\},\quad \bar{\boldsymbol{\mu}}=\frac{\boldsymbol{\mu}_1+\boldsymbol{\mu}_2}{2}=\begin{pmatrix}15\\20\end{pmatrix}$$

当 $\boldsymbol{x}^{(1)}=\begin{pmatrix}20\\20\end{pmatrix}$ 时，$\dfrac{h_1(\boldsymbol{x}^{(1)})}{h_2(\boldsymbol{x}^{(1)})}=7.5\times e^{125/54}=75.9229>1$，所以 $h_1(\boldsymbol{x})>h_2(\boldsymbol{x})$，则判 $\boldsymbol{x}^{(1)}\in G_2$。

当 $\boldsymbol{x}^{(2)}=\begin{pmatrix}15\\20\end{pmatrix}$ 时，$\dfrac{h_1(\boldsymbol{x}^{(2)})}{h_2(\boldsymbol{x}^{(2)})}=7.5\times e^0=7.5>1$，所以 $h_1(\boldsymbol{x})>h_2(\boldsymbol{x})$，则判 $\boldsymbol{x}^{(2)}\in G_2$。

6.2.3 费希尔判别法

费希尔判别法是由统计学家费希尔于 1936 年提出来的，该方法采用投影的思想，通过将 r 组 p 维数据投影到某一个方向上，使得投影后组与组之间尽可能地分开，然后用一元方差分析的思想推导出判别函数。

假设有 r 个总体 $G_1,G_2,\cdots,G_r$。来自第 i 个总体的样本为 $\boldsymbol{X}_1^{(i)},\boldsymbol{X}_2^{(i)},\cdots,\boldsymbol{X}_{n_i}^{(i)}(i=1,2,\cdots,r)$，样本均值向量为 $\bar{\boldsymbol{X}}_i=\dfrac{1}{n_i}\sum\limits_{k=1}^{n_i}\boldsymbol{X}_k^{(i)}$，所有样本的均值向量为 $\bar{\boldsymbol{X}}=\dfrac{1}{r}\sum\limits_{i=1}^{r}\bar{\boldsymbol{X}}_i$。

借鉴方差分析思想，费希尔判别的目标就是找到方向 $\boldsymbol{a}$，使多总体"组间方差"与"组内方差"的比值达到最大，即使目标函数

$$\Delta(\boldsymbol{a})=\frac{\boldsymbol{a}'\boldsymbol{B}\boldsymbol{a}}{\boldsymbol{a}'\boldsymbol{W}\boldsymbol{a}}=\frac{\boldsymbol{a}'\left[\sum\limits_{k=1}^{r}n_k(\bar{\boldsymbol{X}}_k-\bar{\boldsymbol{X}})(\bar{\boldsymbol{X}}_k-\bar{\boldsymbol{X}})'\right]\boldsymbol{a}}{\boldsymbol{a}'\left[\sum\limits_{k=1}^{r}\sum\limits_{j=1}^{n_k}(\boldsymbol{X}_j^{(k)}-\bar{\boldsymbol{X}}_k)(\boldsymbol{X}_j^{(k)}-\bar{\boldsymbol{X}}_k)'\right]\boldsymbol{a}}\tag{6.2.3}$$

达到最大。其中

$$\boldsymbol{B}=\sum_{k=1}^{r}n_k(\bar{\boldsymbol{X}}_k-\bar{\boldsymbol{X}})(\bar{\boldsymbol{X}}_k-\bar{\boldsymbol{X}})',\quad \boldsymbol{W}=\sum_{k=1}^{r}\sum_{j=1}^{n_k}(\boldsymbol{X}_j^{(k)}-\bar{\boldsymbol{X}}_k)(\boldsymbol{X}_j^{(k)}-\bar{\boldsymbol{X}}_k)'$$

分别表示组间方差矩阵和组内方差矩阵。

任取非零常数 c，用 $c\boldsymbol{a}$ 代替 $\boldsymbol{a}$，则式(6.2.3)中的 $\Delta(\boldsymbol{a})$ 保持不变，为保证结果的唯一性，要对 $\boldsymbol{a}$ 加以约束。约定判别函数 $y=\boldsymbol{a}'\boldsymbol{x}$ 方差为 1，即 $\boldsymbol{a}'\boldsymbol{\Sigma}\boldsymbol{a}=1$。$\boldsymbol{\Sigma}$ 常常未知，用其无偏估计 $\boldsymbol{S}_p=\dfrac{1}{n-r}\boldsymbol{W}$ 代替，故约束 $\boldsymbol{a}$ 满足条件 $\boldsymbol{a}'\boldsymbol{S}_p\boldsymbol{a}=1$。

定理 6.2.2 $\boldsymbol{W},\boldsymbol{B}$ 分别表示 r 个总体样本的组内方差矩阵和组间方差矩阵。矩阵 $\boldsymbol{W}^{-1}\boldsymbol{B}$ 的非零特征值按从大到小排列为

$$\lambda_1>\lambda_2>\cdots>\lambda_s>\boldsymbol{0},\quad 其中\ s\leqslant\min(r-1,p)$$

对应于各特征值的标准化特征向量(满足条件 $\boldsymbol{e}'\boldsymbol{S}_p\boldsymbol{e}=1$)分别为 $\boldsymbol{e}_1,\boldsymbol{e}_2,\cdots,\boldsymbol{e}_s$，则方向 $\boldsymbol{a}=\boldsymbol{e}_1$

时，$\Delta(\boldsymbol{a})$取得最大值λ_1。因此，投影到方向$\boldsymbol{a}=\boldsymbol{e}_1$时，可最大化将各群体样本分开。称线性组合$Y_1=\boldsymbol{e}_1'\boldsymbol{X}$为费希尔**第一判别函数**。

在有些问题中，仅用一个判别函数不能很好地区分各个总体，或者说各群体的差异性表示不够清晰，各组未能很好地分开。这就可以根据实际需要选择多个投影方向，建立多个判别函数。称线性组合$Y_2=\boldsymbol{e}_2'\boldsymbol{X}$为费希尔**第二判别函数**，以此类推。

例 6.2.4 判别分析最著名的例子就是1936年费希尔提出的鸢尾花数据案例。鸢尾花是法国的国花，其中有三个种类最为有名：山鸢尾、变色鸢尾、维尼吉亚鸢尾。这三种鸢尾花很像，人们试图建立模型，根据鸢尾花花瓣长(x_1)、花瓣宽(x_2)、萼片长(x_3)、萼片宽(x_4)四个指标数据对鸢尾花进行分类。表6-3是150朵已知种类的鸢尾花的花瓣长、花瓣宽、萼片长、萼片宽数据，三种鸢尾花各有50个样本。

表 6-3 150 朵鸢尾花特征数据

编　号	类　别	x_1	x_2	x_3	x_4
1	1	50	33	14	02
2	3	64	28	56	22
3	2	65	28	46	15
4	3	67	31	56	24
5	3	63	28	51	15
6	1	46	34	14	03
7	3	69	31	51	23
8	2	62	22	45	15
9	2	59	32	48	18
10	1	46	36	10	02
⋮	⋮	⋮	⋮	⋮	⋮
141	2	55	23	40	13
142	2	66	30	44	14
143	2	68	28	48	14
144	1	54	34	17	02
145	1	51	37	15	04
146	1	52	35	15	02
147	3	58	28	51	24
148	2	67	30	50	17
149	3	63	33	60	25
150	1	53	37	15	02

试建立鸢尾花的费希尔判别模型。

解 三个种类的鸢尾花看作三个总体G_1, G_2, G_3，它们样本均值向量分别为

$$\bar{\boldsymbol{x}}_1=\begin{bmatrix}50.06\\34.28\\14.62\\2.46\end{bmatrix},\quad \bar{\boldsymbol{x}}_2=\begin{bmatrix}59.36\\27.70\\42.60\\13.26\end{bmatrix},\quad \bar{\boldsymbol{x}}_3=\begin{bmatrix}65.88\\29.74\\55.52\\20.26\end{bmatrix}$$

所有样本的均值为

$$\bar{\boldsymbol{x}}=\frac{1}{3}\sum_{i=1}^{3}\bar{\boldsymbol{x}}_i=\begin{pmatrix}58.43\\30.57\\37.58\\11.99\end{pmatrix}$$

三样本的组间差异为

$$\boldsymbol{B}=\sum_{k=1}^{3}n_k(\bar{\boldsymbol{x}}_k-\bar{\boldsymbol{x}})(\bar{\boldsymbol{x}}_k-\bar{\boldsymbol{x}})'$$

$$=\begin{pmatrix}6321.21 & & & \\ -1995.27 & 1134.49 & & \\ 16524.84 & -5723.96 & 43710.28 & \\ 7127.93 & -2293.27 & 18677.40 & 8041.33\end{pmatrix}$$

组内差异为

$$\boldsymbol{W}=\sum_{k=1}^{3}\sum_{j=1}^{n_k}(\boldsymbol{X}_j^{(k)}-\bar{\boldsymbol{X}}_k)(\boldsymbol{X}_j^{(k)}-\bar{\boldsymbol{X}}_k)'$$

$$=\begin{pmatrix}3985.62 & & & \\ 1363.00 & 1696.20 & & \\ 2462.46 & 812.08 & 2722.26 & \\ 564.50 & 480.84 & 627.18 & 615.66\end{pmatrix}$$

则

$$\boldsymbol{W}^{-1}\boldsymbol{B}=\begin{pmatrix}-3.06 & & & \\ -5.56 & 2.18 & & \\ 8.08 & -2.94 & 21.51 & \\ 10.50 & -3.42 & 27.55 & 11.85\end{pmatrix}$$

$\boldsymbol{W}^{-1}\boldsymbol{B}$ 的正特征值的个数为

$$s=\min(r-1,p)=\min(3-1,4)=\min(2,4)=2$$

它的两个正的特征值分别为

$$\lambda_1=32.19,\quad \lambda_2=0.29$$

相应的标准化特征向量为

$$\boldsymbol{e}_1=\begin{pmatrix}-0.083\\-0.153\\0.220\\0.281\end{pmatrix},\quad \boldsymbol{e}_2=\begin{pmatrix}0.002\\0.216\\-0.093\\0.284\end{pmatrix}$$

经过中心化处理的费希尔判别函数为

$$Y_1=\boldsymbol{e}_1'(\boldsymbol{x}-\bar{\boldsymbol{x}})$$
$$=-0.083(x_1-58.43)-0.153(x_2-30.57)+0.220(x_3-37.58)+0.281(x_4-11.99)$$
$$Y_2=\boldsymbol{e}_2'(\boldsymbol{x}-\bar{\boldsymbol{x}})$$
$$=0.002(x_1-58.43)+0.216(x_2-30.57)-0.093(x_3-37.58)+0.284(x_4-11.99)$$

6.3 聚类分析

聚类是一个古老的问题，它是伴随着人类社会的产生和发展而不断发展的，人类要认识世界就必须区别不同的事物并认识事物间的相似性。在科学研究、社会调查，甚至是日常生活中，我们有时需要通过观察个体的特征，将群体中的个体归为不同的族群/簇(cluster)。在市场营销中，基于历史交易信息、消费者背景等对顾客进行划分，从而对不同类型的消费者实施不同的营销策略；在金融领域，为获得较为平衡的投资组合，需要首先基于一系列金融表现变量(如回报率、波动率、市场资本等)对投资产品(如股票)进行归类；在生物学研究中需要对动植物分类和对基因进行分类，获取对种群固有结构的认识；同样的归类思想也可以应用于天文学、考古学、医学、化学、教育学、心理学、语言学和社会学等，以上的归类过程均称为聚类分析(cluster analysis)。

聚类分析是通过观察研究对象(样品或变量)不同维度的特征，根据物以类聚的原理将相似的样品(或变量)归为一类的多元统计分析方法，目的在于使各族群内部对象的同质性和不同族群间对象的异质性最大化。

本节主要介绍两种常见的聚类方法：系统聚类法和 K-均值聚类法。

6.3.1 相似性度量

聚类分析是将相似的研究对象(样品或变量)聚在一起，相似的程度如何刻画呢？

1. 样品相似性度量

样品之间的聚类也称 Q 型聚类分析，常用距离来测度样品之间的相似程度。常用的度量距离的方法有明氏距离和马氏距离。

1) 明氏距离

设 $\boldsymbol{x}_{(i)}=(x_{i1},x_{i2},\cdots,x_{ip})'$ 和 $\boldsymbol{x}_{(j)}=(x_{j1},x_{j2},\cdots,x_{jp})'$ 是第 i 个和第 j 个样品的观测值，记

$$d_{ij}=\left(\sum_{k=1}^{p}|x_{ik}-x_{jk}|^{q}\right)^{\frac{1}{q}}$$

则称 d_{ij} 为明可夫斯基距离，简称为明氏距离。

明氏距离有两个缺点：一是明氏距离的值与各指标的量纲有关；二是明氏距离的定义没有考虑到各个变量之间的相关性和相对重要性。明氏距离将各个指标变量同等对待，仅仅是将各样品在各个指标变量上的离差简单地进行了综合。

2) 马氏距离

称 $d_{ij}^{2}=(\boldsymbol{x}_{(i)}-\boldsymbol{x}_{(j)})'\boldsymbol{\Sigma}^{-1}(\boldsymbol{x}_{(i)}-\boldsymbol{x}_{(j)})$ 为 $\boldsymbol{x}_{(i)}$ 与 $\boldsymbol{x}_{(j)}$ 的马氏距离，它是印度著名统计学家马哈拉诺比斯(P. C. Mahalanobis)定义的一种距离，$\boldsymbol{\Sigma}$ 表示各观测变量之间的协方差矩阵。在实际应用中，若总体协方差矩阵未知，则可用样本协方差矩阵作为估计量代替计算。马氏距离既考虑了各指标变量的相关性，又考虑了观测变量间的变异性，不受指标变量量纲的影响，克服了明氏距离的两个缺点。

2. 指标相似性度量

变量之间的聚类也称 R 型聚类分析，常用相关系数或某种相关性指标来测度变量之间

的相似程度。变量相似性度量方法常用的有以下几种。

1）数量积法

$$r_{ij}=\begin{cases}1, & i=j\\ \dfrac{1}{M}\boldsymbol{x}_i\cdot\boldsymbol{x}_j, & i\neq j\end{cases}$$

$$\boldsymbol{x}_i\cdot\boldsymbol{x}_j=\sum_{k=1}^{n}x_{ki}x_{kj}$$

其中，$\boldsymbol{x}_i=(x_{1i},x_{2i},\cdots,x_{ni})'$，$\boldsymbol{x}_j=(x_{1j},x_{2j},\cdots,x_{nj})'$分别是第 i 个和第 j 个指标变量的 n 次观测值。$M>0$ 为适当选择的参数且满足 $M\geqslant\max\limits_{i\neq j}\{\boldsymbol{x}_i\cdot\boldsymbol{x}_j\}$。

2）夹角余弦法

$$r_{ij}=\frac{|\boldsymbol{x}_i\cdot\boldsymbol{x}_j|}{|\boldsymbol{x}_i||\boldsymbol{x}_j|},\quad |\boldsymbol{x}_i|=\left(\sum_{k=1}^{n}x_{ki}^2\right)^{\frac{1}{2}}$$

3）相关系数法

$$r_{ij}=\frac{\sum\limits_{k=1}^{n}|(x_{ki}-\bar{x}_i)||(x_{kj}-\bar{x}_j)|}{\sqrt{\sum\limits_{k=1}^{n}(x_{ki}-\bar{x}_i)^2}\sqrt{\sum\limits_{k=1}^{n}(x_{kj}-\bar{x}_j)^2}}$$

其中，$\bar{x}_i=\dfrac{1}{n}\sum\limits_{k=1}^{n}x_{ki}$，$\bar{x}_j=\dfrac{1}{n}\sum\limits_{k=1}^{n}x_{kj}$。

4）贴近度法

最大最小法：
$$r_{ij}=\frac{\sum\limits_{k=1}^{n}x_{ki}\wedge x_{kj}}{\sum\limits_{k=1}^{n}x_{ki}\vee x_{kj}}$$

算术平均最小法：
$$r_{ij}=\frac{\sum\limits_{k=1}^{n}x_{ki}\wedge x_{kj}}{\dfrac{1}{2}\sum\limits_{k=1}^{n}(x_{ki}+x_{kj})}$$

几何平均最小法：
$$r_{ij}=\frac{\sum\limits_{k=1}^{n}x_{ki}\wedge x_{kj}}{\sum\limits_{k=1}^{n}\sqrt{x_{ki}x_{kj}}}$$

其中，$x_{ki}\wedge x_{kj}$ 表示 x_{ki}，x_{kj} 两者取最小；$x_{ki}\vee x_{kj}$ 表示 x_{ki}，x_{kj} 两者取最大。

以上各种刻画变量相似度的方法中最常用的是夹角余弦法和相关系数法，无论哪种方法，$|r_{ij}|(\leqslant 1)$越大说明指标变量间的相似程度越高。

6.3.2 系统聚类法

系统聚类法的基本思想：距离较近的对象先聚成一类，距离较远的后聚成一类，过程一直进行下去,直至所有研究对象(样品或变量)聚到合适的类中。

系统聚类的步骤如下(以样品聚类为例)。

(1) 将 n 个样品独自聚成一类,共 n 类。

(2) 计算 n 个样品两两之间的距离 d_{ij},将距离最近的两样品聚为一类,其他样品仍独自聚为一类,共 $n-1$ 类。

(3) 计算各类两两之间的距离,将距离最小的两个类聚为一类,其余各类不变,共 $n-2$ 类。

(4) 重复以上步骤,直至所有样品聚成一类。

(5) 画出聚类图,确定为分类个数和类。

在系统聚类法的合并过程中涉及两个新类的距离问题。类与类之间的距离有许多定义方法,不同的定义法就产生了系统聚类的不同方法。下面给出几种常见的类与类之间的距离定义。

1. 最短距离法

设两个类 G_p,G_q 分别含有 n_p,n_q 个样本点,定义两类 G_p,G_q 的距离为

$$d_{pq}=\min_{\boldsymbol{x}_{(i)}\in G_p,\boldsymbol{x}_{(j)}\in G_q} d_{ij}$$

它等于类 G_p 与类 G_q 中距离最近的两样品的距离。

2. 最长距离法

定义类 G_p 与类 G_q 的距离为 G_p 与 G_q 中距离最远的两样品的距离,即

$$d_{pq}=\max_{\boldsymbol{x}_{(i)}\in G_p,\boldsymbol{x}_{(j)}\in G_q} d_{ij}$$

3. 重心法

定义类 G_p 与类 G_q 的距离为这两个类的重心 $\bar{\boldsymbol{x}}_p$ 和 $\bar{\boldsymbol{x}}_q$ 间的距离,即

$$d_{pq}=d_{\bar{x}_p\bar{x}_q}$$

其中,$\bar{\boldsymbol{x}}_p=\dfrac{1}{n_p}\sum\limits_{i=1}^{n_p}\boldsymbol{x}_i,\bar{\boldsymbol{x}}_q=\dfrac{1}{n_q}\sum\limits_{i=1}^{n_q}\boldsymbol{x}_j$。

4. 类平均法

定义类 G_p 与类 G_q 的距离为 G_p 和 G_q 中任两个样品间距离的平均值,即

$$d_{pq}=\frac{1}{n_p n_q}\sum_{\boldsymbol{x}_{(i)}\in G_p}\sum_{\boldsymbol{x}_{(j)}\in G_q} d_{ij}$$

其中,n_p,n_q 分别是类 G_p 与类 G_q 中的样品数。

5. 离差平方和法

类 G_p 与类 G_q 的样品离差平方和分别定义为

$$S_p=\sum_{i=1}^{n_p}(\boldsymbol{x}_i-\bar{\boldsymbol{x}}_p)'(\boldsymbol{x}_i-\bar{\boldsymbol{x}}_p)$$

$$S_q=\sum_{j=1}^{n_q}(\boldsymbol{x}_j-\bar{\boldsymbol{x}}_q)'(\boldsymbol{x}_j-\bar{\boldsymbol{x}}_q)$$

如果 G_p 与 G_q 聚为新类 G_r,则类 G_r 的样品离差平方和为

$$S_r=\sum_{k=1}^{n_r}(\boldsymbol{x}_k-\bar{\boldsymbol{x}}_r)'(\boldsymbol{x}_k-\bar{\boldsymbol{x}}_r)$$

其中，$\bar{\boldsymbol{x}}_r=\frac{1}{n_r}\sum_{i\in G_p\cup G_q}\boldsymbol{x}_i, n_r=n_p+n_q$。它们反映了各类内部样品的离散程度，如果 G_p 与 G_q 这两类距离较近，则合并后增加的离散平方和 $S_r-S_p-S_q$ 应较小，反之则应大。故定义类 G_p 与 G_q 之间的距离为

$$d_{pq}=S_r-S_p-S_q$$

下面用例子来说明系统聚类方法。

例 6.3.1 表 6-4 是 5 个样品之间的距离矩阵。

表 6-4 样品间的距离矩阵 $\boldsymbol{D}_{(1)}$

样　品	G_1	G_2	G_3	G_4	G_5
G_1	0				
G_2	4	0			
G_3	6	9	0		
G_4	1	7	10	0	
G_5	6	3	5	8	0

试用最长距离法、类平均法做系统聚类，并画出谱系聚类图。

解 (1) 最长距离法。

① 合并 G_1,G_4 为一新类 G_6，计算 G_6 与 G_2,G_3,G_5 两两距离矩阵 $\boldsymbol{D}_{(2)}$，如表 6-5 所示。

表 6-5 各类间的距离矩阵 $\boldsymbol{D}_{(2)}$

样　品	G_2	G_3	G_5	G_6
G_2	0			
G_3	9	0		
G_5	3	5	0	
G_6	7	10	8	0

② 合并 G_2,G_5 为新类 G_7，计算 G_7 与 G_3,G_6 两两距离矩阵 $\boldsymbol{D}_{(3)}$，如表 6-6 所示。

表 6-6 各类间的距离矩阵 $\boldsymbol{D}_{(3)}$

样　品	G_3	G_6	G_7
G_3	0		
G_6	10	0	
G_7	9	8	0

③ 合并 G_6,G_7 为新类 G_8，最后 G_8 与 G_3 并为一类 G_9。

上述的聚类过程可用最长距离谱系图，如图 6-1 所示。

(2) 类平均法。

① 合并 G_1,G_4 为新类 G_6，并类距离为 1，得各类间距离矩阵 $\boldsymbol{D}_{(2)}$，如表 6-7 所示。

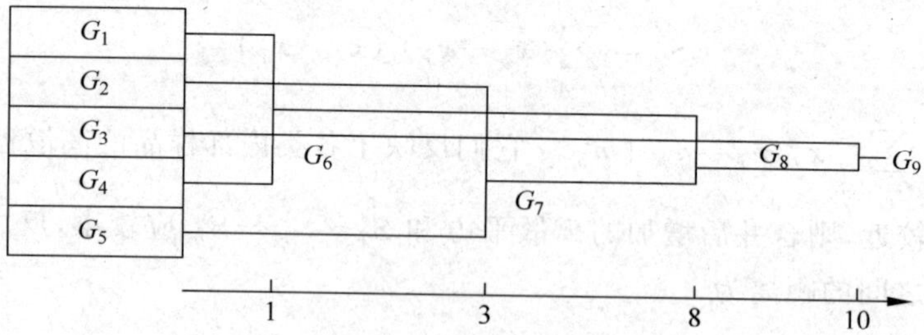

图 6-1　最长距离法谱系图

表 6-7　各类间的距离矩阵 $D_{(2)}$

样　　品	G_2	G_3	G_5	G_6
G_2	0			
G_3	9^2	0		
G_5	3^2	5^2	0	
G_6	65/2	86/2	100/2	0

② 合并 G_5,G_2 为新类 G_7,并类距离为 3,得各类间距离矩阵 $D_{(3)}$,如表 6-8 所示。

表 6-8　各类间的距离矩阵 $D_{(3)}$

样　　品	G_3	G_6	G_7
G_3	0		
G_6	136/2	0	
G_7	106/2	165/4	0

③ 合并 G_6,G_7 为新类 G_8,并类距离为$\sqrt{165}/2$,得样品间距离矩阵 $D_{(4)}$,如表 6-9 所示。

表 6-9　各类间的距离矩阵 $D_{(4)}$

样　　品	G_3	G_8
G_3	0	
G_8	121/2	0

④ 合并 G_3,G_8 为新类,并类距离为 $11/\sqrt{2}$,聚类过程结束。图 6-2 展示了类平均法的聚类过程。

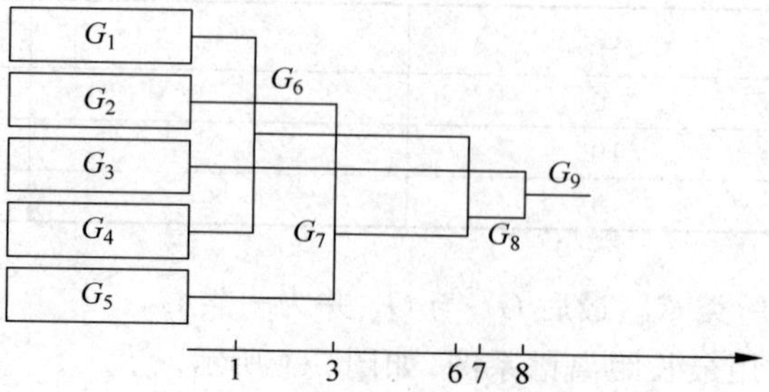

图 6-2　类平均法谱系图

6.3.3 K-均值聚类法

K-均值聚类法是麦克奎因(Macqueen)在 1967 年提出的,它的基本思想是将每一个样品归于最贴近中心(均值)的类。K-均值聚类法是一种快速聚类的方法,采用该方法得到的结果比较简单易懂,对计算机的性能要求不高,因此应用也比较广泛。K-均值聚类法包括以下步骤。

(1) 把样品粗略分成 K 个初始类。

(2) 计算各样品到初始类中心(均值)的距离,进行分类调整,将各样品逐个分派到离其最近的均值类中。重新计算接收新样品的类和失去样品的类的中心(均值)。

(3) 重复第(2)个步骤,直到各类无元素进出。

K-均值聚类法和系统聚类法都是根据距离进行聚类的,但两者也有不同。在系统聚类当中,一旦样品被分入一个类中,它将不再被归入另一个类中,且类的个数事先未知;而 K-均值聚类事先给定类的个数 K,可以不断调整样品所属的类。K-均值聚类中样品的最终聚类在某种程度上依赖于最初的划分或"种子"的选择。初始种子选择的方法有很多种,常见的初始种子的选法如下。

(1) 选择 K 个相互距离最远的样品。

(2) 选择数据集前 K 个相互距离超过指定最小距离的样品。

(3) 在相互距离超过某指定最小距离的前提下,随机选择 K 个个体。

例 6.3.2 已知 O_1, O_2, O_3, O_4, O_5 五个样品两个观测数据(见表 6-10)试用 K-均值聚类法将其分为两类。

表 6-10 样品观测数据

指标样品	O_1	O_2	O_3	O_4	O_5
x	0	0	1.5	5	5
y	2	0	0	0	2

解 (1) 取 O_1, O_2 为初始类,得初始类中心坐标,如表 6-11 所示,即 O_1, O_2 的观测值。

表 6-11 初始类中心坐标

—	$\bar{x}$	$\bar{y}$
(O_1)	0	2
(O_2)	0	0

(2) 各样品到各初始类的距离(取欧式距离)如下。

$d(O_3, O_1)=2.5>d(O_3, O_2)=1.5$,故 O_3 因归为类(O_2);

$d(O_4, O_1)=\sqrt{29}>d(O_4, O_2)=5$,故 O_4 因归为类(O_2);

$d(O_5, O_1)=5<d(O_5, O_2)=\sqrt{29}$,故 O_5 因归为类(O_1)。

新的两类为

$$G_1=(O_1, O_5), \quad G_2=(O_2, O_3, O_4)$$

新类的中心为

$$M_1(2.5, 2), \quad M_2(2.17, 0)$$

(3) 重复(2)的工作:

$d^2(O_1, G_1)=6.25<d^2(O_1, G_2)=8.71$,样品 O_1 无须调整;

$d^2(O_2,G_1)=10.25>d^2(O_2,G_2)=4.71$，样品 O_2 无须调整；

$d^2(O_3,G_1)=5>d^2(O_3,G_2)=0.67^2$，样品 O_3 无须调整；

$d^2(O_4,G_1)=10.25>d^2(O_4,G_2)=8.01$，样品 O_4 无须调整；

$d^2(O_5,G_1)=6.25>d^2(O_5,G_2)=8.01$，样品 O_5 无须调整。

聚类结束。

6.4 主成分分析和因子分析

在实际问题研究中，为了更全面、准确地反映事物的特征及其发展规律，人们往往要考虑与其有关的多个指标。如在评价英超球员综合能力时，要考虑出场、首发、射门、射正、进球、助攻、传球、过人、抢断、点球、拦截、解围、越位、犯规、红牌、黄牌次数、出场时间等；再如在评价某企业的经济效益时需要考虑固定资产利税率、资金利税率、销售收入利税率、资金利润率、流动资金周转天数、万元产值能耗、全员劳动生产率等指标。这就产生了以下问题：一方面，为了避免遗漏重要信息而要考虑尽可能多的指标；另一方面，指标的增多会增加问题的复杂性，同时由于各指标均是对同一事物的反映，不可避免地造成信息的大量重叠，这种信息的重叠有时甚至会掩盖事物的真正特征与内在规律。

基于上述问题，我们希望用少数几个变量代替原有的数目庞大的变量，把重复的信息合并起来，既可以降低现有变量的维度，又不会丢失掉重要信息，这种处理数据的思想就称为降维。经典降维方法包括主成分分析和因子分析。

6.4.1 主成分分析

主成分分析是利用降维的思想，在损失很少信息的前提下，把多个指标转化为少数几个综合指标的多元统计方法。在主成分分析中将转化生成的综合指标称为“主成分”。主成分与原始变量之间有以下基本假设。

(1) 每个主成分是各原始变量的线性组合。

(2) 主成分的数量少于原始变量的数量。

(3) 主成分保留了原始变量的绝大多数信息。

(4) 各主成分之间互不相关。

这样，只需要少数几个主成分即可研究复杂问题，既不会丢失原始数据主要信息，又容易抓住主要矛盾，避开变量之间的共线性问题，便于提高分析效率。

1. 主成分分析的数学模型

设对某一实际问题的研究涉及 n 个样品，每个样品观测 p 个指标，分别用 $X_1,X_2,\cdots,X_p$ 表示，这 p 个指标构成一个 p 维随机向量，记为 $\boldsymbol{X}=(X_1,X_2,\cdots,X_p)'$。设随机向量 $\boldsymbol{X}$ 的均值向量为 $\boldsymbol{\mu}$，协方差矩阵为 $\boldsymbol{\Sigma}$。对 $\boldsymbol{X}$ 进行线性变换可以得到新的综合变量，用 $\boldsymbol{Y}$ 表示。换言之，新的综合变量 $\boldsymbol{Y}=(Y_1,Y_2,\cdots,Y_p)'$ 可以表示成 $\boldsymbol{X}$ 的线性组合，即

$$\begin{cases} Y_1=a_{11}X_1+a_{21}X_2+\cdots+a_{p1}X_p=\boldsymbol{a}'_1\boldsymbol{X} \\ Y_2=a_{12}X_1+a_{22}X_2+\cdots+a_{p2}X_p=\boldsymbol{a}'_2\boldsymbol{X} \\ \vdots \\ Y_p=a_{1p}X_1+a_{2p}X_2+\cdots+a_{pp}X_p=\boldsymbol{a}'_p\boldsymbol{X} \end{cases} \tag{6.4.1}$$

其中 $a'_j=(a_{1j},a_{2j},\cdots,a_{pj})$，$j=1,2,\cdots,p$。由式(6.4.1)可得

$$\mathrm{var}(Y_j)=\mathrm{cov}(\boldsymbol{a}'_j\boldsymbol{X},\boldsymbol{a}'_j\boldsymbol{X})=\boldsymbol{a}'_j\boldsymbol{\Sigma}\boldsymbol{a}_j \tag{6.4.2}$$

$$\mathrm{cov}(Y_j,Y_k)=\mathrm{cov}(\boldsymbol{a}'_j\boldsymbol{X},\boldsymbol{a}'_k\boldsymbol{X})=\boldsymbol{a}'_j\boldsymbol{\Sigma}\boldsymbol{a}_k \tag{6.4.3}$$

根据基本假设，任意两个不同的主成分不相关，即 $\mathrm{cov}(Y_j,Y_k)=0$，且要求方差(式(6.4.2))尽可能地大。

$\boldsymbol{Y}_j=\boldsymbol{a}'_j\boldsymbol{X}$，若对 $\boldsymbol{a}_j$ 不加限制，对任意常数 c，有

$$\mathrm{var}(c\boldsymbol{Y}_j)=\mathrm{var}(c\boldsymbol{a}'_j\boldsymbol{X})=c^2\boldsymbol{a}'_j\boldsymbol{\Sigma}\boldsymbol{a}_j$$

则可使 $\mathrm{var}(c\boldsymbol{Y}_j)$ 任意大，问题将变得没有意义。因此，设定线性变换式(6.4.1)在如下约束原则下进行。

(1) $\boldsymbol{a}'_j\boldsymbol{a}_j=1(j=1,2,\cdots,p)$。

(2) Y_j 与 Y_k 不相关，即 $\mathrm{cov}(Y_j,Y_k)=0(j,k=1,2,\cdots,p$ 且 $j\neq k)$。

(3) Y_1 是 $X_1,X_2,\cdots,X_p$ 的一切满足原则(1)的所有线性组合中方差最大者；Y_2 是与 Y_1 不相关的 $X_1,X_2,\cdots,X_p$ 的所有线性组合中方差最大者，…，Y_p 是与 $Y_1,Y_2,\cdots,Y_{p-1}$ 都不相关的 $X_1,X_2,\cdots,X_p$ 的所有线性组合中方差最大者。

满足以上三个原则的 $X_1,X_2,\cdots,X_p$ 的线性组合 $Y_1,Y_2,\cdots,Y_p$ 分别称为原始变量的第一、第二、……、第 p 个主成分，主成分的方差依次递减，其重要性也依次递减，即

$$\mathrm{var}(Y_1)\geqslant\mathrm{var}(Y_2)\geqslant\cdots\geqslant\mathrm{var}(Y_p)$$

在实际研究中通常只挑选前几个方差较大的主成分，从而达到降维、简化问题的目的。

2. 主成分的求解

根据主成分分析的约束原则，求第一主成分实际上就是求解以下优化问题。

$$\begin{cases}\max\ \mathrm{var}(Y_1)\\ \text{s. t.}\quad \boldsymbol{a}'_1\boldsymbol{a}_1=1\end{cases}$$

先作拉格朗日函数：

$$L=\boldsymbol{a}'_1\boldsymbol{\Sigma}\boldsymbol{a}_1-\lambda(\boldsymbol{a}'_1\boldsymbol{a}_1-1)$$

其中，λ 是拉格朗日因子。

根据极值条件，有

$$\frac{\partial L}{\partial\boldsymbol{a}_1}=2\boldsymbol{\Sigma}\boldsymbol{a}_1-2\lambda\boldsymbol{a}_1=\boldsymbol{0}$$

从而有 $\boldsymbol{\Sigma}\boldsymbol{a}_1=\lambda\boldsymbol{a}_1$，则 λ 为 $\boldsymbol{\Sigma}$ 的特征值，$\boldsymbol{a}_1$ 为对应于特征值 λ 的特征向量。

如果 $\boldsymbol{\Sigma}$ 满秩，则它有 p 个正的特征值，记最大的特征值为 λ_1，与其对应的单位特征向量为 $\boldsymbol{a}_1$，则第一主成分即为 $Y_1=\boldsymbol{a}'_1\boldsymbol{X}$。

同理，根据主成分分析的约束原则，求第二主成分实际上就是求解以下优化问题。

$$\begin{cases}\max\ \mathrm{var}(Y_2)\\ \text{s. t.}\quad \boldsymbol{a}'_2\boldsymbol{a}_2=1\end{cases}$$

且 $\mathrm{cov}(Y_1,Y_2)=\boldsymbol{a}'_2\boldsymbol{\Sigma}\boldsymbol{a}_1=\lambda\boldsymbol{a}'_2\boldsymbol{a}_1=0$。

作拉格朗日函数：

$$L=\boldsymbol{a}'_2\boldsymbol{\Sigma}\boldsymbol{a}_2-\lambda(\boldsymbol{a}'_2\boldsymbol{a}_2-1)-\mu\boldsymbol{a}'_2\boldsymbol{a}_1$$

其中，λ 和 μ 是拉格朗日因子。

由极值条件知

$$\frac{\partial L}{\partial a_2}=2\boldsymbol{\Sigma}\boldsymbol{a}_2-2\lambda\boldsymbol{a}_2-\mu\boldsymbol{a}_1=\boldsymbol{0} \tag{6.4.4}$$

式(6.4.4)两端左乘 $\boldsymbol{a}_1'$,有

$$2\boldsymbol{a}_1'\boldsymbol{\Sigma}\boldsymbol{a}_2-2\lambda\boldsymbol{a}_1'\boldsymbol{a}_2-\mu\boldsymbol{a}_1'\boldsymbol{a}_1=\boldsymbol{0}$$

由约束条件,$\mu=0$。再结合式(6.4.4)有

$$(\boldsymbol{\Sigma}-\lambda\boldsymbol{I})\boldsymbol{a}_2=\boldsymbol{0}$$

记$\boldsymbol{\Sigma}$ 的第二大特征值为λ_2,与其对应的单位特征向量为 $\boldsymbol{a}_2$,则第二主成分即为 $Y_2=\boldsymbol{a}_2'\boldsymbol{X}$。依次类推,可求出其他主成分。

定理 6.4.1 设 $\boldsymbol{X}$ 的协方差矩阵为$\boldsymbol{\Sigma}$,其特征值依次为 $\lambda_1\geqslant\lambda_2\geqslant\cdots\geqslant\lambda_p\geqslant 0$,相应的单位化的特征向量分别为 $\boldsymbol{a}_1,\boldsymbol{a}_2,\cdots,\boldsymbol{a}_p$,则 $\boldsymbol{Y}_1=\boldsymbol{a}_1'\boldsymbol{X},\boldsymbol{Y}_2=\boldsymbol{a}_2'\boldsymbol{X},\cdots,\boldsymbol{Y}_p=\boldsymbol{a}_p'\boldsymbol{X}$ 分别为原始变量 $\boldsymbol{X}$ 的第一主成分,第二主成分,……,第 p 主成分。

注:由主成分的求解过程可得主成分具有以下性质。

(1) 主成分的方差 $\mathrm{var}(Y_i)=\lambda_i(i=1,2,\cdots,p)$。

(2) 主成分的总方差等于原始变量的总方差。

定义 6.4.1 称 $\alpha_k=\dfrac{\lambda_k}{\lambda_1+\lambda_2+\cdots+\lambda_p}(k=1,2,\cdots,p)$为第 k 个主成分 Y_k 的**方差贡献率**,称 $\dfrac{\sum_{i=1}^{m}\lambda_i}{\sum_{i=1}^{p}\lambda_i}$ 为主成分 $Y_1,Y_2,\cdots,Y_m$ 的**累计方差贡献率**。

注:从原始变量的协方差矩阵出发求解主成分存在以下两个问题:一是对同样的变量使用不同的单位,其主成分分析的结果往往不一样,甚至差异很大,这样做出的分析通常没有意义;二是各变量方差的差异较大(实际应用中常表现为各变量数据间的数值大小相差较大),以至于主成分分析的结果受方差大的变量影响较大,方差较小的变量几乎被忽略了。鉴于这两种情形,常常将各原始变量标准化,然后从标准化变量的协方差矩阵(即原始变量的相关系数矩阵)出发求主成分。从相关系数矩阵出发求解主成分的步骤与从协方差矩阵出发求解主成分的步骤完全类似,这里不再一一赘述了。

例 6.4.1 设 $\boldsymbol{X}=(X_1,X_2,\cdots,X_p)'$的协方差矩阵为

$$\boldsymbol{\Sigma}=\begin{pmatrix}16 & 2 & 30\\ 2 & 1 & 4\\ 30 & 4 & 100\end{pmatrix}$$

请分别从 $\boldsymbol{X}$ 的协方差矩阵与相关系数矩阵出发求解主成分。

解 (1) 从$\boldsymbol{\Sigma}$ 出发求解。

$\boldsymbol{\Sigma}$ 的特征值及单位特征向量为

$$\lambda_1=109.793,\quad \lambda_2=6.469,\quad \lambda_3=0.738$$

$$\boldsymbol{a}_1=\begin{pmatrix}0.305\\ 0.041\\ 0.951\end{pmatrix},\quad \boldsymbol{a}_2=\begin{pmatrix}0.944\\ 0.120\\ -0.308\end{pmatrix},\quad \boldsymbol{a}_3=\begin{pmatrix}-0.127\\ 0.992\\ -0.002\end{pmatrix}$$

相应的主成分分别为

$$Y_1=0.305X_1+0.041X_2+0.951X_3$$
$$Y_2=0.944X_1+0.120X_2-0.308X_3$$
$$Y_3=-0.127X_1+0.992X_2-0.002X_3$$

Y_1 的方差贡献率为

$$\frac{\lambda_1}{\lambda_1+\lambda_2+\lambda_3}=\frac{109.793}{117}=0.938$$

(2) 从相关系数矩阵$\boldsymbol{\rho}$ 出发求解,则

$$\boldsymbol{\rho}=\begin{pmatrix}1.0 & 0.50 & 0.75\\0.50 & 1.00 & 0.40\\0.75 & 0.40 & 1.00\end{pmatrix}$$

$\boldsymbol{\rho}$ 的特征值及特征向量为

$$\lambda_1^*=2.114,\quad \lambda_2^*=0.646,\quad \lambda_3^*=0.240$$
$$\boldsymbol{a}_1^*=\begin{pmatrix}0.627\\0.497\\0.600\end{pmatrix},\quad \boldsymbol{a}_2^*=\begin{pmatrix}-0.241\\0.856\\-0.457\end{pmatrix},\quad \boldsymbol{a}_3^*=\begin{pmatrix}-0.741\\0.142\\0.656\end{pmatrix}$$

主成分为

$$Y_1^*=0.627Z_1+0.497Z_2+0.600Z_3$$
$$Y_2^*=-0.241Z_1+0.856Z_2-0.457Z_3$$
$$Y_3^*=-0.741Z_1+0.142Z_2+0.656Z_3$$

其中,Z_1,Z_2,Z_3 分别是 X_1,X_2,X_3 的标准化随机变量。Y_1^* 的方差贡献率为

$$\frac{\lambda_1^*}{\lambda_1^*+\lambda_2^*+\lambda_3^*}=\frac{2.114}{3}=0.705$$

比较从$\boldsymbol{\Sigma}$ 出发和从$\boldsymbol{\rho}$ 出发主成分求解结果可见,从$\boldsymbol{\rho}$ 出发得到的第一主成分 Y_1^* 的方差贡献率明显小于从$\boldsymbol{\Sigma}$ 出发的 Y_1 的方差贡献率。事实上,原始变量方差之间的差异越大,这一点往往越明显。

一般而言,对于度量单位不同的指标或取值范围彼此差异非常大的指标,不是直接从协方差矩阵出发进行主成分分析,而是考虑将数据标准化,如在对上市公司的财务状况进行分析时,常常会涉及利润总额、市盈率、每股净利润率等指标,其中利润总额取值常常从几十万元到上百万元,而每股净利润在 1 元以下,不同指标取值范围相差很大,这时若直接从协方差矩阵进行主成分分析,利润总额将明显起支配作用,而其他指标将很难在主成分中体现出来,此时应考虑对数据标准化处理。

但是对原始数据标准化处理后倾向于各个指标的作用在主成分的构成中相等,这就抹杀了原始变量在离散程度上的差异,标准化后各变量方差相等,均为 1,然而实际上方差也是对数据信息的重要概括。由此看来,对同度量或取值范围在同量级的数据,还是直接从协方差矩阵出发求解主成分为宜,至于从相关系数矩阵出发求解主成分还是从协分差矩阵出发求解主成分,目前还没有定论,要具体情况具体分析。

3. 样本主成分

从前面的讨论可知,可以从协方差矩阵$\boldsymbol{\Sigma}$ 或相关系数矩阵$\boldsymbol{\rho}$ 出发求解主成分。但在实

际问题中$\boldsymbol{\Sigma}$与$\boldsymbol{\rho}$一般都是未知的，需要通过样本进行估计。总体协方差矩阵$\boldsymbol{\Sigma}$和相关系数矩阵$\boldsymbol{\rho}$可以分别用样本协方差矩阵$\boldsymbol{S}$和样本相关系数矩阵$\boldsymbol{R}$来估计。

$$\hat{\boldsymbol{\Sigma}}=\boldsymbol{S}=(s_{ij})_{p\times p}=\frac{1}{n-1}\sum_{k=1}^{n}(\boldsymbol{X}_{(k)}-\bar{\boldsymbol{X}})(\boldsymbol{X}_{(k)}-\bar{\boldsymbol{X}})'$$

$$\hat{\boldsymbol{\rho}}=\boldsymbol{R}=(r_{ij})_{p\times p},\quad r_{ij}=\frac{s_{ij}}{\sqrt{s_{ii}}\sqrt{s_{jj}}}$$

其中，$s_{ij}=\frac{1}{n-1}\sum_{k=1}^{n}(x_{ki}-\bar{x}_i)(x_{kj}-\bar{x}_j)$，$\bar{x}_i=\frac{1}{n}\sum_{k=1}^{n}x_{ki}$。

以$\boldsymbol{S}$代替$\boldsymbol{\Sigma}$或以$\boldsymbol{R}$代替$\boldsymbol{\rho}$，按照总体主成分求解方法即可求出样本主成分。事实上，利用样本数据求解主成分的过程就是求样本协方差矩阵或样本相关系数矩阵的特征根和特征向量的过程。

4. 主成分个数的选取

主成分分析希望能用尽可能少的主成分包含原始变量尽可能多的信息，在一般情况下，主成分的个数应该小于原始变量的个数。主成分个数的确定一般有以下几种方法。

(1) 百分比截点法：用足够多的主成分反映一定百分比的总方差。主成分的累积方差贡献率反映了被主成分解释的方差占原始指标总方差的百分比。一般要求累积方差贡献率

$$\frac{\sum_{i=1}^{m}\lambda_i}{\sum_{i=1}^{p}\lambda_i}\geqslant 80\%$$

根据这个条件来确定主成分的个数m。

(2) 平均截点法：求出所有特征值的平均值$\bar{\lambda}$，选取特征值大于平均特征值的主成分。特别地，如果是从相关系数矩阵出发求解主成分，特征值的平均值为1，则选择特征值大于1的主成分。平均截点法使用最广，是很多统计软件包的默认准则。

(3) 碎石图法：将主成分按照其方差(即$\boldsymbol{\Sigma}$的特征值)从大到小的顺序排列，以各个主成分的序号作为横轴，以各个主成分的方差作为纵轴绘制而成的曲线图。观察曲线的"肘部"，即由其开始，曲线下降的趋势开始趋于平缓，保留"肘部"以上的主成分即可。

观察图6-3，从第三个主成分开始特征值变化的趋势趋于平稳，所以选取前三个主成分

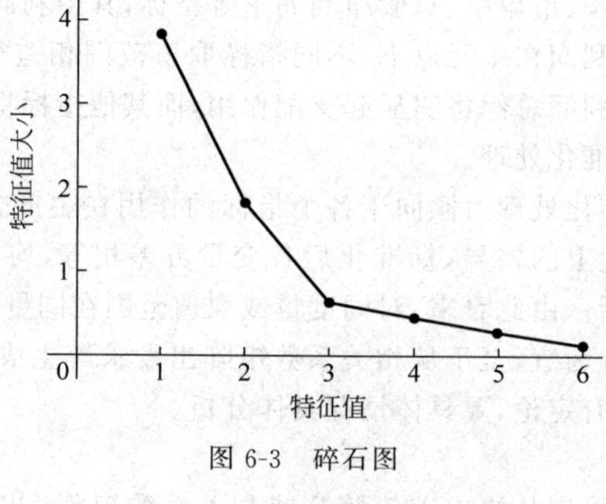

图6-3　碎石图

是比较合适的。采用这种方法确定的主成分个数与按累计方差贡献率确定的主成分个数往往是一致的。

6.4.2 因子分析

因子分析是主成分分析的推广，它是从研究原始变量的相关矩阵出发，把一些具有错综复杂关系的变量归结为少数几个综合因子的一种多元统计分析方法。因子分析与主成分分析不同的是它试图将 n 个可观测变量通过数量较少的潜在的不可观测的公共因子来加以解释。例如，由50道题组成的一套综合素质测试卷，题目涉及语言表达能力、逻辑思维能力、运动能力、思想修养等方面。每一位应试者在各题上的得分是可观测的，可以看作一个50维随机向量的观察值。每道题上的得分是表面现象，应试者在语言表达能力、逻辑思维能力、运动能力、思想修养等方面（称为公共因子）的能力大小才是本质的变量，但是这些公共因子都比较抽象，是潜在的，难以直接观测或度量，我们希望充分利用应试者在各题上的得分信息，分析计算出应试者在每个公共因子方面的水平高低，这就是因子分析要解决的问题。

1. 正交因子模型

因子分析的基本思想是在保证原始数据信息损失最小的原则下，通过研究众多变量之间的内部依赖关系，从原始变量的相关系数矩阵出发，找出这些真正相关的变量，并把相关性较强的变量归为一类，最终形成几类假想变量（公共因子），不同类间变量的相关性则较低。因子分析的功能是简化数据，探测数据的基本结构，其目的是分解原始变量，从中归纳“公共因子”，并把原始变量分解为两部分：一部分是能被公共因子解释的部分，表现为公共因子的线性组合；另一部分是不能被公共因子解释的部分，称为特殊因子。

设有 n 个样品，每个样品观测 p 个变量，这 p 个变量之间有较强的相关性。设 $\boldsymbol{X}=(X_1,X_2,\cdots,X_p)'$ 是将样本观测数据进行标准化处理后的变量，其均值向量为 $\boldsymbol{\mu}=\boldsymbol{0}$，协方差矩阵为 $\boldsymbol{\Sigma}=(\boldsymbol{\sigma}_{ij})$。正交因子模型为

$$\begin{cases} X_1=a_{11}F_1+a_{12}F_2+\cdots+a_{1m}F_m+\varepsilon_1=\boldsymbol{a}'_1\boldsymbol{F}+\varepsilon_1 \\ X_2=a_{21}F_1+a_{22}F_2+\cdots+a_{2m}F_m+\varepsilon_2=\boldsymbol{a}'_2\boldsymbol{F}+\varepsilon_2 \\ \qquad\vdots \\ X_p=a_{p1}F_1+a_{p2}F_2+\cdots+a_{pm}F_m+\varepsilon_p=\boldsymbol{a}'_p\boldsymbol{F}+\varepsilon_p \end{cases} \tag{6.4.5}$$

其中，$F_1,F_2,\cdots,F_m(m\leqslant p)$称为**公共因子**；$a_{ij}$ 称为**因子载荷**，反映 X_i 和 F_j 之间的相关程度；ε_i 称为**特殊因子**，是原始变量不能被前面 m 个公共因子包含的部分，代表公共因子以外的其他因素的影响。

上述模型可以表示为矩阵形式：

$$\boldsymbol{X}=\boldsymbol{AF}+\boldsymbol{\varepsilon} \tag{6.4.6}$$

其中，

$$\boldsymbol{A}=\begin{pmatrix} a_{11} & a_{12} & \cdots & a_{1m} \\ a_{21} & a_{22} & \cdots & a_{2m} \\ \vdots & \vdots & \cdots & \vdots \\ a_{p1} & a_{p2} & \cdots & a_{pm} \end{pmatrix}=\begin{pmatrix} a'_1 \\ a'_2 \\ \vdots \\ a'_p \end{pmatrix},\quad a_j=(a_{j1},a_{j2},\cdots,a_{jm})' \quad (j=1,2,\cdots,p)$$

矩阵 $\boldsymbol{A}$ 为因子载荷矩阵；$\boldsymbol{F}=(F_1,F_2,\cdots,F_m)'$是公共因子向量，是 m 维不可观测的列向量；$\boldsymbol{\varepsilon}=(\varepsilon_1,\varepsilon_2,\cdots,\varepsilon_p)'$是特殊因子向量。对正交因子模型有以下假定。

(1) $E(\boldsymbol{F})=\boldsymbol{0}_{m\times 1}$，$\mathrm{var}(\boldsymbol{F})=\boldsymbol{I}$。即各公共因子均值为 0，标准差为 1，且公共因子之间不相关：$\mathrm{cov}(F_i,F_j)=\begin{cases}1, & i=j\\ 0, & i\neq j\end{cases}\quad(i,j=1,2,\cdots,m)$。

(2) $\boldsymbol{E}(\boldsymbol{\varepsilon})=\boldsymbol{0}_{p\times 1}$，$\mathrm{var}(\boldsymbol{\varepsilon})=\boldsymbol{\Phi}=\mathrm{diag}(\Phi_1,\Phi_2,\cdots,\Phi_p)$。即各个特殊因子之间不相关，且均值为 0，但各个特殊因子的标准差不一定相等。

(3) $\mathrm{cov}(\boldsymbol{F},\boldsymbol{\varepsilon})=\boldsymbol{0}$，即 $\mathrm{cov}(F_i,\varepsilon_j)=0$，即公共因子与特殊因子是不相关的。

从几何意义上来看，$\boldsymbol{F}$ 可看作是高维空间中 m 个相互垂直的坐标轴，若把 X_i 看作 m 维空间中的一个向量，则 a_{ij} 表示 X_i 在坐标轴 F_j 上的投影。

为了更好地理解因子分析模型及计算结果，需要对模型中的各个参数的含义有正确的理解。

由式(6.4.5)知

$$\mathrm{cov}(X_i,F_j)=\mathrm{cov}(a_{i1}F_1+a_{i2}F_2+\cdots+a_{im}F_m+\varepsilon_i,F_j)=a_{ij}$$

即因子载荷矩阵 $\boldsymbol{A}$ 的元素 a_{ij} 是 X_i 与 F_j 的协方差。

由于

$$X_i=a_{i1}F_1+a_{i2}F_2+\cdots+a_{im}F_m+\varepsilon_i,\quad i=1,2,\cdots,p$$

则

$$\sigma_{ii}=\mathrm{cov}(X_i,X_i)=a_{i1}^2\mathrm{var}(F_1)+a_{i2}^2\mathrm{var}(F_2)+\cdots+a_{im}^2\mathrm{var}(F_m)+\mathrm{var}(\varepsilon_i)$$

令

$$h_i^2=a_{i1}^2+a_{i2}^2+\cdots+a_{im}^2,\quad \sigma_i^2=\mathrm{var}(\varepsilon_i)$$

则

$$\sigma_{ii}=h_i^2+\sigma_i^2,\quad i=1,2,\cdots,p$$

h_i^2 反映了公共因子对原始变量 X_i 方差的解释能力，可以看作公共因子对 X_i 的方差贡献，称为变量 X_i 的**共同度**；σ_i^2 是特殊因子 ε_i 对变量 X_i 的方差贡献，称为变量 X_i 的**剩余方差**。共同度 h_i^2 越大，公共因子能解释 X_i 方差的比例越大，说明因子模型的拟合效果越好。

共同度考虑的是所有公共因子 $F_1,F_2,\cdots,F_m$ 与某一个原始变量 X_i 的关系。类似地，考虑某一个公共因子 F_j 与所有原始变量 $X_1,X_2,\cdots,X_p$ 的关系。

令 $g_j^2=a_{1j}^2+a_{2j}^2+\cdots+a_{pj}^2(j=1,2,\cdots,m)$，则 g_j^2 表示的是公共因子 F_j 对 $\boldsymbol{X}$ 的每一个分量 X_i 所提供的方差的总和，称为公共因子 F_j 对所有原始变量 $\boldsymbol{X}=(X_1,X_2,\cdots,X_p)'$ 的方差贡献，它是衡量公共因子相对重要性的指标。g_j^2 越大，表明公共因子 F_j 对 $\boldsymbol{X}$ 的贡献越大。若将因子载荷矩阵 $\boldsymbol{A}$ 的所有 g_j^2 算出来，按从大到小顺序排列，就可以依次提炼出最有影响的公共因子。

2. 因子载荷的求解

因子分析过程可以分为确定因子载荷、因子旋转和计算因子得分三个步骤。当给定 p 个变量的 n 组观测值时，分别将样本协方差矩阵 $\boldsymbol{S}$ 和样本相关系数矩阵 $\boldsymbol{R}$ 看作总体协方差矩阵 $\boldsymbol{\Sigma}$ 和总体相关系数矩阵 $\boldsymbol{\rho}$ 的估计，如何从 $\boldsymbol{S}$(或 $\boldsymbol{R}$)出发，抽取较少的 m 因子，估计因子载荷矩阵 $\boldsymbol{A}$ 及特殊方差 $\boldsymbol{\Phi}$，从而建立因子模型，这是因子分析首先要解决的问题，也是因子分析的基本任务。估计因子载荷矩阵的方法有很多，如主成分法、主轴因子法、最小二乘法、极大似然法、α 因子提取法等，不同的方法求解因子载荷的出发点不同，所得结果也不完全相同。这里我们将着重介绍比较常用的三种估计载荷矩阵的方法：主成分法、主轴因子法、极大似然法。

1）主成分法

由模型(6.4.6)及因子模型假设，$\boldsymbol{X}$ 的协方差矩阵$\boldsymbol{\Sigma}$ 可以做以下分解。

$$\begin{aligned}\boldsymbol{\Sigma} &= \operatorname{cov}(\boldsymbol{AF}+\boldsymbol{\varepsilon},\boldsymbol{AF}+\boldsymbol{\varepsilon}) = \boldsymbol{A}\operatorname{cov}(\boldsymbol{F},\boldsymbol{F})\boldsymbol{A}' + 2\boldsymbol{A}\operatorname{cov}(\boldsymbol{F},\boldsymbol{\varepsilon}) + \operatorname{cov}(\boldsymbol{\varepsilon},\boldsymbol{\varepsilon}) \\ &= \boldsymbol{AIA}' + 2\boldsymbol{A}\boldsymbol{0} + \boldsymbol{\Phi}\end{aligned}$$

从而原始变量指标的协方差矩阵可以分解为：$\boldsymbol{\Sigma}=\boldsymbol{AA}'+\boldsymbol{\Phi}$ 。由矩阵代数知识可知实对称矩阵$\boldsymbol{\Sigma}$ 可以谱分解为如下形式：

$$\boldsymbol{\Sigma} = \sum_{i=1}^{p} \lambda_j \boldsymbol{e}_j \boldsymbol{e}_j' = \boldsymbol{\Lambda}\boldsymbol{\Lambda}'$$

其中，$\boldsymbol{\Lambda}=(\sqrt{\lambda_1}\boldsymbol{e}_1,\sqrt{\lambda_2}\boldsymbol{e}_2,\cdots,\sqrt{\lambda_p}\boldsymbol{e}_p)$，$(\lambda_j,\boldsymbol{e}_j)(j=1,2,\cdots,p)$是$\boldsymbol{\Sigma}$ 的一对特征对(特征值-特征向量)。

若后 $p-m$ 个特征值很小，忽略掉谱分解的后 $p-m$ 个特征对，令 $\boldsymbol{a}_j=\sqrt{\lambda_j}\boldsymbol{e}_j$，$\hat{\boldsymbol{A}}=(\boldsymbol{a}_1,\boldsymbol{a}_2,\cdots,\boldsymbol{a}_m)$，则$\boldsymbol{\Sigma}\approx\hat{\boldsymbol{A}}\hat{\boldsymbol{A}}'$。

令

$$\hat{\boldsymbol{\Phi}} = \begin{pmatrix} \sigma_1^2 & & & \\ & \sigma_2^2 & & \\ & & \ddots & \\ & & & \sigma_p^2 \end{pmatrix} = \operatorname{diag}(\sigma_1^2,\sigma_2^2,\cdots,\sigma_p^2)$$

则

$$\sigma_i^2 = \sigma_{ii} - \sum_{j=1}^{m} a_{ij}^2 = \sigma_{ii} - h_i^2$$

则$\boldsymbol{\Phi}$ 可以恢复$\boldsymbol{\Sigma}$ 的对角线元素。

在样本层面，$\boldsymbol{\Sigma}$ 可以用样本协方差矩阵估计。这种估计载荷矩阵的方法类似于求解主成分的过程，称为主成分法。

2）主轴因子法

主轴因子法是对主成分法的修正。在主成分法中，可以忽略$\boldsymbol{\Phi}$，对 $\boldsymbol{S}$ 或 $\boldsymbol{R}$ 进行谱分解，估计载荷矩阵。主轴因子法则使用一个初始的估计值$\hat{\boldsymbol{\Phi}}^{(0)}$，对 $\boldsymbol{S}-\hat{\boldsymbol{\Phi}}^{(0)}$ 或 $\boldsymbol{R}-\hat{\boldsymbol{\Phi}}^{(0)}$ 使用主成分法相同的操作进行因子分析。下面从样本相关系数矩阵出发介绍主轴因子法估计载荷矩阵的过程。

根据因子模型有

$$\boldsymbol{R} = \boldsymbol{AA}' + \boldsymbol{\Phi}$$

令

$$\boldsymbol{R}^* = \boldsymbol{R} - \boldsymbol{\Phi} = \boldsymbol{AA}'$$

称 $\boldsymbol{R}^*$ 为 $\boldsymbol{X}$ 的**约相关矩阵**。易见 $\boldsymbol{R}^*$ 中对角线元素为 h_i^2，而不是 1，非对角线元素与 $\boldsymbol{R}$ 中完全一样，并且 $\boldsymbol{R}^*$ 也是一个非负定矩阵。给定$\boldsymbol{\Phi}$ 一个初始值

$$\hat{\boldsymbol{\Phi}}^{(0)}=\text{diag}(\hat{\sigma}_1^2,\hat{\sigma}_2^2,\cdots,\hat{\sigma}_p^2)$$

则约相关矩阵可估计为

$$\hat{\boldsymbol{R}}^*=\boldsymbol{R}-\hat{\boldsymbol{\Phi}}=\begin{pmatrix}\hat{h}_1^2 & r_{12} & \cdots & r_{1p}\\ r_{21} & \hat{h}_2^2 & \cdots & r_{2p}\\ \vdots & \vdots & & \vdots\\ r_{p1} & r_{p2} & \cdots & \hat{h}_p^2\end{pmatrix}$$

$\hat{h}_i^2=1-\hat{\sigma}_i^2$ 是 h_i^2 的初始估计。

设 $\hat{\boldsymbol{R}}^*$ 的前 m 个特征值依次为 $\hat{\lambda}_1^*\geqslant\hat{\lambda}_2^*\geqslant\cdots\geqslant\hat{\lambda}_m^*\geqslant 0$，相应的单位正交特征向量为 $\hat{\boldsymbol{e}}_1^*,\hat{\boldsymbol{e}}_2^*,\cdots,\hat{\boldsymbol{e}}_m^*$，则 $\boldsymbol{A}$ 的主因子解为

$$\hat{\boldsymbol{A}}=\left(\sqrt{\hat{\lambda}_1^*}\,\hat{\boldsymbol{e}}_1^*,\sqrt{\hat{\lambda}_2^*}\,\hat{\boldsymbol{e}}_2^*,\cdots,\sqrt{\hat{\lambda}_m^*}\,\hat{\boldsymbol{e}}_m^*\right)$$

将 $\hat{\boldsymbol{A}}$ 代入 $\boldsymbol{R}=\boldsymbol{A}\boldsymbol{A}'+\boldsymbol{\Phi}$，可以重新估计

$$\hat{\sigma}_i^2=1-\hat{h}_i^2=1-\sum_{j=1}^{m}\hat{a}_{ij}^2,\quad i=1,2,\cdots,p$$

再重复上述过程，迭代更新 $\hat{\boldsymbol{\Phi}}^{(0)}$ 以及 $\boldsymbol{R}-\hat{\boldsymbol{\Phi}}^{(0)}$ 的分解，直到收敛。

3）极大似然法

由数理统计知识可知，当知道总体的分布类型或可以假设其分布类型时，可以用极大似然估计法估计参数。

设公共因子 $\boldsymbol{F}\sim N_m(\boldsymbol{0},\boldsymbol{I})$，特殊因子 $\boldsymbol{\varepsilon}\sim N_p(\boldsymbol{0},\boldsymbol{\Phi})$，$\boldsymbol{F}$ 与 $\boldsymbol{\varepsilon}$ 相互独立。$\boldsymbol{X}_{(1)},\boldsymbol{X}_{(2)},\cdots,\boldsymbol{X}_{(n)}$ 是来自总体 $N_p(\boldsymbol{\mu},\boldsymbol{\Sigma})$ 的一个样本，其中 $\boldsymbol{\Sigma}=\boldsymbol{A}\boldsymbol{A}'+\boldsymbol{\Phi}$。由样本值 $\boldsymbol{x}_{(1)},\boldsymbol{x}_{(2)},\cdots,\boldsymbol{x}_{(n)}$ 计算得到关于 $\boldsymbol{\mu}$ 和 $\boldsymbol{\Sigma}$ 的似然函数为

$$L(\boldsymbol{\mu},\boldsymbol{\Sigma})=\frac{1}{(2\pi)^{\frac{np}{2}}|\boldsymbol{\Sigma}|^{\frac{n}{2}}}\exp\left[-\frac{1}{2}\sum_{j=1}^{n}(\boldsymbol{x}_j-\bar{\boldsymbol{x}})'\boldsymbol{\Sigma}^{-1}(\boldsymbol{x}_j-\bar{\boldsymbol{x}})\right]$$

由于 $\boldsymbol{\Sigma}=\boldsymbol{A}\boldsymbol{A}'+\boldsymbol{\Phi}$，则似然函数 $L(\boldsymbol{\mu},\boldsymbol{\Sigma})=L(\boldsymbol{\mu},\boldsymbol{A},\boldsymbol{\Phi})$，设 $\boldsymbol{\mu},\boldsymbol{A},\boldsymbol{\Phi}$ 的极大似然估计值分别为 $\hat{\boldsymbol{\mu}},\hat{\boldsymbol{A}},\hat{\boldsymbol{\Phi}}$，即有 $L(\hat{\boldsymbol{\mu}},\hat{\boldsymbol{A}},\hat{\boldsymbol{\Phi}})=\max L(\boldsymbol{\mu},\boldsymbol{A},\boldsymbol{\Phi})$。可以证明：

$$\hat{\boldsymbol{\Sigma}}=\frac{1}{n}\sum_{i=1}^{n}(\boldsymbol{x}_{(i)}-\bar{\boldsymbol{x}})(\boldsymbol{x}_{(i)}-\bar{\boldsymbol{x}})',\quad \hat{\boldsymbol{\mu}}=\bar{\boldsymbol{x}}$$

$\hat{\boldsymbol{A}}$ 和 $\hat{\boldsymbol{\Phi}}$ 满足方程组

$$\begin{cases}\hat{\boldsymbol{\Sigma}}\hat{\boldsymbol{\Phi}}^{-1}\hat{\boldsymbol{A}}=\hat{\boldsymbol{A}}(\boldsymbol{I}_m+\hat{\boldsymbol{A}}'\hat{\boldsymbol{\Phi}}^{-1}\hat{\boldsymbol{A}})\\ \hat{\boldsymbol{\Phi}}=\text{diag}(\hat{\boldsymbol{\Sigma}}-\hat{\boldsymbol{A}}\hat{\boldsymbol{A}}')\end{cases}$$

由于 $\boldsymbol{A}$ 的解不唯一，因此为了得到唯一解，可附加计算上方便的唯一性条件：$\boldsymbol{A}'\boldsymbol{\Phi}^{-1}\boldsymbol{A}$ 是对角矩阵，$\hat{\boldsymbol{A}}$ 和 $\hat{\boldsymbol{\Phi}}$ 一般可以用迭代方法解得。

例 6.4.2 一个小女孩对身边的 7 个人进行 9 分制评分，评分数据见表 6-12。评分基于五个维度进行，分别是“友好”“聪明”“快乐”“受人喜爱”和“公正”。

表 6-12　小女孩对身边 7 个人的五个维度评分数据

评分人	友好	聪明	快乐	受人喜爱	公正
女同学 1	1	5	5	1	1
姐姐	8	9	7	9	8
女同学 2	9	8	9	9	8
父亲	9	9	9	9	9
老师	1	9	1	1	9
男同学	9	7	7	9	9
女同学 3	9	7	9	9	7

分别用主成分法和主轴因子法估计载荷矩阵，结果比较如表 6-13 所示。

表 6-13　主轴因子法估计载荷矩阵结果

变　量	主成分法估计		主轴因子法估计		共同度$\hat{h}_i^2$（主轴因子法）
	F_1	F_2	F_1	F_2	
友好	0.969	−0.231	0.981	−0.210	0.995
聪明	0.519	0.807	0.487	0.774	0.837
快乐	0.785	−0.587	0.771	−0.544	0.881
受人喜爱	0.971	−0.210	0.982	−0.188	0.995
公正	0.704	0.667	0.667	0.648	0.837
特征值	3.263	1.538	3.202	1.395	
方差贡献率	0.653	0.308	0.704	0.307	
累计方差贡献率	0.653	0.960	0.704	1.01	

表 6-13 表明两种方法求解的因子载荷差距并不是特别大。但运用主轴因子法选取 2 个公共因子，累积方差贡献率达到 1.01，超过了 1，说明出现了负的特征值，导致分析结果不好解释。

3. 因子旋转

因子模型的参数估计完成之后，还要对模型中的公共因子进行合理的解释以有助于对因子的理解。公共因子是否易于解释，很大程度上取决于因子载荷矩阵 $\boldsymbol{A}$ 的结构。如果 $\boldsymbol{A}$ 的每一行元素都有一个绝对值接近于 1，其余元素接近于 0，则因子模型中的公共因子常常就易于解释，这是一种因子解释大为简化的理想情形，称为简单结构。因子旋转的目的就是使得旋转之后的载荷矩阵在每一列上的元素的绝对值尽量地拉开差距，使得载荷的绝对值要么接近于 1，要么接近于零。

从几何的角度，以公共因子变量为坐标轴建立空间坐标系，载荷矩阵 $\boldsymbol{A}$ 的第 j 行元素就构成了原始变量 X_i 在公共因子空间的坐标。因子旋转的目标就是使得每个原始变量都有某个公共因子主要决定（对应载荷很大，接近 1），而与其他公共因子关系不大（对应载荷接近 0）。换言之，因子旋转的目标就是让坐标轴靠近尽可能多的点。

因子旋转有正交旋转和斜交旋转两类。**正交旋转**是因子载荷矩阵右乘一正交矩阵而得，正交旋转保持角度和距离都不变，原来正交的公共因子经旋转后仍保持正交性，共同度也不变，点的相对位置也维持原状，只有参考系改变了。因子旋转的方法很多，如方差最大正交旋转法、四次方差最大正交旋转法、平均正交旋转法等，其中最常用的是方差最大正交旋转法。

因子旋转的目的是使各因子上的载荷实现两极分化，即实现各因子载荷之间的差异极大化，而描述差异性的统计指标是方差，所以，关键是方差最大化。借鉴样本方差的定义，在公共因子 F_k 上的因子载荷的方差定义为

$$V_k=\frac{1}{p}\sum_{i=1}^{p}\left[\left(\frac{a_{ik}^2}{h_i^2}\right)-\frac{1}{p}\sum_{i=1}^{p}\left(\frac{a_{ik}^2}{h_i^2}\right)\right]^2=\frac{1}{p}\sum_{i=1}^{p}\left(\frac{a_{ik}^2}{h_i^2}\right)^2-\left(\frac{1}{p}\sum_{i=1}^{p}\frac{a_{ik}^2}{h_i^2}\right)^2$$

取 a_{ik}^2 是为了消除 a_{ik} 符号不同的影响，除以 h_i^2 是为了消除各变量对因子依赖程度不同的影响。所有公共因子载荷之间的总方差为 $V=\sum_{k=1}^{m}V_k$。现在问题转化为求一个正交矩阵 $\boldsymbol{T}$，对已知的因子载荷矩阵 $\boldsymbol{A}$ 正交变换后，新的因子载荷矩阵中的元素能使 V 达到极大值。

例 6.4.3 回到例 6.4.2 中的数据，方差最大正交旋转后的因子载荷如表 6-14 所示。

表 6-14 方差最大正交旋转后的因子载荷

变量	未旋转		图像法旋转		方差最大正交旋转		共同度 $\hat{h}_i^2$
	F_1	F_2	F_1	F_2	F_1	F_2	
友好	0.969	−0.231	0.927	0.367	0.951	0.298	0.993
聪明	0.519	0.807	0.037	0.959	0.033	0.959	0.921
快乐	0.785	−0.587	0.980	−0.031	0.975	−0.103	0.960
受人喜爱	0.971	−0.210	0.916	0.385	0.941	0.317	0.987
公正	0.704	0.667	0.194	0.950	0.263	0.993	0.940
特征值	3.263	1.538	2.696	2.106	2.811	1.991	4.802
方差贡献率	0.653	0.308	0.539	0.421	0.398	0.398	0.960
累积方差贡献率	0.653	0.960	0.539	0.960	0.960	0.960	0.960

4. 因子得分

因子模型建立后，往往希望知道各个样品在各因子上的取值，从而能根据因子取值将样品分类，研究各样品间的差异等。将样品在公共因子上的取值称为**因子得分**。在因子模型 $\boldsymbol{X}=\boldsymbol{AF}+\boldsymbol{\varepsilon}$ 中，如果不考虑特殊因子 $\boldsymbol{\varepsilon}$ 的影响，当 $m=p$ 且 $\boldsymbol{A}$ 可逆时，可以直接计算出每个样品的因子得分 $\boldsymbol{F}=\boldsymbol{A}^{-1}\boldsymbol{X}$，但因子分析模型在实际应用中要求 $m<p$，因此不能精确计算出因子的得分情况，只能对因子得分进行估计。估计因子得分的方法很多，此处介绍常用的因子得分估计方法：加权最小二乘法和回归法。

1）加权最小二乘法

因子模型 $\boldsymbol{X}=\boldsymbol{AF}+\boldsymbol{\varepsilon}$ 类似于回归模型 $\boldsymbol{Y}=\boldsymbol{X\beta}+\boldsymbol{\varepsilon}$，因此可以采用类似于求解线性回归模型的方法来得到公共因子的近似解。我们知道回归模型 $\boldsymbol{Y}=\boldsymbol{X\beta}+\boldsymbol{\varepsilon}$ 的解为 $\hat{\boldsymbol{\beta}}=(\boldsymbol{X}'\boldsymbol{X})^{-1}\boldsymbol{X}'\boldsymbol{Y}$。由于因子模型的特殊因子方差一般并不相等，因此应采用加权最小二乘法进行估计，即寻求 $F_1,F_2,\cdots,F_p$ 的一组值 $\hat{F}_1,\hat{F}_2,\cdots,\hat{F}_p$，使得加权的"偏差"平方和

$$\sum_{i=1}^{p}[X_i-(a_{i1}\hat{F}_1+a_{i2}\hat{F}_2+\cdots+a_{im}\hat{F}_m)]^2/\sigma_i^2 \tag{6.4.7}$$

达到最小，这样求得的解 $\hat{F}_1,\hat{F}_2,\cdots,\hat{F}_p$ 就是用加权最小二乘法得到的因子得分，有时称为巴特莱特(Bartlett)因子得分。

式(6.4.7)可以用矩阵表示为

$$(\boldsymbol{X}-\boldsymbol{A}\hat{\boldsymbol{F}})'\boldsymbol{\Phi}^{-1}(\boldsymbol{X}-\boldsymbol{A}\hat{\boldsymbol{F}})$$

用微分学求极值的方法可求得因子得分为

$$\hat{\boldsymbol{F}}=(\boldsymbol{A}'\boldsymbol{\Phi}^{-1}\boldsymbol{A})^{-1}\boldsymbol{A}'\boldsymbol{\Phi}^{-1}\boldsymbol{X}$$

将样品数据 $\boldsymbol{x}_{(i)}=(x_{i1},x_{i2},\cdots,x_{ip})'$ 和已估计的参数 $\hat{\boldsymbol{A}},\hat{\boldsymbol{\Phi}}$ 代入上式，即得相应的因子得分：

$$\hat{\boldsymbol{F}}_{(i)}=(\hat{\boldsymbol{A}}'\hat{\boldsymbol{\Phi}}^{-1}\hat{\boldsymbol{A}})^{-1}\hat{\boldsymbol{A}}'\hat{\boldsymbol{\Phi}}^{-1}\boldsymbol{x}_{(i)},\quad i=1,2,\cdots,n$$

2）回归法

假设变量 $\boldsymbol{X}$ 及公共因子 $\boldsymbol{F}$ 都已进行标准化处理，并假设公共因子是 p 个原始变量的线性回归，即

$$\hat{F}_j=b_{j1}X_1+b_{j2}X_2+\cdots+b_{jp}X_p,\quad j=1,2,\cdots,m$$

其矩阵形式为

$$\hat{\boldsymbol{F}}=\boldsymbol{B}\boldsymbol{X},\quad \hat{\boldsymbol{F}}=(\hat{F}_1,\hat{F}_2,\cdots,\hat{F}_m)',\quad \boldsymbol{B}=(b_{ij})_{m\times p},\quad \boldsymbol{X}=(X_1,X_2,\cdots,X_p)'$$

如果求出上述回归方程的系数，即可求得各公共因子估计值。由因子载荷的统计意义知：

$$\begin{aligned}a_{ij}&=\mathrm{cov}(X_i,F_j)=\mathrm{cov}(X_i,b_{j1}X_1+b_{j2}X_2+\cdots+b_{jp}X_p)\\&=b_{j1}r_{i1}+b_{j2}r_{i2}+\cdots+b_{jp}r_{ip}\end{aligned}$$

于是可以得到如下方程组：

$$\begin{pmatrix}r_{11}&r_{12}&\cdots&r_{1p}\\r_{21}&r_{22}&\cdots&r_{2p}\\\vdots&\vdots&&\vdots\\r_{p1}&r_{p2}&\cdots&r_{pp}\end{pmatrix}\begin{pmatrix}b_{j1}\\b_{j2}\\\vdots\\b_{jp}\end{pmatrix}=\begin{pmatrix}a_{1j}\\a_{2j}\\\vdots\\a_{pj}\end{pmatrix}$$

即

$$\boldsymbol{R}\boldsymbol{b}_j=\boldsymbol{a}_j \tag{6.4.8}$$

$\boldsymbol{R}=(r_{ij})$ 为样本的相关系数矩阵，$\boldsymbol{b}_j=(b_{j1},b_{j2},\cdots,b_{jp})'$ 为第 j 个因子的得分，$\boldsymbol{a}_j=(a_{j1},a_{j2},\cdots,a_{jp})'$ 为载荷矩阵的第 j 列。

由式(6.4.8)即可得到第 j 个公共因子的得分系数，类似地可求出其余 $m-1$ 个公共因子的得分系数。于是因子得分系数矩阵为

$$\boldsymbol{B}=\boldsymbol{A}'\boldsymbol{R}^{-1}$$

所以，因子得分变量为

$$\hat{\boldsymbol{F}}=\boldsymbol{B}\boldsymbol{X}=\boldsymbol{A}'\boldsymbol{R}^{-1}\boldsymbol{X}$$

6.5 数据相关性分析

6.5.1 典型相关分析

典型相关分析是研究两组变量相关关系的一种多元统计方法。它最早源于霍特林

(Hotelling)于 1936 年在《生物统计》期刊上发表的一篇论文《两组变式之间的关系》。霍特林就大学表现和入学成绩的关系、政府政策变量与经济目标变量的关系等问题进行了相关性研究,提出了典型相关分析方法。其方法的应用在早期曾受到许多的限制,但计算机技术的迅速发展解决了典型相关分析在应用中计算方面的困难,成为普遍应用的进行两组变量之间相关性分析的技术。如在生态环境方面,用典型相关理论对预报场与因子场进行分析,实现了短期气象预测;在社会生活领域,应用典型相关理论分析物价指标和影响物价因素的相关关系;在教育学中研究高等教育发展与社会经济发展的相关关系;在地质学中,为了研究岩石形成的原因,分析岩石的化学成分与其周围围岩化学成分的相关性等。

1. 典型相关分析基本思想

假设有两组随机变量 $X_1,X_2,\cdots,X_p$ 与 $Y_1,Y_2,\cdots,Y_q$,要研究这两组变量之间的相关关系,如何给两组变量之间的相关性以数量的描述?典型相关分析方法采用类似于主成分的思想,分别找出两组变量各自的某个线性组合,讨论线性组合之间的相关关系。

首先在两组变量中分别找出第一对线性组合,使其具有最大相关性。

$$\begin{cases}U_1=a_{11}X_1+a_{21}X_2+\cdots+a_{p1}X_p\\ V_1=b_{11}Y_1+b_{21}Y_2+\cdots+b_{q1}Y_q\end{cases}$$

然后再在两组变量中找出第二对线性组合。

$$\begin{cases}U_2=a_{12}X_1+a_{22}X_2+\cdots+a_{p2}X_p\\ V_2=b_{12}Y_1+b_{22}Y_2+\cdots+b_{q2}Y_q\end{cases}$$

使其具有第二大相关性,且分别与各自组内的第一对线性组合不相关,即

$$\rho(U_2,U_1)=0,\quad \rho(V_2,V_1)=0$$

且在所有线性组合中,$\rho(U_2,V_2)$是除 $\rho(U_1,V_1)$外最大的。如此继续下去,直至两组变量的相关性信息被提取完为止。于是,我们把研究两组变量之间的相关性问题化为研究两个综合变量之间的相关性问题。即希望寻求向量 $\boldsymbol{a}=(a_{11},a_{21},\cdots,a_{p1})'$,$\boldsymbol{b}=(b_{11},b_{21},\cdots,b_{p1})'$,使两组变量以 $\boldsymbol{a},\boldsymbol{b}$ 为系数的线性组合 $U=\boldsymbol{a}'\boldsymbol{X}$ 和 $V=\boldsymbol{b}'\boldsymbol{Y}$ 之间最大可能地相关,称这种相关为典型相关,基于这种原则的分析方法就是**典型相关分析**。

由相关系数的定义:

$$\rho(U,V)=\frac{\operatorname{cov}(\boldsymbol{a}'\boldsymbol{X},\boldsymbol{b}'\boldsymbol{Y})}{\sqrt{\operatorname{var}(\boldsymbol{a}'\boldsymbol{X})}\sqrt{\operatorname{var}(\boldsymbol{b}'\boldsymbol{Y})}}$$

为保证结果的唯一性,在求综合变量时常常限定

$$\operatorname{var}(U)=1,\quad \operatorname{var}(V)=1$$

于是,就有了下面的定义。

定义 6.5.1 如果存在向量 $\boldsymbol{a}_1=(a_{11},a_{21},\cdots,a_{p1})'$,$\boldsymbol{b}_1=(b_{11},b_{21},\cdots,b_{p1})'$,使得在约束条件 $\operatorname{var}(\boldsymbol{a}'\boldsymbol{X})=1$,$\operatorname{var}(\boldsymbol{b}'\boldsymbol{Y})=1$ 下,$\rho(\boldsymbol{a}_1'\boldsymbol{X},\boldsymbol{b}_1'\boldsymbol{Y})=\max\rho(\boldsymbol{a}'\boldsymbol{X},\boldsymbol{b}'\boldsymbol{Y})$,则称 $\boldsymbol{a}_1'\boldsymbol{X},\boldsymbol{b}_1'\boldsymbol{Y}$ 是 $\boldsymbol{X},\boldsymbol{Y}$ 的**第一对典型相关变量**,它们之间的相关系数称为**第一典型相关系数**。

定义了前 $k-1$ 对典型相关变量之后,第 k 对典型相关变量定义如下。

定义 6.5.2 如果存在 $\boldsymbol{a}_k=(a_{1k},a_{2k},\cdots,a_{pk})'$和 $\boldsymbol{b}_k=(b_{1k},b_{2k},\cdots,b_{qk})'$,使得

(1) (U_k,V_k)和前面 $k-1$ 的对典型相关变量都不相关,其中 $U_k=\boldsymbol{a}_k'\boldsymbol{X}$,$V_k=\boldsymbol{b}_k'\boldsymbol{Y}$;

(2) $\mathrm{var}(U_k)=1, \mathrm{var}(V_k)=1$；

(3) 除前 $k-1$ 对外，U_k 和 V_k 的相关系数最大。

则称(U_k, V_k)是 $\boldsymbol{X}, \boldsymbol{Y}$ 的**第 k 对典型相关变量**，它们之间的相关系数称为**第 k**$(k=1,2,\cdots,p)$**个典型相关系数**。

2. 典型相关变量的求解

考虑随机向量 $\boldsymbol{Z}=(X_1, X_2, \cdots, X_p, Y_1, Y_2, \cdots, Y_q)'$，其协方差矩阵为

$$\boldsymbol{\Sigma}=\begin{bmatrix}\boldsymbol{\Sigma}_{11} & \boldsymbol{\Sigma}_{12}\\ \boldsymbol{\Sigma}_{21} & \boldsymbol{\Sigma}_{22}\end{bmatrix}\begin{matrix}p\\ q\end{matrix}$$
$$\qquad\quad p \qquad\ q$$

其中，$\boldsymbol{\Sigma}_{11}$ 是第一组随机变量 $\boldsymbol{X}$ 的协方差矩阵；$\boldsymbol{\Sigma}_{22}$ 是第二组随机变量 $\boldsymbol{Y}$ 的协方差矩阵；$\boldsymbol{\Sigma}_{12}$ 和$\boldsymbol{\Sigma}_{21}$ 分别是 $\boldsymbol{X}$ 和 $\boldsymbol{Y}$、$\boldsymbol{Y}$ 和 $\boldsymbol{X}$ 的协方差矩阵。

如果我们记两组变量 $\boldsymbol{X}, \boldsymbol{Y}$ 的第一对线性组合为 $U_1=\boldsymbol{a}_1'\boldsymbol{X}, V_1=\boldsymbol{b}_1'\boldsymbol{Y}$，则

$$\mathrm{var}(U_1)=\boldsymbol{a}_1'\mathrm{var}(\boldsymbol{X})\boldsymbol{a}_1=\boldsymbol{a}_1'\boldsymbol{\Sigma}_{11}\boldsymbol{a}_1=1$$
$$\mathrm{var}(V_1)=\boldsymbol{b}_1'\mathrm{var}(\boldsymbol{Y})\boldsymbol{b}_1=\boldsymbol{b}_1'\boldsymbol{\Sigma}_{22}\boldsymbol{b}_1=1$$
$$\rho(U_1, V_1)=\mathrm{cov}(U_1, V_1)=\boldsymbol{a}_1'\mathrm{cov}(\boldsymbol{X}, \boldsymbol{Y})\boldsymbol{b}_1=\boldsymbol{a}_1'\boldsymbol{\Sigma}_{12}\boldsymbol{b}_1$$

所以，求解第一对典型相关变量就是在约束条件

$$\begin{cases}\boldsymbol{a}'\boldsymbol{\Sigma}_{11}\boldsymbol{a}=1\\ \boldsymbol{b}'\boldsymbol{\Sigma}_{22}\boldsymbol{b}=1\end{cases}$$

下，求使 $\rho(\boldsymbol{a}'\boldsymbol{X}, \boldsymbol{b}'\boldsymbol{Y})=\boldsymbol{a}'\boldsymbol{\Sigma}_{12}\boldsymbol{b}$ 达到最大的系数向量 $\boldsymbol{a}$ 与 $\boldsymbol{b}$。

根据条件极值理论，引入拉格朗日乘数，将问题转化为求

$$\varphi(\boldsymbol{a}, \boldsymbol{b})=\boldsymbol{a}'\boldsymbol{\Sigma}_{12}\boldsymbol{b}-\frac{\lambda}{2}(\boldsymbol{a}'\boldsymbol{\Sigma}_{11}\boldsymbol{a}-1)-\frac{v}{2}(\boldsymbol{b}'\boldsymbol{\Sigma}_{22}\boldsymbol{b}-1) \tag{6.5.1}$$

的极大值，其中 λ, v 是拉格朗日乘数。

根据求极值的必要条件得

$$\begin{cases}\dfrac{\partial\varphi}{\partial\boldsymbol{a}}=\boldsymbol{\Sigma}_{12}\boldsymbol{b}-\lambda\boldsymbol{\Sigma}_{11}\boldsymbol{a}=\boldsymbol{0}\\ \dfrac{\partial\varphi}{\partial\boldsymbol{b}}=\boldsymbol{\Sigma}_{12}\boldsymbol{a}-v\boldsymbol{\Sigma}_{22}\boldsymbol{b}=\boldsymbol{0}\end{cases} \tag{6.5.2}$$

将方程组(6.5.2)的两式分别左乘 $\boldsymbol{a}'$ 与 $\boldsymbol{b}'$，得

$$\begin{cases}\boldsymbol{a}'\boldsymbol{\Sigma}_{12}\boldsymbol{b}-\lambda\boldsymbol{a}'\boldsymbol{\Sigma}_{11}\boldsymbol{a}=\boldsymbol{0}\\ \boldsymbol{b}'\boldsymbol{\Sigma}_{21}\boldsymbol{a}-v\boldsymbol{b}'\boldsymbol{\Sigma}_{22}\boldsymbol{b}=\boldsymbol{0}\end{cases}$$

由约束条件

$$\begin{cases}\boldsymbol{a}'\boldsymbol{\Sigma}_{12}\boldsymbol{b}=\lambda\boldsymbol{a}'\boldsymbol{\Sigma}_{11}\boldsymbol{a}=\lambda\\ \boldsymbol{b}'\boldsymbol{\Sigma}_{21}\boldsymbol{a}=v\boldsymbol{b}'\boldsymbol{\Sigma}_{22}\boldsymbol{b}=v\end{cases}$$

因为$(\boldsymbol{b}'\boldsymbol{\Sigma}_{21}\boldsymbol{a})'=\boldsymbol{a}'\boldsymbol{\Sigma}_{12}\boldsymbol{b}$，所以 $\lambda=v=\boldsymbol{a}'\boldsymbol{\Sigma}_{12}\boldsymbol{b}=\rho(\boldsymbol{a}'\boldsymbol{X}, \boldsymbol{b}'\boldsymbol{Y})$，即 λ 为线性组合 U, V 的相关系数。用 λ 代替方程组(6.5.2)中的 v，则方程组(6.5.2)可写为

$$\begin{cases}\boldsymbol{\Sigma}_{12}\boldsymbol{b}-\lambda\boldsymbol{\Sigma}_{11}\boldsymbol{a}=\boldsymbol{0}\\ \boldsymbol{\Sigma}_{21}\boldsymbol{a}-\lambda\boldsymbol{\Sigma}_{22}\boldsymbol{b}=\boldsymbol{0}\end{cases} \tag{6.5.3}$$

假定各随机变量的协差矩阵可逆，则由方程组(6.5.3)中的第二式可得

$$\boldsymbol{b}=\frac{1}{\lambda}\boldsymbol{\Sigma}_{22}^{-1}\boldsymbol{\Sigma}_{21}\boldsymbol{a} \tag{6.5.4}$$

将式(6.5.4)代入方程组(6.5.3)的第一式,得

$$\frac{1}{\lambda}\boldsymbol{\Sigma}_{12}\boldsymbol{\Sigma}_{22}^{-1}\boldsymbol{\Sigma}_{21}\boldsymbol{a}-\lambda\boldsymbol{\Sigma}_{11}\boldsymbol{a}=\boldsymbol{0}$$

即有

$$\boldsymbol{\Sigma}_{12}\boldsymbol{\Sigma}_{22}^{-1}\boldsymbol{\Sigma}_{21}\boldsymbol{a}-\lambda^2\boldsymbol{\Sigma}_{11}\boldsymbol{a}=\boldsymbol{0} \tag{6.5.5}$$

同理,由方程组(6.5.3)可得

$$\boldsymbol{\Sigma}_{21}\boldsymbol{\Sigma}_{11}^{-1}\boldsymbol{\Sigma}_{12}\boldsymbol{b}-\lambda^2\boldsymbol{\Sigma}_{22}\boldsymbol{b}=\boldsymbol{0} \tag{6.5.6}$$

用$\boldsymbol{\Sigma}_{11}^{-1}$和$\boldsymbol{\Sigma}_{22}^{-1}$分别左乘式(6.5.5)和式(6.5.6),得

$$\begin{cases}\boldsymbol{\Sigma}_{11}^{-1}\boldsymbol{\Sigma}_{12}\boldsymbol{\Sigma}_{22}^{-1}\boldsymbol{\Sigma}_{21}\boldsymbol{a}-\lambda^2\boldsymbol{a}=\boldsymbol{0}\\ \boldsymbol{\Sigma}_{22}^{-1}\boldsymbol{\Sigma}_{21}\boldsymbol{\Sigma}_{11}^{-1}\boldsymbol{\Sigma}_{12}\boldsymbol{b}-\lambda^2\boldsymbol{b}=\boldsymbol{0}\end{cases} \tag{6.5.7}$$

即

$$\begin{cases}(\boldsymbol{\Sigma}_{11}^{-1}\boldsymbol{\Sigma}_{12}\boldsymbol{\Sigma}_{22}^{-1}\boldsymbol{\Sigma}_{21}-\lambda^2\boldsymbol{I}_p)\boldsymbol{a}=\boldsymbol{0}\\ (\boldsymbol{\Sigma}_{22}^{-1}\boldsymbol{\Sigma}_{21}\boldsymbol{\Sigma}_{11}^{-1}\boldsymbol{\Sigma}_{12}-\lambda^2\boldsymbol{I}_q)\boldsymbol{b}=\boldsymbol{0}\end{cases} \tag{6.5.8}$$

由此可见,$\boldsymbol{\Sigma}_{11}^{-1}\boldsymbol{\Sigma}_{12}\boldsymbol{\Sigma}_{22}^{-1}\boldsymbol{\Sigma}_{21}$ 和$\boldsymbol{\Sigma}_{22}^{-1}\boldsymbol{\Sigma}_{21}\boldsymbol{\Sigma}_{11}^{-1}\boldsymbol{\Sigma}_{12}$ 具有相同的特征根 λ^2,$\boldsymbol{a}$,$\boldsymbol{b}$ 则分别是其对应的特征向量。令

$$\boldsymbol{A}=\boldsymbol{\Sigma}_{11}^{-1}\boldsymbol{\Sigma}_{12}\boldsymbol{\Sigma}_{22}^{-1}\boldsymbol{\Sigma}_{21},\quad \boldsymbol{B}=\boldsymbol{\Sigma}_{22}^{-1}\boldsymbol{\Sigma}_{21}\boldsymbol{\Sigma}_{11}^{-1}\boldsymbol{\Sigma}_{12}$$

可以证明,矩阵 $\boldsymbol{A}$ 和 $\boldsymbol{B}$ 具有以下性质。

(1) $\boldsymbol{A}$ 和 $\boldsymbol{B}$ 具有相同的非零特征根,且所有特征根非负。

(2) $\boldsymbol{A}$ 和 $\boldsymbol{B}$ 的特征根均在 0~1。

(3) 设 $\boldsymbol{A}$ 和 $\boldsymbol{B}$ 的非零特征根为$\lambda_1^2\geqslant\lambda_2^2\geqslant\cdots\geqslant\lambda_r^2$,$r=\text{rank}(\boldsymbol{A})=\text{rank}(\boldsymbol{B})$,$\boldsymbol{a}_1,\boldsymbol{a}_2,\cdots,\boldsymbol{a}_r$ 分别为矩阵 $\boldsymbol{A}$ 对应于特征根$\lambda_1^2,\lambda_2^2,\cdots,\lambda_r^2$ 的特征向量,$\boldsymbol{b}_1,\boldsymbol{b}_2,\cdots,\boldsymbol{b}_r$ 分别为 $\boldsymbol{B}$ 对应于特征根$\lambda_1^2,\lambda_2^2,\cdots,\lambda_r^2$ 的特征向量;因为$\lambda=\boldsymbol{a}'\boldsymbol{\Sigma}_{12}\boldsymbol{b}=\rho(U,V)$,求$\rho(U,V)$最大值也就是求$\lambda$ 的最大值,而求λ 的最大值又转化为求 $\boldsymbol{A}$ 和 $\boldsymbol{B}$ 的最大特征根;因此,以矩阵 $\boldsymbol{A}$ 和 $\boldsymbol{B}$ 的最大特征根λ_1^2 对应的特征向量 $\boldsymbol{a}_1=(a_{11},a_{21},\cdots,a_{p1})'$,$\boldsymbol{b}_1=(b_{11},b_{21},\cdots,b_{p1})'$为系数的线性组合就是 $\boldsymbol{X}$ 和 $\boldsymbol{Y}$ 所有线性组合中相关系数最大的。

令

$$\begin{cases}U_1=\boldsymbol{a}'_1\boldsymbol{X}=a_{11}X_1+a_{21}X_2+\cdots+a_{p1}X_p\\ V_1=\boldsymbol{b}'_1\boldsymbol{Y}=b_{11}Y_1+b_{21}Y_2+\cdots+b_{q1}Y_q\end{cases}$$

称(U_1,V_1)为**第一对典型相关变量**,最大特征根的平方根λ_1 为两典型相关变量的相关系数,称为**第一典型相关系数**。

如果第一典型变量不足以代表两组原始变量的信息,则需要求得第二对典型变量,即

$$\begin{cases}U_2=\boldsymbol{a}'_2\boldsymbol{X}\\ V_2=\boldsymbol{b}'_2\boldsymbol{Y}\end{cases}$$

显然,要求第二对典型变量也要满足以下约束条件:

$$\text{var}(U_2)=\text{var}(V_2)=1 \tag{6.5.9}$$

除此之外,为了有效测度两组变量的相关信息,第二对典型变量应不再包含第一对典型变量

已包含的信息，因而，需增加约束条件：

$$\begin{cases}\operatorname{cov}(U_1,U_2)=\boldsymbol{a}_1'\boldsymbol{\Sigma}_{11}\boldsymbol{a}_2=0\\ \operatorname{cov}(V_1,V_2)=\boldsymbol{b}_1'\boldsymbol{\Sigma}_{22}\boldsymbol{b}_2=0\end{cases}\tag{6.5.10}$$

在式(6.5.9)和式(6.5.10)的约束条件下，可求得其相关系数 $\rho(U_2,V_2)=\boldsymbol{a}_2'\boldsymbol{\Sigma}_{12}\boldsymbol{b}_2$ 的最大值为上述矩阵 $\boldsymbol{A}$ 和 $\boldsymbol{B}$ 的第二大特征根 λ_2^2 的平方根 λ_2。设 $\boldsymbol{a}_2,\boldsymbol{b}_2$ 分别是矩阵 $\boldsymbol{A}$ 和 $\boldsymbol{B}$ 对应于特征根 λ_2^2 的特征向量，则称 $U_2=\boldsymbol{a}_2'\boldsymbol{X}$ 和 $V_2=\boldsymbol{b}_2'\boldsymbol{Y}$ 为第二对典型相关变量，λ_2 为第二典型相关系数。

类似地，依次可求出**第 r 对典型变量**：$U_r=\boldsymbol{a}_r'\boldsymbol{X}$ 和 $V_r=\boldsymbol{b}_r'\boldsymbol{Y}$，其系数向量 $\boldsymbol{a}_r,\boldsymbol{b}_r$ 分别为矩阵 $\boldsymbol{A}$ 和 $\boldsymbol{B}$ 的第 r 大特征根 λ_r^2 对应的特征向量，λ_r 即为**第 r 典型相关系数**。

综上所述，典型变量和典型相关系数的计算可归结为矩阵 $\boldsymbol{A}$ 和 $\boldsymbol{B}$ 特征根及相应特征向量的求解。如果矩阵 $\boldsymbol{A}$ 和 $\boldsymbol{B}$ 的秩为 r，则共有 r 对典型相关变量，第 $k(1\leqslant k\leqslant r)$ 对典型变量的系数向量分别是矩阵 $\boldsymbol{A}$ 和 $\boldsymbol{B}$ 第 k 大特征根 λ_k^2 对应的特征向量，典型相关系数为 λ_k。

例 6.5.1 已知标准化随机向量 $\boldsymbol{X}=(X_1,X_2)'$ 和 $\boldsymbol{Y}=(Y_1,Y_2)'$ 的相关系数矩阵为

$$\boldsymbol{R}=\begin{pmatrix}\boldsymbol{R}_{11} & \boldsymbol{R}_{12}\\ \boldsymbol{R}_{21} & \boldsymbol{R}_{22}\end{pmatrix}$$

其中，$\boldsymbol{R}_{11}=\begin{pmatrix}1 & \alpha\\ \alpha & 1\end{pmatrix}$，$\boldsymbol{R}_{22}=\begin{pmatrix}1 & \nu\\ \nu & 1\end{pmatrix}$，$\boldsymbol{R}_{12}=\boldsymbol{R}_{21}=\begin{pmatrix}\beta & \beta\\ \beta & \beta\end{pmatrix}(0<\beta<1)$。

试求 $\boldsymbol{X}$ 和 $\boldsymbol{Y}$ 的典型相关变量和典型相关系数。

解 由已知的相关阵 $\boldsymbol{R}$ 即可求出

$$\boldsymbol{R}_{11}^{-1}=\frac{1}{1-\alpha^2}\begin{pmatrix}1 & -\alpha\\ -\alpha & 1\end{pmatrix},\quad \boldsymbol{R}_{22}^{-1}=\frac{1}{1-\boldsymbol{\nu}^2}\begin{pmatrix}1 & -\boldsymbol{\nu}\\ -\boldsymbol{\nu} & 1\end{pmatrix}$$

$$\boldsymbol{A}=\boldsymbol{R}_{11}^{-1}\boldsymbol{R}_{12}\boldsymbol{R}_{22}^{-1}\boldsymbol{R}_{21}=\frac{2\beta^2}{(1+\alpha)(1+\boldsymbol{\nu})}\begin{pmatrix}1 & 1\\ 1 & 1\end{pmatrix}$$

由于 $\boldsymbol{J}=\begin{pmatrix}1 & 1\\ 1 & 1\end{pmatrix}$ 的特征值为 2 和 0，故 $\boldsymbol{A}$ 的特征值为 $\lambda_1^2=\dfrac{4\beta^2}{(1+\alpha)(1+\boldsymbol{\nu})}$，$\lambda_2^2=0$。矩阵 $\boldsymbol{A}$ 对应于特征值 λ_1^2 的一个特征向量为 $\left(\dfrac{1}{\sqrt{2}},\dfrac{1}{\sqrt{2}}\right)'$，故满足约束条件 $\boldsymbol{a}_1'\boldsymbol{R}\boldsymbol{a}_1=1$ 的特征向量 $\boldsymbol{a}_1=\dfrac{1}{\sqrt{2(1+\alpha)}}\begin{pmatrix}1\\ 1\end{pmatrix}$。类似可得 $\boldsymbol{b}_1=\dfrac{1}{\sqrt{2(1+\boldsymbol{\nu})}}\begin{pmatrix}1\\ 1\end{pmatrix}$。所以，第一对典型相关变量为

$$U_1=\boldsymbol{a}_1'\boldsymbol{X}=\frac{1}{\sqrt{2(1+\alpha)}}(X_1+X_2),\quad V_1=\boldsymbol{b}_1'\boldsymbol{Y}=\frac{1}{\sqrt{2(1+\boldsymbol{\nu})}}(Y_1+Y_2)$$

而第一对典型相关系数为

$$\rho_1=\frac{2\beta}{\sqrt{(1+\alpha)(1+\boldsymbol{\nu})}}\quad (0<\rho_1<1)$$

因 $|\alpha|<1$，$|\boldsymbol{\nu}|<1$，显然有 $\rho_1>\beta$，这表明第一个典型相关系数一般大于两组原变量之间的相关系数。

3. 样本典型相关

在实际研究中，总体均值向量 $\boldsymbol{\mu}$ 和协方差矩阵 $\boldsymbol{\Sigma}$ 通常是未知的，因而无法求得总体的典

型相关变量和典型相关系数,因此需要根据观测到的样本数据矩阵进行估计。

假定总体 $\boldsymbol{Z}=(X_1,X_2,\cdots,X_p,Y_1,Y_2,\cdots,Y_q)'\sim N_{p+q}(\boldsymbol{\mu},\boldsymbol{\Sigma})$,已知总体的 n 次观测数据为

$$\boldsymbol{z}_{(t)}=\begin{pmatrix}\boldsymbol{x}_{(t)}\\ \boldsymbol{y}_{(t)}\end{pmatrix}_{(p+q)\times 1},\quad t=1,2,\cdots,n$$

于是样本数据矩阵为

$$\begin{bmatrix} x_{11} & x_{12} & \cdots & x_{1p} & y_{11} & y_{12} & \cdots & y_{1q}\\ x_{21} & x_{22} & \cdots & x_{2p} & y_{21} & y_{22} & \cdots & y_{2q}\\ \vdots & \vdots & & \vdots & & & & \vdots\\ x_{n1} & x_{n2} & \cdots & x_{np} & y_{n1} & y_{n2} & \cdots & y_{nq} \end{bmatrix}_{n\times(p+q)}$$

则协方差矩阵$\boldsymbol{\Sigma}$ 的最大似然估计为

$$\hat{\boldsymbol{\Sigma}}=\frac{1}{n}\sum_{i=1}^{n}(\boldsymbol{Z}_{(t)}-\bar{\boldsymbol{Z}})(\boldsymbol{Z}_{(t)}-\bar{\boldsymbol{Z}})'$$

其中,$\bar{\boldsymbol{Z}}=\frac{1}{n}\sum_{t=1}^{n}\boldsymbol{Z}_{(t)}$,样本协方差矩阵$\hat{\boldsymbol{\Sigma}}$ 可作以下分块。

$$\hat{\boldsymbol{\Sigma}}=\begin{pmatrix}\hat{\boldsymbol{\Sigma}}_{11} & \hat{\boldsymbol{\Sigma}}_{12}\\ \hat{\boldsymbol{\Sigma}}_{21} & \hat{\boldsymbol{\Sigma}}_{22}\end{pmatrix}$$

$$\bar{\boldsymbol{x}}=\frac{1}{n}\sum_{j=1}^{n}\boldsymbol{x}_{(j)},\quad \bar{\boldsymbol{y}}=\frac{1}{n}\sum_{j=1}^{n}\boldsymbol{y}_{(j)}$$

其中,

$$\hat{\boldsymbol{\Sigma}}_{11}=\frac{1}{n-1}\sum_{j=1}^{n}(\boldsymbol{x}_{(j)}-\bar{\boldsymbol{x}})(\boldsymbol{x}_{(j)}-\bar{\boldsymbol{x}})',\quad \hat{\boldsymbol{\Sigma}}_{22}=\frac{1}{n-1}\sum_{j=1}^{n}(\boldsymbol{y}_{(j)}-\bar{\boldsymbol{y}})(\boldsymbol{y}_{(j)}-\bar{\boldsymbol{y}})'$$

$$\hat{\boldsymbol{\Sigma}}_{12}=\frac{1}{n-1}\sum_{j=1}^{n}(\boldsymbol{x}_{(j)}-\bar{\boldsymbol{x}})(\boldsymbol{y}_{(j)}-\bar{\boldsymbol{y}})',\quad \hat{\boldsymbol{\Sigma}}_{21}=\frac{1}{n-1}\sum_{j=1}^{n}(\boldsymbol{y}_{(j)}-\bar{\boldsymbol{y}})(\boldsymbol{x}_{(j)}-\bar{\boldsymbol{x}})'$$

由此可得矩阵 $\boldsymbol{A}$ 和 $\boldsymbol{B}$ 的样本估计:

$$\hat{\boldsymbol{A}}=\hat{\boldsymbol{\Sigma}}_{11}^{-1}\hat{\boldsymbol{\Sigma}}_{12}\hat{\boldsymbol{\Sigma}}_{22}^{-1}\hat{\boldsymbol{\Sigma}}_{21}$$

$$\hat{\boldsymbol{B}}=\hat{\boldsymbol{\Sigma}}_{22}^{-1}\hat{\boldsymbol{\Sigma}}_{21}\hat{\boldsymbol{\Sigma}}_{11}^{-1}\hat{\boldsymbol{\Sigma}}_{21}$$

类似于总体典型相关变量和典型相关系数的求解,只要求出$\hat{\boldsymbol{A}}$ 和$\hat{\boldsymbol{B}}$ 的特征根及其相应的特征向量,即可得到样本典型相关变量和样本典型相关系数。

6.5.2 对应分析

典型相关分析研究的是两组变量的整体相关性,对应分析则是研究两个因素不同水平之间的对应关系。如分析顾客职业与购买汽车品牌之间的关系,研究不同客户群对汽车的偏好;寻求手机品牌偏好与收入水平的关系;利用储户储蓄数据研究储户收入水平与所选择的储蓄种类间是否存在联系;分析孩子学业成绩与父母受教育程度的对应关系;分析是否患癌症与是否吸烟之间的关系等。

对应分析的思想首先由理查森(Richardson)和库德(Kuder)于1933年提出,后来法国统计学家贝内泽(Benzecri)和日本统计学家林知己夫(Chikio)对该方法进行详细的论述而使其得到了发展。本章在介绍交叉列联表的基础上介绍对应分析的基本原理、基本方法和分析步骤。

1. 对应分析的基本思想

设因素 A 有 n 个不同水平,因素 B 有 p 个不同水平,因素 A 的第 i 个水平与因素 B 的第 j 个水平对应的样品数为 $n_{ij}(i=1,2,\cdots,n;\ j=1,2,\cdots,p)$,称为**频数**,则可得到列联表的一般形式,见表6-15。

表6-15 列联表的一般形式

因素 A	因素 B						合计
	B_1	B_2	$\cdots$	B_j	$\cdots$	B_p	
A_1	n_{11}	n_{12}	$\cdots$	n_{1j}	$\cdots$	n_{1p}	$n_{1.}$
A_2	n_{21}	n_{22}	$\cdots$	n_{2j}	$\cdots$	n_{2p}	$n_{2.}$
$\vdots$	$\vdots$	$\vdots$	$\vdots$	$\vdots$	$\vdots$	$\vdots$	$\vdots$
A_i	n_{i1}	n_{i2}	$\cdots$	n_{ij}	$\cdots$	n_{ip}	$n_{i.}$
$\vdots$	$\vdots$	$\vdots$	$\vdots$	$\vdots$	$\vdots$	$\vdots$	$\vdots$
A_n	n_{n1}	n_{n2}	$\cdots$	n_{nj}	$\cdots$	n_{np}	$n_{n.}$
合计	$n_{.1}$	$n_{.2}$	$\cdots$	$n_{.j}$	$\cdots$	$n_{.p}$	n

令 $\boldsymbol{P}=\begin{pmatrix} p_{11} & p_{12} & \cdots & p_{1p} \\ p_{21} & p_{22} & \cdots & p_{2p} \\ \vdots & \vdots & & \vdots \\ p_{n1} & p_{n2} & \cdots & p_{np} \end{pmatrix}_{n\times p}$,其中 $p_{ij}=\dfrac{n_{ij}}{n}$,$p_{i.}=\sum\limits_{j=1}^{p}p_{ij}$,$p_{.j}=\sum\limits_{i=1}^{n}p_{ij}$。当 n 充分大时,称矩阵 $\boldsymbol{P}$ 为**概率矩阵**。

概率矩阵 $\boldsymbol{P}$ 中的元素 p_{ij} 表示因素 A 的第 i 个水平与因素 B 的第 j 个水平同时出现的概率;$P_i.$ 表示因素 A 的第 i 水平出现的边缘概率。p 维向量 $\boldsymbol{P}_i^r$:

$$\boldsymbol{P}_i^r=\left(\frac{p_{i1}}{p_{i.}},\frac{p_{i2}}{p_{i.}},\cdots,\frac{p_{ip}}{p_{i.}}\right)',\quad i=1,2,\cdots,n$$

刻画了样品 i 的形象,或者 p 个指标变量在第 i 个样品上的分布轮廓,称向量 $\boldsymbol{P}_i^r$ 为样品 i 的**行轮廓**。$\boldsymbol{P}_i^r$ 的分量 $\dfrac{p_{ij}}{p_{i.}}$ 表示条件概率 $P\{B=j\mid A=i\}$,可知 $(\boldsymbol{P}_i^r)'\boldsymbol{1}=1$。

表6-15中行与列的地位是对等的,根据行轮廓的定义方法可以定义列轮廓。第 j 个指标的**列轮廓**为

$$\boldsymbol{P}_j^c=\left(\frac{p_{1j}}{p_{.j}},\frac{p_{2j}}{p_{.j}},\cdots,\frac{p_{nj}}{p_{.j}}\right),\quad j=1,2,\cdots,p$$

它表示因素 B 取值 j 时,因素 A 不同取值的条件概率,即 n 个样品在第 j 个指标取值上的分布轮廓。$\boldsymbol{P}_j^c$ 的分量 $\dfrac{p_{ij}}{p_{.j}}$ 表示条件概率 $P\{A=i\mid B=j\}$,可知 $(\boldsymbol{P}_j^c)'\boldsymbol{1}=1$。

定义了行轮廓、列轮廓后,因素 A 各个水平的情况可以用 p 维空间上的 n 个点来表示;

因素 B 各个水平的情况可以用 n 维空间上的 p 个点来表示。对应分析就是运用降维的思想,就是把因素 A 的各个水平与因素 B 的各个水平状态同时在一张二维平面上表示出来,实现数据的可视化。

2. 对应分析的过程

1) 加权平方距离

任意两个样本点 k 与 l 之间的相似性(即因素 A 的第 k 个与第 l 个水平之间的相关关系)可以用欧氏距离来刻画:

$$d^2(k,l)=(\boldsymbol{P}_k^r-\boldsymbol{P}_l^r)'(\boldsymbol{P}_k^r-\boldsymbol{P}_l^r)=\sum_{j=1}^{p}\left(\frac{p_{kj}}{p_{k\cdot}}-\frac{p_{lj}}{p_{l\cdot}}\right)^2$$

如此定义的距离有一个缺点:若因素 B 的第 j 个水平出现的概率比较大时,上式第 j 项 $\left(\frac{p_{kj}}{p_{k\cdot}}-\frac{p_{lj}}{p_{l\cdot}}\right)^2$ 的作用就被高估了,为此以 $\frac{1}{p_{\cdot j}}$ 为权重,引入如下的**加权平方距离**:

$$D^2(k,l)=\sum_{j=1}^{p}\frac{1}{p_{\cdot j}}\left(\frac{p_{kj}}{p_{k\cdot}}-\frac{p_{lj}}{p_{l\cdot}}\right)^2=\sum_{j=1}^{p}\left(\frac{p_{kj}}{p_{k\cdot}\sqrt{p_{\cdot j}}}-\frac{p_{lj}}{p_{l\cdot}\sqrt{p_{\cdot j}}}\right)^2 \tag{6.5.11}$$

式(6.5.11)也可以看作 p 维欧氏空间中坐标为

$$\left(\frac{p_{i1}}{p_{i\cdot}\sqrt{p_{\cdot 1}}},\frac{p_{i2}}{p_{i\cdot}\sqrt{p_{\cdot 2}}},\cdots,\frac{p_{ip}}{p_{i\cdot}\sqrt{p_{\cdot p}}}\right),\quad i=1,2,\cdots,n \tag{6.5.12}$$

的任意两点之间的普通欧氏距离。

类似地可定义因素 B 的两个不同水平之间的加权平方距离为

$$D^2(s,t)=\sum_{i=1}^{n}\left(\frac{p_{is}}{p_{\cdot s}\sqrt{p_{i\cdot}}}-\frac{p_{it}}{p_{\cdot t}\sqrt{p_{i\cdot}}}\right)^2 \tag{6.5.13}$$

式(6.5.13)也可以看作 p 维欧氏空间中坐标为

$$\left(\frac{p_{1s}}{p_{\cdot s}\sqrt{p_{1\cdot}}},\frac{p_{2s}}{p_{\cdot s}\sqrt{p_{2\cdot}}},\cdots,\frac{p_{ns}}{p_{\cdot s}\sqrt{p_{n\cdot}}}\right),\quad s=1,2,\cdots,p \tag{6.5.14}$$

的任意两点之间的普通欧氏距离。

2) 加权重心

式(6.5.12)定义的 n 个点的地位不是完全相等的,出现概率较大的水平应当有较高的权重。因此,我们用 $p_{i\cdot}$ 作为权重,将式(6.5.12)定义的 n 个样本点的**加权重心**的第 j 个分量定义为

$$\sum_{i=1}^{n}\frac{p_{ij}}{p_{i\cdot}\sqrt{p_{\cdot j}}}p_{i\cdot}=\sum_{i=1}^{n}\frac{p_{ij}}{\sqrt{p_{\cdot j}}}=\frac{p_{\cdot j}}{\sqrt{p_{\cdot j}}}=\sqrt{p_{\cdot j}},\quad j=1,2,\cdots,p$$

则由式(6.5.12)定义的 n 个样本点的加权重心为

$$(\sqrt{p_{\cdot 1}},\sqrt{p_{\cdot 2}},\cdots,\sqrt{p_{\cdot p}})$$

其每一个分量恰是概率矩阵 $\boldsymbol{P}$ 每一列边缘概率的平方根。类似地,由式(6.5.14)定义的 p 个变量点的加权重心坐标为

$$(\sqrt{p_{1\cdot}},\sqrt{p_{2\cdot}},\cdots,\sqrt{p_{p\cdot}})$$

3) 协方差矩阵

式(6.5.12)定义的 n 个点的第 i 个分量与第 j 个分量的**加权协方差**可定义为

$$a_{ij}=\sum_{\alpha=1}^{n}\left(\frac{p_{\alpha i}}{p_{\alpha\cdot}\sqrt{p_{\cdot i}}}-\sqrt{p_{\cdot i}}\right)\left(\frac{p_{\alpha j}}{p_{\alpha\cdot}\sqrt{p_{\cdot j}}}-\sqrt{p_{\cdot j}}\right)p_{\alpha\cdot}$$

$$=\sum_{\alpha=1}^{n}\left(\frac{p_{\alpha i}}{\sqrt{p_{\alpha\cdot}}\sqrt{p_{\cdot i}}}-\sqrt{p_{\alpha\cdot}}\sqrt{p_{\cdot i}}\right)\left(\frac{p_{\alpha j}}{\sqrt{p_{\alpha\cdot}}\sqrt{p_{\cdot j}}}-\sqrt{p_{\alpha\cdot}}\sqrt{p_{\cdot j}}\right)$$

$$=\sum_{\alpha=1}^{n}\frac{p_{\alpha i}-p_{\alpha\cdot}p_{\cdot i}}{\sqrt{p_{\alpha\cdot}p_{\cdot i}}}\frac{p_{\alpha j}-p_{\alpha\cdot}p_{\cdot j}}{\sqrt{p_{\alpha\cdot}p_{\cdot j}}}\overset{\text{def}}{=}\sum_{\alpha=1}^{n}z_{\alpha i}z_{\alpha j}$$

其中，$z_{\alpha i}=\dfrac{p_{\alpha i}-p_{\alpha\cdot}p_{\cdot i}}{\sqrt{p_{\alpha\cdot}p_{\cdot i}}}$。

令 $\boldsymbol{Z}=(z_{ij})_{n\times p}$，则因素 B 的各个水平变量间的协方差矩阵为

$$\boldsymbol{\Sigma}_c=\boldsymbol{Z}'\boldsymbol{Z}=(a_{ij})_{p\times p}$$

类似地，可以推导出因素 A 的各个水平(样品)间的协方差矩阵：

$$\boldsymbol{\Sigma}_r=\boldsymbol{Z}\boldsymbol{Z}'=(b_{ij})_{n\times n}$$

其中，$b_{ij}=\sum\limits_{\beta=1}^{p}\dfrac{p_{i\beta}-p_{\cdot\beta}p_{i\cdot}}{\sqrt{p_{\cdot\beta}p_{i\cdot}}}\dfrac{p_{j\beta}-p_{\cdot\beta}p_{j\cdot}}{\sqrt{p_{\cdot\beta}p_{j\cdot}}}\triangleq\sum\limits_{\beta=1}^{p}z_{i\beta}z_{i\beta}$。

由矩阵代数的知识可知，$\boldsymbol{\Sigma}_r=\boldsymbol{Z}\boldsymbol{Z}'$ 与 $\boldsymbol{\Sigma}_c=\boldsymbol{Z}'\boldsymbol{Z}$ 有完全相同的非零特征根，按从大到小的顺序记为 $\lambda_1\geqslant\lambda_2\geqslant\cdots\geqslant\lambda_m>0$，$m=\mathrm{Rank}(\boldsymbol{Z})\leqslant\min(n-1,p-1)$。设 $\boldsymbol{u}_j$ 为对应于矩阵 $\boldsymbol{\Sigma}_c$ 的特征值 λ_j 的特征向量，易证 $\boldsymbol{Z}\boldsymbol{u}_j$ 是 $\boldsymbol{\Sigma}_r$ 的对应于特征值 λ_j 的特征向量；反之，设 $\boldsymbol{u}_j$ 为对应于矩阵 $\boldsymbol{\Sigma}_r$ 的特征值 λ_j 的特征向量，易证 $\boldsymbol{Z}'\boldsymbol{u}_j$ 是 $\boldsymbol{\Sigma}_c$ 的对应于特征值 λ_j 的特征向量。

$\boldsymbol{\Sigma}_r$ 与 $\boldsymbol{\Sigma}_c$ 有相同的特征值，而这些特征值是各个公共因子所解释的方差。那么因素 B 的第一公共因子，第二公共因子，……，第 m 个公共因子与因素 A 的第一公共因子，第二公共因子，……，第 m 个公共因子在总方差中所占的百分比完全相同。这样就可以用相同的因子轴同时表示两个因素的各个水平，把两个因素的各个水平同时反映在具有相同坐标轴的因子平面上，以直观地反映两个因素变量及各个水平状态之间的对应关系。一般情况下，取两个公共因子，这样就可以在一张二维平面上同时画出两个因素的各个状态，实现数据的可视化。

3. 对应分析的步骤

由前面的分析可知，对一个来源于实际问题的列联表数据，运用对应分析方法进行研究的过程最终可以转化为基于矩阵 $\boldsymbol{Z}$ 同时进行 R 型因子分析与 Q 型因子分析的过程。一般地说，对应分析应包括如下几个步骤。

(1) 由原始列联表数据计算规格化的概率意义上的列联表。

(2) 计算 $\boldsymbol{Z}$ 矩阵。

(3) 由 $\boldsymbol{\Sigma}_r$ 或 $\boldsymbol{\Sigma}_c$ 出发进行 Q 型因子分析或 R 型因子分析，并由 Q 型因子分析或 R 型因子分析的结果推导出 R 型因子分析或 Q 型因子分析的结果。

(4) 在二维图上画出原始变量各个状态，并对原始变量相关性进行分析。

例 6.5.2 头发颜色与眼睛颜色间存在何种关联？研究者收集了苏格兰北部某郡 5387 名小学生眼睛与头发颜色的数据，如表 6-16 所示，其中眼睛有深、棕、蓝、浅四种颜色，头发有金、红、棕、深、黑五种颜色。研究者希望知道头发和眼睛的颜色间存在哪种关联，即某种头发颜色的人的眼睛更倾向于哪种颜色？

表 6-16 眼睛颜色的交叉列联表

头发颜色	眼睛颜色				
	1. 眼深色	2. 眼棕色	3. 眼蓝色	4. 眼浅色	有效边际
1. 发金色	98	343	326	688	1455
2. 发红色	48	84	38	116	286
3. 发棕色	403	909	241	584	2137
4. 发深色	681	412	110	188	1391
5. 发黑色	85	26	3	4	118
有效边际	1315	1774	718	1580	5387

解 交叉列联表 6-16 可以大致看出头发颜色与眼睛颜色的分布特征，但没有直观地显示头发颜色与眼睛颜色的相关性。

(1) 计算概率矩阵。

概率矩阵(见表 6-17)是对交叉列联表的补充，显示了各频数在各列/各行上的百分比，较交叉列联表更清晰，如黑色头发的比例最低，仅有 2.2%。

表 6-17 概率矩阵

头发颜色	眼睛颜色				
	1. 眼深色	2. 眼棕色	3. 眼蓝色	4. 眼浅色	合 计
1. 发金色	0.0182	0.0637	0.0605	0.1277	0.2701
2. 发红色	0.0089	0.0156	0.0071	0.0215	0.0531
3. 发棕色	0.0748	0.1687	0.0447	0.1084	0.3967
4. 发深色	0.1264	0.0765	0.0204	0.0349	0.2582
5. 发黑色	0.0158	0.0048	0.0006	0.0007	0.0219
合 计	0.2441	0.3293	0.1333	0.2933	1.0000

(2) R 型因子分析与 Q 型因子分析。

表 6-18 第 1 列列出了特征根的编号。由对应分析的基本原理可知，提取的特征根个数为 $\min(r,c)-1$，这里因头发颜色有五种，眼睛颜色有四种，因此提取的特征根数应为 $\min(5,4)-1=3$；第 2 列是异常值，它的平方是惯量；第 3 列是惯量，就是特征根。其中第 1 个特征根的值最大，意味着它解释各类别差异的能力最强，地位最重要，其他特征根的重要性依次下降；第 4、5 列是对交叉列联表作卡方检验的卡方观测值 154.016 和相应的概率 p 值 0.000，概率 p 值小于显著性水平 0.05，所以拒绝零假设，认为行变量和列变量有显著的相关关系；第 6、7 列分别是各个特征根的方差贡献率、累积方差贡献率。

表 6-18 特征根、卡方检验

编号	奇异值	惯量	卡 方	Sig.	方差贡献率		置信奇异值	
					解释	累积	标准差	相关
1	0.446	0.199			0.866	0.866	0.012	0.274
2	0.173	0.030			0.131	0.996	0.013	
3	0.029	0.001			0.004	1.000		
总计		0.230	1240.039	0.000[a]	1.000	1.000		

表 6-19 是 Q 型因子分析的结果。第 2 列是行变量各类别的百分比；第 3、4 列是行变

量各分类在第 1、2 因子上的因子载荷；第 5 列为惯量，表示每个行点到行重心的加权距离的平方；第 6、7 列是行变量各水平对第 1、2 因子值差异的影响程度；如头发颜色中的深色对第 1 因子值的差异影响最大(44.9%)，棕色对第 2 因子值的差异影响最大(57.2%)。第 8、9、10 列是第 1、2 因子对行变量各水平差异的解释程度以及累积解释程度；如对头发颜色中的金色，第 1 因子解释了 90.7%的差异，第 2 因子解释了 9.3%的差异，两因子共解释了 100%的差异。红色发色的信息丢失是最大的。

表 6-19　*Q* 型因子分析结果

头发颜色	边缘概率	因子载荷		惯量	贡献				
					点对维惯量		共同度点惯量		
		1	2		1	2	1	2	总计
1. 发金色	0.270	−0.814	−0.417	0.088	0.401	0.271	0.907	0.093	1.000
2. 发红色	0.053	−0.349	−0.116	0.004	0.014	0.004	0.770	0.033	0.803
3. 发棕色	0.397	−0.063	−0.500	0.018	0.004	0.572	0.039	0.961	1.000
4. 发深色	0.285	−0.881	−0.250	0.092	0.449	0.093	0.969	0.030	1.000
5. 发黑色	0.022	1.638	−0.688	0.028	0.132	0.060	0.934	0.064	0.998
总　计	1.000			0.230	1.000	1.000			

表 6-20 是 *R* 型因子分析结果。类似于表 6-19，第 2 列是行变量各类别的百分比；第 3、4 列是列变量各分类在第 1、2 因子上的因子载荷；第 5 列为惯量，表示每个列点到行重心的加权距离的平方；第 6、7 列是列变量各水平对第 1、2 因子值差异的影响程度；第 8、9、10 列是第 1、2 因子对列变量各水平差异的解释程度以及累积解释程度。

表 6-20　*R* 型因子分析结果

眼睛颜色	边缘概率	因子载荷		惯量	贡献				
					点对维惯量		共同度点惯量		
		1	2		1	2	1	2	总计
1. 眼深色	0.244	1.052	−0.322	0.125	0.605	0.145	0.965	0.035	1.000
2. 眼棕色	0.329	0.050	0.588	0.020	0.002	0.657	0.018	0.981	0.999
3. 眼蓝色	0.133	−0.599	−0.397	0.026	0.107	0.121	0.836	0.143	0.979
4. 眼浅色	0.293	−0.660	−0.212	0.060	0.286	0.076	0.956	0.039	0.995
总　计	1.000			0.230	1.000	1.000			

(3) 画出行点和列点的散点图。

根据表 6-19 和表 6-20 的因子载荷值，将行点和列点投影到公共因子平面上，得到行点和列点的散点图，如图 6-4 所示。

散点图的读取要注意如下。

(1) 考察同一变量的区分度：如果同一变量某些水平靠得较近，则说明这些水平相似性较大，可以归为一类，如头发颜色中的深色和黑色归为一类，红色、金色归为一类，棕色自成一类。

(2) 考察不同变量(头发颜色与眼睛颜色)的不同水平间的对应关系：如棕色头发的人其眼睛为棕色的比例较高；金色头发和浅色、蓝色眼睛的相关性较大。

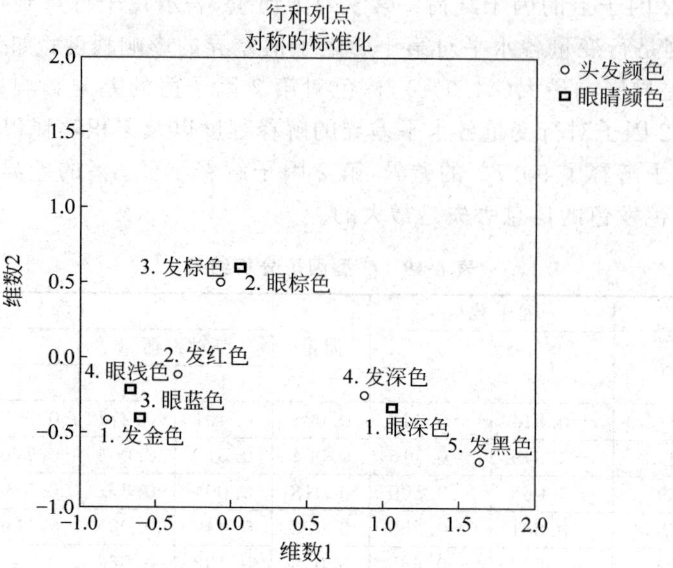

图 6-4 行点和列点的散点图

参考文献

[1] 盛骤，谢式千，潘承毅. 概率论与数理统计[M]. 北京：高等教育出版社，2019.
[2] 赵颖. 应用数理统计[M]. 北京：北京理工大学出版社，2008.
[3] 肖枝洪，苏理云，郭明月. 应用数理统计与 Python 应用[M]. 武汉：武汉大学出版社，2021.
[4] 稿惠璇. 应用多元统计分析[M]. 北京：北京大学出版社，2005.

附录 A

附表 A-1　一元正态总体假设检验表

检验名称	条件	原假设 H_0	备择假设 H_1	检验统计量	拒绝域
Z 检验	σ^2 已知	$\mu \leqslant \mu_0$	$\mu > \mu_0$	$Z=\dfrac{\overline{X}-\mu_0}{\sigma/\sqrt{n}}$	$z \geqslant z_\alpha$
		$\mu \geqslant \mu_0$	$\mu < \mu_0$		$z \leqslant -z_\alpha$
		$\mu = \mu_0$	$\mu \neq \mu_0$		$\lvert z \rvert \geqslant z_{\frac{\alpha}{2}}$
t 检验	σ^2 未知	$\mu \leqslant \mu_0$	$\mu > \mu_0$	$t=\dfrac{\overline{X}-\mu_0}{s/\sqrt{n}}$	$t \geqslant t_\alpha(n-1)$
		$\mu \geqslant \mu_0$	$\mu < \mu_0$		$t \leqslant -t_\alpha(n-1)$
		$\mu = \mu_0$	$\mu \neq \mu_0$		$\lvert t \rvert \geqslant t_{\frac{\alpha}{2}}(n-1)$
Z 检验	σ_1, σ_2 已知	$\mu_1-\mu_2 \leqslant 0$	$\mu_1-\mu_2 > 0$	$Z=\dfrac{\overline{X}-\overline{Y}}{\sqrt{\sigma_1^2/m+\sigma_2^2/n}}$	$z \geqslant z_\alpha$
		$\mu_1-\mu_2 \geqslant 0$	$\mu_1-\mu_2 < 0$		$z \leqslant -z_\alpha$
		$\mu_1-\mu_2 = 0$	$\mu_1-\mu_2 \neq 0$		$\lvert z \rvert \geqslant z_{\frac{\alpha}{2}}$
t 检验	$\sigma_1=\sigma_2$ 但未知	$\mu_1-\mu_2 \leqslant 0$	$\mu_1-\mu_2 > 0$	$t=\dfrac{\overline{X}-\overline{Y}}{S_w\sqrt{1/m+1/n}}$	$t \geqslant t_\alpha(m+n-2)$
		$\mu_1-\mu_2 \geqslant 0$	$\mu_1-\mu_2 < 0$		$t \leqslant -t_\alpha(m+n-2)$
		$\mu_1-\mu_2 = 0$	$\mu_1-\mu_2 \neq 0$		$\lvert t \rvert \geqslant t_{\frac{\alpha}{2}}(m+n-2)$
χ^2 检验	μ 未知	$\sigma^2 \leqslant \sigma_0^2$	$\sigma^2 > \sigma_0^2$	$\chi^2=\dfrac{(n-1)S^2}{\sigma_0^2}$	$\chi^2 \geqslant \chi_\alpha^2(n-1)$
		$\sigma^2 \geqslant \sigma_0^2$	$\sigma^2 < \sigma_0^2$		$\chi^2 \leqslant \chi_{1-\alpha}^2(n-1)$
		$\sigma^2 = \sigma_0^2$	$\sigma^2 \neq \sigma_0^2$		$\chi^2 \geqslant \chi_{\frac{\alpha}{2}}^2(n-1)$或 $\chi^2 \leqslant \chi_{1-\frac{\alpha}{2}}^2(n-1)$
F 检验	μ_1, μ_2 未知	$\sigma_1^2 \leqslant \sigma_2^2$	$\sigma_1^2 > \sigma_2^2$	$F=\dfrac{S_1^2}{S_2^2}$	$F \geqslant F_\alpha(m-1, n-1)$
		$\sigma_1^2 \geqslant \sigma_0^2$	$\sigma_1^2 < \sigma_2^2$		$F \leqslant F_{1-\alpha}(m-1, n-1)$
		$\sigma_1^2 = \sigma_2^2$	$\sigma_1^2 \neq \sigma_2^2$		$F \geqslant F_{\frac{\alpha}{2}}(m-1, n-1)$或 $F \leqslant F_{1-\frac{\alpha}{2}}(m-1, n-1)$
t 检验	成对数据	$\mu_D \leqslant 0$	$\mu_D > 0$	$t=\dfrac{\overline{D}-0}{s_D/\sqrt{n}}$	$t \geqslant t_\alpha(n-1)$
		$\mu_D \geqslant 0$	$\mu_D < 0$		$t \leqslant -t_\alpha(n-1)$
		$\mu_D = 0$	$\mu_D \neq 0$		$\lvert t \rvert \geqslant t_{\frac{\alpha}{2}}(n-1)$

附　录　B

附表 B-1　标准正态分布表

$$\Phi(x)=\int_{-\infty}^{x}\frac{1}{\sqrt{2\pi}}\mathrm{e}^{-\frac{t^2}{2}}\mathrm{d}t$$

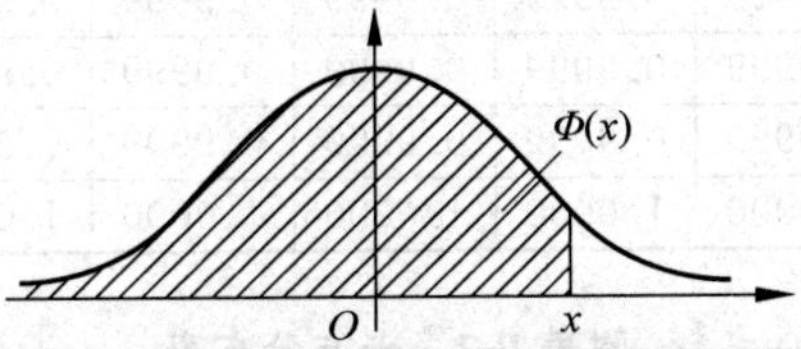

x	0	0.01	0.02	0.03	0.04	0.05	0.06	0.07	0.08	0.09
0	0.5000	0.5040	0.5080	0.5120	0.5160	0.5199	0.5239	0.5279	0.5319	0.5359
0.1	0.5398	0.5438	0.5478	0.5517	0.5557	0.5596	0.5636	0.5675	0.5714	0.5753
0.2	0.5793	0.5832	0.5871	0.5910	0.5948	0.5987	0.6026	0.6064	0.6103	0.6141
0.3	0.6179	0.6217	0.6255	0.6293	0.6331	0.6368	0.6406	0.6443	0.6480	0.6517
0.4	0.6554	0.6591	0.6628	0.6664	0.6700	0.6736	0.6772	0.6808	0.6844	0.6879
0.5	0.6915	0.6950	0.6985	0.7019	0.7054	0.7088	0.7123	0.7157	0.7190	0.7224
0.6	0.7257	0.7291	0.7324	0.7357	0.7389	0.7422	0.7454	0.7486	0.7517	0.7549
0.7	0.7580	0.7611	0.7642	0.7673	0.7703	0.7734	0.7764	0.7794	0.7823	0.7852
0.8	0.7881	0.7910	0.7939	0.7967	0.7995	0.8023	0.8051	0.8078	0.8106	0.8133
0.9	0.8159	0.8186	0.8212	0.8238	0.8264	0.8289	0.8315	0.8340	0.8365	0.8389
1.0	0.8413	0.8438	0.8461	0.8485	0.8508	0.8531	0.8554	0.8577	0.8599	0.8621
1.1	0.8643	0.8665	0.8686	0.8708	0.8729	0.8749	0.8770	0.8790	0.8810	0.8830
1.2	0.8849	0.8869	0.8888	0.8907	0.8925	0.8944	0.8962	0.8980	0.8997	0.9015
1.3	0.9032	0.9049	0.9066	0.9082	0.9099	0.9115	0.9131	0.9147	0.9162	0.9177
1.4	0.9192	0.9207	0.9222	0.9236	0.9251	0.9265	0.9278	0.9292	0.9306	0.9319
1.5	0.9332	0.9345	0.9357	0.9370	0.9382	0.9394	0.9406	0.9418	0.9430	0.9441
1.6	0.9452	0.9463	0.9474	0.9484	0.9495	0.9505	0.9515	0.9525	0.9535	0.9545
1.7	0.9554	0.9564	0.9573	0.9582	0.9591	0.9599	0.9608	0.9616	0.9625	0.9633
1.8	0.9641	0.9648	0.9656	0.9664	0.9671	0.9678	0.9686	0.9693	0.9700	0.9706
1.9	0.9713	0.9719	0.9726	0.9732	0.9738	0.9744	0.9750	0.9756	0.9762	0.9767
2.0	0.9772	0.9778	0.9783	0.9788	0.9793	0.9798	0.9803	0.9808	0.9812	0.9817
2.1	0.9821	0.9826	0.9830	0.9834	0.9838	0.9842	0.9846	0.9850	0.9854	0.9857
2.2	0.9861	0.9864	0.9868	0.9871	0.9874	0.9878	0.9881	0.9884	0.9887	0.9890
2.3	0.9893	0.9896	0.9898	0.9901	0.9904	0.9906	0.9909	0.9911	0.9913	0.9916
2.4	0.9918	0.9920	0.9922	0.9925	0.9927	0.9929	0.9931	0.9932	0.9934	0.9936
2.5	0.9938	0.9940	0.9941	0.9943	0.9945	0.9946	0.9948	0.9949	0.9951	0.9952
2.6	0.9953	0.9955	0.9956	0.9957	0.9959	0.9960	0.9961	0.9962	0.9963	0.9964
2.7	0.9965	0.9966	0.9967	0.9968	0.9969	0.9970	0.9971	0.9972	0.9973	0.9974
2.8	0.9974	0.9975	0.9976	0.9977	0.9977	0.9978	0.9979	0.9979	0.9980	0.9981
2.9	0.9981	0.9982	0.9982	0.9983	0.9984	0.9984	0.9985	0.9985	0.9986	0.9986
3.0	0.9987	0.9990	0.9993	0.9995	0.9997	0.9998	0.9998	0.9999	0.9999	1.0000
3.1	0.9990	0.9991	0.9991	0.9991	0.9992	0.9992	0.9992	0.9992	0.9993	0.9993

续表

x	0	0.01	0.02	0.03	0.04	0.05	0.06	0.07	0.08	0.09
3.2	0.9993	0.9993	0.9994	0.9994	0.9994	0.9994	0.9994	0.9995	0.9995	0.9995
3.3	0.9995	0.9995	0.9996	0.9996	0.9996	0.9996	0.9996	0.9996	0.9996	0.9997
3.4	0.9997	0.9997	0.9997	0.9997	0.9997	0.9997	0.9997	0.9997	0.9997	0.9998
3.5	0.9998	0.9998	0.9998	0.9998	0.9998	0.9998	0.9998	0.9998	0.9998	0.9999
3.6	0.9998	0.9998	0.9999	0.9999	0.9999	0.9999	0.9999	0.9999	0.9999	0.9999
3.7	0.9999	0.9999	0.9999	0.9999	0.9999	0.9999	0.9999	0.9999	0.9999	0.9999
3.8	0.9999	0.9999	0.9999	0.9999	0.9999	0.9999	0.9999	0.9999	0.9999	1.0000
3.9	1.0000	1.0000	1.0000	1.0000	1.0000	1.0000	1.0000	1.0000	1.0000	1.0000

附表 B-2　卡方分布表

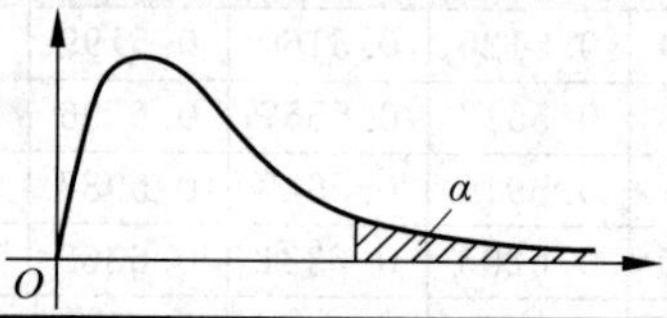

$P\{\chi^2(n) > \chi^2_\alpha(n)\} = \alpha$

n \ α	0.995	0.990	0.975	0.95	0.90	0.75	0.25	0.10	0.05	0.03	0.01	0.005
1	0.000	0.000	0.001	0.004	0.016	0.102	1.323	2.706	3.841	4.709	6.635	7.879
2	0.010	0.020	0.051	0.103	0.211	0.575	2.773	4.605	5.991	7.013	9.210	10.597
3	0.072	0.115	0.216	0.352	0.584	1.213	4.108	6.251	7.815	8.947	11.345	12.838
4	0.207	0.297	0.484	0.711	1.064	1.923	5.385	7.779	9.488	10.712	13.277	14.860
5	0.412	0.554	0.831	1.145	1.610	2.675	6.626	9.236	11.070	12.375	15.086	16.750
6	0.676	0.872	1.237	1.635	2.204	3.455	7.841	10.645	12.592	13.968	16.812	18.548
7	0.989	1.239	1.690	2.167	2.833	4.255	9.037	12.017	14.067	15.509	18.475	20.278
8	1.344	1.646	2.180	2.733	3.490	5.071	10.219	13.362	15.507	17.010	20.090	21.955
9	1.735	2.088	2.700	3.325	4.168	5.899	11.389	14.684	16.919	18.480	21.666	23.589
10	2.156	2.558	3.247	3.940	4.865	6.737	12.549	15.987	18.307	19.922	23.209	25.188
11	2.603	3.053	3.816	4.575	5.578	7.584	13.701	17.275	19.675	21.342	24.725	26.757
12	3.074	3.571	4.404	5.226	6.304	8.438	14.845	18.549	21.026	22.742	26.217	28.300
13	3.565	4.107	5.009	5.892	7.042	9.299	15.984	19.812	22.362	24.125	27.688	29.819
14	4.075	4.660	5.629	6.571	7.790	10.165	17.117	21.064	23.685	25.493	29.141	31.319
15	4.601	5.229	6.262	7.261	8.547	11.037	18.245	22.307	24.996	26.848	30.578	32.801
16	5.142	5.812	6.908	7.962	9.312	11.912	19.369	23.542	26.296	28.191	32.000	34.267
17	5.697	6.408	7.564	8.672	10.085	12.792	20.489	24.769	27.587	29.523	33.409	35.718
18	6.265	7.015	8.231	9.390	10.865	13.675	21.605	25.989	28.869	30.845	34.805	37.156
19	6.844	7.633	8.907	10.117	11.651	14.562	22.718	27.204	30.144	32.158	36.191	38.582
20	7.434	8.260	9.591	10.851	12.443	15.452	23.828	28.412	31.410	33.462	37.566	39.997
21	8.034	8.897	10.283	11.591	13.240	16.344	24.935	29.615	32.671	34.759	38.932	41.401
22	8.643	9.542	10.982	12.338	14.041	17.240	26.039	30.813	33.924	36.049	40.289	42.796
23	9.260	10.196	11.689	13.091	14.848	18.137	27.141	32.007	35.172	37.332	41.638	44.181
24	9.886	10.856	12.401	13.848	15.659	19.037	28.241	33.196	36.415	38.609	42.980	45.559
25	10.520	11.524	13.120	14.611	16.473	19.939	29.339	34.382	37.652	39.880	44.314	46.928
26	11.160	12.198	13.844	15.379	17.292	20.843	30.435	35.563	38.885	41.146	45.642	48.290

续表

n \ α	0.995	0.990	0.975	0.95	0.90	0.75	0.25	0.10	0.05	0.03	0.01	0.005
27	11.808	12.879	14.573	16.151	18.114	21.749	31.528	36.741	40.113	42.407	46.963	49.645
28	12.461	13.565	15.308	16.928	18.939	22.657	32.620	37.916	41.337	43.662	48.278	50.993
29	13.121	14.256	16.047	17.708	19.768	23.567	33.711	39.087	42.557	44.913	49.588	52.336
30	13.787	14.953	16.791	18.493	20.599	24.478	34.800	40.256	43.773	46.160	50.892	53.672
31	14.458	15.655	17.539	19.281	21.434	25.390	35.887	41.422	44.985	47.402	52.191	55.003
32	15.134	16.362	18.291	20.072	22.271	26.304	36.973	42.585	46.194	48.641	53.486	56.328
33	15.815	17.074	19.047	20.867	23.110	27.219	38.058	43.745	47.400	49.876	54.776	57.648
34	16.501	17.789	19.806	21.664	23.952	28.136	39.141	44.903	48.602	51.107	56.061	58.964
35	17.192	18.509	20.569	22.465	24.797	29.054	40.223	46.059	49.802	52.335	57.342	60.275
36	17.887	19.233	21.336	23.269	25.643	29.973	41.304	47.212	50.998	53.560	58.619	61.581
37	18.586	19.960	22.106	24.075	26.492	30.893	42.383	48.363	52.192	54.781	59.893	62.883
38	19.289	20.691	22.878	24.884	27.343	31.815	43.462	49.513	53.384	56.000	61.162	64.181
39	19.996	21.426	23.654	25.695	28.196	32.737	44.539	50.660	54.572	57.215	62.428	65.476
40	20.707	22.164	24.433	26.509	29.051	33.660	45.616	51.805	55.758	58.428	63.691	66.766
41	21.421	22.906	25.215	27.326	29.907	34.585	46.692	52.949	56.942	59.638	64.950	68.053
42	22.138	23.650	25.999	28.144	30.765	35.510	47.766	54.090	58.124	60.845	66.206	69.336
43	22.859	24.398	26.785	28.965	31.625	36.436	48.840	55.230	59.304	62.050	67.459	70.616
44	23.584	25.148	27.575	29.787	32.487	37.363	49.913	56.369	60.481	63.253	68.710	71.893
45	24.311	25.901	28.366	30.612	33.350	38.291	50.985	57.505	61.656	64.453	69.957	73.166
46	25.041	26.657	29.160	31.439	34.215	39.220	52.056	58.641	62.830	65.652	71.201	74.437
47	25.775	27.416	29.956	32.268	35.081	40.149	53.127	59.774	64.001	66.847	72.443	75.704
48	26.511	28.177	30.755	33.098	35.949	41.079	54.196	60.907	65.171	68.041	73.683	76.969
49	27.249	28.941	31.555	33.930	36.818	42.010	55.265	62.038	66.339	69.233	74.919	78.231
50	27.991	29.707	32.357	34.764	37.689	42.942	56.334	63.167	67.505	70.423	76.154	79.490
51	28.735	30.475	33.162	35.600	38.560	43.874	57.401	64.295	68.669	71.611	77.386	80.747
52	29.481	31.246	33.968	36.437	39.433	44.808	58.468	65.422	69.832	72.797	78.616	82.001
53	30.230	32.018	34.776	37.276	40.308	45.741	59.534	66.548	70.993	73.981	79.843	83.253
54	30.981	32.793	35.586	38.116	41.183	46.676	60.600	67.673	72.153	75.164	81.069	84.502
55	31.735	33.570	36.398	38.958	42.060	47.610	61.665	68.796	73.311	76.345	82.292	85.749
56	32.490	34.350	37.212	39.801	42.937	48.546	62.729	69.919	74.468	77.524	83.513	86.994
57	33.248	35.131	38.027	40.646	43.816	49.482	63.793	71.040	75.624	78.702	84.733	88.236
58	34.008	35.913	38.844	41.492	44.696	50.419	64.857	72.160	76.778	79.878	85.950	89.477
59	34.770	36.698	39.662	42.339	45.577	51.356	65.919	73.279	77.931	81.052	87.166	90.715
60	35.534	37.485	40.482	43.188	46.459	52.294	66.981	74.397	79.082	82.225	88.379	91.952
61	36.301	38.273	41.303	44.038	47.342	53.232	68.043	75.514	80.232	83.397	89.591	93.186
62	37.068	39.063	42.126	44.889	48.226	54.171	69.104	76.630	81.381	84.567	90.802	94.419
63	37.838	39.855	42.950	45.741	49.111	55.110	70.165	77.745	82.529	85.736	92.010	95.649
64	38.610	40.649	43.776	46.595	49.996	56.050	71.225	78.860	83.675	86.903	93.217	96.878
65	39.383	41.444	44.603	47.450	50.883	56.990	72.285	79.973	84.821	88.069	94.422	98.105
66	40.158	42.240	45.431	48.305	51.770	57.931	73.344	81.085	85.965	89.234	95.626	99.330
67	40.935	43.038	46.261	49.162	52.659	58.872	74.403	82.197	87.108	90.398	96.828	100.554
68	41.713	43.838	47.092	50.020	53.548	59.814	75.461	83.308	88.250	91.560	98.028	101.776

续表

n \ α	0.995	0.990	0.975	0.95	0.90	0.75	0.25	0.10	0.05	0.03	0.01	0.005
69	42.494	44.639	47.924	50.879	54.438	60.756	76.519	84.418	89.391	92.721	99.228	102.996
70	43.275	45.442	48.758	51.739	55.329	61.698	77.577	85.527	90.531	93.881	100.425	104.215
71	44.058	46.246	49.592	52.600	56.221	62.641	78.634	86.635	91.670	95.040	101.621	105.432
72	44.843	47.051	50.428	53.462	57.113	63.585	79.690	87.743	92.808	96.198	102.816	106.648
73	45.629	47.858	51.265	54.325	58.006	64.528	80.747	88.850	93.945	97.355	104.010	107.862
74	46.417	48.666	52.103	55.189	58.900	65.472	81.803	89.956	95.081	98.510	105.202	109.074
75	47.206	49.475	52.942	56.054	59.795	66.417	82.858	91.061	96.217	99.665	106.393	110.286
76	47.997	50.286	53.782	56.920	60.690	67.362	83.913	92.166	97.351	100.818	107.583	111.495
77	48.788	51.097	54.623	57.786	61.586	68.307	84.968	93.270	98.484	101.971	108.771	112.704
78	49.582	51.910	55.466	58.654	62.483	69.252	86.022	94.374	99.617	103.122	109.958	113.911
79	50.376	52.725	56.309	59.522	63.380	70.198	87.077	95.476	100.749	104.273	111.144	115.117
80	51.172	53.540	57.153	60.391	64.278	71.145	88.130	96.578	101.879	105.422	112.329	116.321
81	51.969	54.357	57.998	61.261	65.176	72.091	89.184	97.680	103.010	106.571	113.512	117.524
82	52.767	55.174	58.845	62.132	66.076	73.038	90.237	98.780	104.139	107.718	114.695	118.726
83	53.567	55.993	59.692	63.004	66.976	73.985	91.289	99.880	105.267	108.865	115.876	119.927
84	54.368	56.813	60.540	63.876	67.876	74.933	92.342	100.980	106.395	110.011	117.057	121.126
85	55.170	57.634	61.389	64.749	68.777	75.881	93.394	102.079	107.522	111.156	118.236	122.325
86	55.973	58.456	62.239	65.623	69.679	76.829	94.446	103.177	108.648	112.300	119.414	123.522
87	56.777	59.279	63.089	66.498	70.581	77.777	95.497	104.275	109.773	113.444	120.591	124.718
88	57.582	60.103	63.941	67.373	71.484	78.726	96.548	105.372	110.898	114.586	121.767	125.913
89	58.389	60.928	64.793	68.249	72.387	79.675	97.599	106.469	112.022	115.728	122.942	127.106
90	59.196	61.754	65.647	69.126	73.291	80.625	98.650	107.565	113.145	116.869	124.116	128.299
91	60.005	62.581	66.501	70.003	74.196	81.574	99.700	108.661	114.268	118.009	125.289	129.491
92	60.815	63.409	67.356	70.882	75.100	82.524	100.750	109.756	115.390	119.148	126.462	130.681
93	61.625	64.238	68.211	71.760	76.006	83.474	101.800	110.850	116.511	120.287	127.633	131.871
94	62.437	65.068	69.068	72.640	76.912	84.425	102.850	111.944	117.632	121.425	128.803	133.059
95	63.250	65.898	69.925	73.520	77.818	85.376	103.899	113.038	118.752	122.562	129.973	134.247
96	64.063	66.730	70.783	74.401	78.725	86.327	104.948	114.131	119.871	123.698	131.141	135.433
97	64.878	67.562	71.642	75.282	79.633	87.278	105.997	115.223	120.990	124.834	132.309	136.619
98	65.694	68.396	72.501	76.164	80.541	88.229	107.045	116.315	122.108	125.969	133.476	137.803
99	66.510	69.230	73.361	77.046	81.449	89.181	108.093	117.407	123.225	127.103	134.642	138.987
100	67.328	70.065	74.222	77.929	82.358	90.133	109.141	118.498	124.342	128.237	135.807	140.169
101	68.146	70.901	75.083	78.813	83.267	91.085	110.189	119.589	125.458	129.370	136.971	141.351
102	68.965	71.737	75.946	79.697	84.177	92.038	111.236	120.679	126.574	130.502	138.134	142.532
103	69.785	72.575	76.809	80.582	85.088	92.991	112.284	121.769	127.689	131.634	139.297	143.712
104	70.606	73.413	77.672	81.468	85.998	93.944	113.331	122.858	128.804	132.765	140.459	144.891
105	71.428	74.252	78.536	82.354	86.909	94.897	114.378	123.947	129.918	133.895	141.620	146.070
106	72.251	75.092	79.401	83.240	87.821	95.850	115.424	125.035	131.031	135.025	142.780	147.247
107	73.075	75.932	80.267	84.127	88.733	96.804	116.471	126.123	132.144	136.154	143.940	148.424
108	73.899	76.774	81.133	85.015	89.645	97.758	117.517	127.211	133.257	137.282	145.099	149.599
109	74.724	77.616	82.000	85.903	90.558	98.712	118.563	128.298	134.369	138.410	146.257	150.774
110	75.550	78.458	82.867	86.792	91.471	99.666	119.608	129.385	135.480	139.538	147.414	151.948

续表

α / n	0.995	0.990	0.975	0.95	0.90	0.75	0.25	0.10	0.05	0.03	0.01	0.005
111	76.377	79.302	83.735	87.681	92.385	100.620	120.654	130.472	136.591	140.664	148.571	153.122
112	77.204	80.146	84.604	88.570	93.299	101.575	121.699	131.558	137.701	141.790	149.727	154.294
113	78.033	80.991	85.473	89.461	94.213	102.530	122.744	132.643	138.811	142.916	150.882	155.466
114	78.862	81.836	86.342	90.351	95.128	103.485	123.789	133.729	139.921	144.041	152.037	156.637
115	79.692	82.682	87.213	91.242	96.043	104.440	124.834	134.813	141.030	145.166	153.191	157.808
116	80.522	83.529	88.084	92.134	96.958	105.396	125.878	135.898	142.138	146.290	154.344	158.977
117	81.353	84.377	88.955	93.026	97.874	106.352	126.923	136.982	143.246	147.413	155.496	160.146
118	82.185	85.225	89.827	93.918	98.790	107.307	127.967	138.066	144.354	148.536	156.648	161.314
119	83.018	86.074	90.700	94.811	99.707	108.263	129.011	139.149	145.461	149.658	157.800	162.481
120	83.852	86.923	91.573	95.705	100.624	109.220	130.055	140.233	146.567	150.780	158.950	163.648
121	84.686	87.773	92.446	96.598	101.541	110.176	131.098	141.315	147.674	151.902	160.100	164.814
122	85.520	88.624	93.320	97.493	102.458	111.133	132.142	142.398	148.779	153.022	161.250	165.980
123	86.356	89.475	94.195	98.387	103.376	112.089	133.185	143.480	149.885	154.143	162.398	167.144
124	87.192	90.327	95.070	99.283	104.295	113.046	134.228	144.562	150.989	155.263	163.546	168.308
125	88.029	91.180	95.946	100.178	105.213	114.004	135.271	145.643	152.094	156.382	164.694	169.471
126	88.866	92.033	96.822	101.074	106.132	114.961	136.313	146.724	153.198	157.501	165.841	170.634
127	89.704	92.887	97.698	101.971	107.051	115.918	137.356	147.805	154.302	158.619	166.987	171.796
128	90.543	93.741	98.576	102.867	107.971	116.876	138.398	148.885	155.405	159.737	168.133	172.957
129	91.382	94.596	99.453	103.765	108.891	117.834	139.440	149.965	156.508	160.855	169.278	174.118
130	92.222	95.451	100.331	104.662	109.811	118.792	140.482	151.045	157.610	161.972	170.423	175.278
131	93.063	96.307	101.210	105.560	110.732	119.750	141.524	152.125	158.712	163.089	171.567	176.438
132	93.904	97.163	102.089	106.459	111.652	120.708	142.566	153.204	159.814	164.205	172.711	177.597
133	94.746	98.020	102.968	107.357	112.573	121.667	143.608	154.283	160.915	165.320	173.854	178.755
134	95.588	98.878	103.848	108.257	113.495	122.625	144.649	155.361	162.016	166.436	174.996	179.913
135	96.431	99.736	104.729	109.156	114.417	123.584	145.690	156.440	163.116	167.551	176.138	181.070
136	97.275	100.595	105.609	110.056	115.338	124.543	146.731	157.518	164.216	168.665	177.280	182.226
137	98.119	101.454	106.491	110.956	116.261	125.502	147.772	158.595	165.316	169.779	178.421	183.382
138	98.964	102.314	107.372	111.857	117.183	126.461	148.813	159.673	166.415	170.893	179.561	184.538
139	99.809	103.174	108.254	112.758	118.106	127.421	149.854	160.750	167.514	172.006	180.701	185.693
140	100.655	104.034	109.137	113.659	119.029	128.380	150.894	161.827	168.613	173.118	181.840	186.847
141	101.501	104.896	110.020	114.561	119.953	129.340	151.934	162.904	169.711	174.231	182.979	188.001
142	102.348	105.757	110.903	115.463	120.876	130.299	152.975	163.980	170.809	175.343	184.118	189.154
143	103.196	106.619	111.787	116.366	121.800	131.259	154.015	165.056	171.907	176.454	185.256	190.306
144	104.044	107.482	112.671	117.268	122.724	132.219	155.055	166.132	173.004	177.566	186.393	191.458
145	104.892	108.345	113.556	118.171	123.649	133.180	156.094	167.207	174.101	178.676	187.530	192.610
146	105.741	109.209	114.441	119.075	124.574	134.140	157.134	168.283	175.198	179.787	188.666	193.761
147	106.591	110.073	115.326	119.979	125.499	135.101	158.174	169.358	176.294	180.897	189.802	194.912
148	107.441	110.937	116.212	120.883	126.424	136.061	159.213	170.432	177.390	182.006	190.938	196.062
149	108.291	111.802	117.098	121.787	127.349	137.022	160.252	171.507	178.485	183.116	192.073	197.211
150	109.142	112.668	117.985	122.692	128.275	137.983	161.291	172.581	179.581	184.225	193.208	198.360
151	109.994	113.533	118.871	123.597	129.201	138.944	162.330	173.655	180.676	185.333	194.342	199.509
152	110.846	114.400	119.759	124.502	130.127	139.905	163.369	174.729	181.770	186.441	195.476	200.657

续表

n \ α	0.995	0.990	0.975	0.95	0.90	0.75	0.25	0.10	0.05	0.03	0.01	0.005
153	111.698	115.266	120.646	125.408	131.054	140.866	164.408	175.803	182.865	187.549	196.609	201.804
154	112.551	116.134	121.534	126.314	131.980	141.828	165.446	176.876	183.959	188.657	197.742	202.951
155	113.405	117.001	122.423	127.220	132.907	142.789	166.485	177.949	185.052	189.764	198.874	204.098
156	114.259	117.869	123.312	128.127	133.835	143.751	167.523	179.022	186.146	190.871	200.006	205.244
157	115.113	118.738	124.201	129.034	134.762	144.713	168.561	180.094	187.239	191.977	201.138	206.390
158	115.968	119.607	125.090	129.941	135.690	145.675	169.599	181.167	188.332	193.083	202.269	207.535
159	116.823	120.476	125.980	130.848	136.618	146.637	170.637	182.239	189.424	194.189	203.400	208.680
160	117.679	121.346	126.870	131.756	137.546	147.599	171.675	183.311	190.516	195.294	204.530	209.824
161	118.536	122.216	127.761	132.664	138.474	148.561	172.713	184.382	191.608	196.400	205.660	210.968
162	119.392	123.086	128.651	133.572	139.403	149.523	173.751	185.454	192.700	197.504	206.790	212.111
163	120.249	123.957	129.543	134.481	140.331	150.486	174.788	186.525	193.791	198.609	207.919	213.254
164	121.107	124.828	130.434	135.390	141.260	151.449	175.825	187.596	194.883	199.713	209.047	214.396
165	121.965	125.700	131.326	136.299	142.190	152.411	176.863	188.667	195.973	200.817	210.176	215.539
166	122.823	126.572	132.218	137.209	143.119	153.374	177.900	189.737	197.064	201.920	211.304	216.680
167	123.682	127.445	133.111	138.118	144.049	154.337	178.937	190.808	198.154	203.023	212.431	217.821
168	124.541	128.318	134.003	139.028	144.979	155.300	179.974	191.878	199.244	204.126	213.558	218.962
169	125.401	129.191	134.897	139.939	145.909	156.263	181.011	192.948	200.334	205.229	214.685	220.102
170	126.261	130.064	135.790	140.849	146.839	157.227	182.047	194.017	201.423	206.331	215.812	221.242
171	127.122	130.938	136.684	141.760	147.769	158.190	183.084	195.087	202.513	207.433	216.938	222.382
172	127.983	131.813	137.578	142.671	148.700	159.154	184.120	196.156	203.602	208.535	218.063	223.521
173	128.844	132.687	138.472	143.582	149.631	160.117	185.157	197.225	204.690	209.636	219.189	224.660
174	129.706	133.563	139.367	144.494	150.562	161.081	186.193	198.294	205.779	210.737	220.314	225.798
175	130.568	134.438	140.262	145.406	151.493	162.045	187.229	199.363	206.867	211.838	221.438	226.936
176	131.430	135.314	141.157	146.318	152.425	163.009	188.265	200.432	207.955	212.939	222.563	228.074
177	132.293	136.190	142.053	147.230	153.356	163.973	189.301	201.500	209.042	214.039	223.687	229.211
178	133.157	137.066	142.949	148.143	154.288	164.937	190.337	202.568	210.130	215.139	224.810	230.347
179	134.020	137.943	143.845	149.056	155.220	165.901	191.373	203.636	211.217	216.238	225.933	231.484
180	134.884	138.820	144.741	149.969	156.153	166.865	192.409	204.704	212.304	217.338	227.056	232.620
181	135.749	139.698	145.638	150.882	157.085	167.830	193.444	205.771	213.391	218.437	228.179	233.755
182	136.614	140.576	146.535	151.796	158.018	168.794	194.480	206.839	214.477	219.536	229.301	234.891
183	137.479	141.454	147.432	152.709	158.951	169.759	195.515	207.906	215.563	220.634	230.423	236.026
184	138.344	142.332	148.330	153.623	159.883	170.724	196.550	208.973	216.649	221.733	231.544	237.160
185	139.210	143.211	149.228	154.538	160.817	171.688	197.586	210.040	217.735	222.831	232.665	238.294
186	140.077	144.090	150.126	155.452	161.750	172.653	198.621	211.106	218.820	223.928	233.786	239.428
187	140.943	144.970	151.024	156.367	162.684	173.618	199.656	212.173	219.906	225.026	234.907	240.561
188	141.810	145.850	151.923	157.282	163.617	174.583	200.690	213.239	220.991	226.123	236.027	241.694
189	142.678	146.730	152.822	158.197	164.551	175.549	201.725	214.305	222.076	227.220	237.147	242.827
190	143.545	147.610	153.721	159.113	165.485	176.514	202.760	215.371	223.160	228.317	238.266	243.959
191	144.413	148.491	154.621	160.028	166.419	177.479	203.795	216.437	224.245	229.413	239.386	245.091
192	145.282	149.372	155.521	160.944	167.354	178.445	204.829	217.502	225.329	230.509	240.505	246.223
193	146.150	150.254	156.421	161.860	168.288	179.410	205.864	218.568	226.413	231.605	241.623	247.354
194	147.020	151.135	157.321	162.776	169.223	180.376	206.898	219.633	227.496	232.701	242.742	248.485

续表

n \ α	0.995	0.990	0.975	0.95	0.90	0.75	0.25	0.10	0.05	0.03	0.01	0.005
195	147.889	152.017	158.221	163.693	170.158	181.342	207.932	220.698	228.580	233.797	243.860	249.616
196	148.759	152.900	159.122	164.610	171.093	182.308	208.966	221.763	229.663	234.892	244.977	250.746
197	149.629	153.782	160.023	165.527	172.029	183.273	210.000	222.828	230.746	235.987	246.095	251.876
198	150.499	154.665	160.925	166.444	172.964	184.239	211.034	223.892	231.829	237.081	247.212	253.006
199	151.370	155.548	161.826	167.361	173.900	185.205	212.068	224.957	232.912	238.176	248.329	254.135
200	152.241	156.432	162.728	168.279	174.835	186.172	213.102	226.021	233.994	239.270	249.445	255.264
201	153.112	157.316	163.630	169.196	175.771	187.138	214.136	227.085	235.077	240.364	250.561	256.393
202	153.984	158.200	164.532	170.114	176.707	188.104	215.170	228.149	236.159	241.458	251.677	257.521
203	154.856	159.084	165.435	171.032	177.643	189.071	216.203	229.213	237.240	242.552	252.793	258.649
204	155.728	159.969	166.338	171.951	178.580	190.037	217.237	230.276	238.322	243.645	253.908	259.777
205	156.601	160.854	167.241	172.869	179.516	191.004	218.270	231.340	239.403	244.738	255.023	260.904
206	157.474	161.739	168.144	173.788	180.453	191.970	219.303	232.403	240.485	245.831	256.138	262.031
207	158.347	162.624	169.047	174.707	181.390	192.937	220.337	233.466	241.566	246.923	257.253	263.158
208	159.221	163.510	169.951	175.626	182.327	193.904	221.370	234.529	242.647	248.016	258.367	264.285
209	160.095	164.396	170.855	176.546	183.264	194.871	222.403	235.592	243.727	249.108	259.481	265.411
210	160.969	165.283	171.759	177.465	184.201	195.838	223.436	236.655	244.808	250.200	260.595	266.537
211	161.843	166.169	172.664	178.385	185.139	196.805	224.469	237.717	245.888	251.292	261.708	267.662
212	162.718	167.056	173.568	179.305	186.076	197.772	225.502	238.780	246.968	252.383	262.821	268.788
213	163.593	167.943	174.473	180.225	187.014	198.739	226.534	239.842	248.048	253.475	263.934	269.912
214	164.469	168.831	175.378	181.145	187.952	199.707	227.567	240.904	249.128	254.566	265.047	271.037
215	165.344	169.718	176.283	182.066	188.890	200.674	228.600	241.966	250.207	255.657	266.159	272.162
216	166.220	170.606	177.189	182.987	189.828	201.642	229.632	243.028	251.286	256.747	267.271	273.286
217	167.096	171.494	178.095	183.907	190.767	202.609	230.665	244.090	252.365	257.838	268.383	274.409
218	167.973	172.383	179.001	184.828	191.705	203.577	231.697	245.151	253.444	258.928	269.495	275.533
219	168.850	173.271	179.907	185.750	192.644	204.544	232.729	246.213	254.523	260.018	270.606	276.656
220	169.727	174.160	180.813	186.671	193.582	205.512	233.762	247.274	255.602	261.108	271.717	277.779
221	170.604	175.050	181.720	187.593	194.521	206.480	234.794	248.335	256.680	262.198	272.828	278.902
222	171.482	175.939	182.627	188.514	195.460	207.448	235.826	249.396	257.758	263.287	273.939	280.024
223	172.360	176.829	183.534	189.436	196.400	208.416	236.858	250.457	258.837	264.376	275.049	281.146
224	173.238	177.719	184.441	190.359	197.339	209.384	237.890	251.517	259.914	265.465	276.159	282.268
225	174.116	178.609	185.348	191.281	198.278	210.352	238.922	252.578	260.992	266.554	277.269	283.390
226	174.995	179.499	186.256	192.203	199.218	211.320	239.954	253.638	262.070	267.643	278.379	284.511
227	175.874	180.390	187.164	193.126	200.158	212.288	240.985	254.699	263.147	268.731	279.488	285.632
228	176.753	181.281	188.072	194.049	201.097	213.257	242.017	255.759	264.224	269.820	280.597	286.753
229	177.633	182.172	188.980	194.972	202.037	214.225	243.049	256.819	265.301	270.908	281.706	287.874
230	178.512	183.063	189.889	195.895	202.978	215.194	244.080	257.879	266.378	271.995	282.814	288.994
231	179.392	183.955	190.797	196.818	203.918	216.162	245.112	258.939	267.455	273.083	283.923	290.114
232	180.273	184.847	191.706	197.742	204.858	217.131	246.143	259.998	268.531	274.171	285.031	291.234
233	181.153	185.739	192.615	198.665	205.799	218.099	247.174	261.058	269.608	275.258	286.139	292.353
234	182.034	186.631	193.524	199.589	206.739	219.068	248.206	262.117	270.684	276.345	287.247	293.472
235	182.915	187.524	194.434	200.513	207.680	220.037	249.237	263.176	271.760	277.432	288.354	294.591
236	183.796	188.417	195.343	201.437	208.621	221.006	250.268	264.235	272.836	278.519	289.461	295.710

续表

n \ α	0.995	0.990	0.975	0.95	0.90	0.75	0.25	0.10	0.05	0.03	0.01	0.005
237	184.678	189.310	196.253	202.362	209.562	221.975	251.299	265.294	273.911	279.605	290.568	296.828
238	185.560	190.203	197.163	203.286	210.503	222.944	252.330	266.353	274.987	280.692	291.675	297.947
239	186.442	191.096	198.073	204.211	211.444	223.913	253.361	267.412	276.062	281.778	292.782	299.065
240	187.324	191.990	198.984	205.135	212.386	224.882	254.392	268.471	277.138	282.864	293.888	300.182
241	188.207	192.884	199.894	206.060	213.327	225.851	255.423	269.529	278.213	283.950	294.994	301.300
242	189.090	193.778	200.805	206.985	214.269	226.820	256.453	270.588	279.288	285.035	296.100	302.417
243	189.973	194.672	201.716	207.911	215.210	227.790	257.484	271.646	280.362	286.121	297.206	303.534
244	190.856	195.567	202.627	208.836	216.152	228.759	258.515	272.704	281.437	287.206	298.311	304.651
245	191.739	196.462	203.539	209.762	217.094	229.729	259.545	273.762	282.511	288.291	299.417	305.767
246	192.623	197.357	204.450	210.687	218.036	230.698	260.576	274.820	283.586	289.376	300.522	306.883
247	193.507	198.252	205.362	211.613	218.979	231.668	261.606	275.878	284.660	290.461	301.626	307.999
248	194.391	199.147	206.274	212.539	219.921	232.637	262.636	276.935	285.734	291.545	302.731	309.115
249	195.276	200.043	207.186	213.465	220.863	233.607	263.667	277.993	286.808	292.630	303.835	310.231
250	196.161	200.939	208.098	214.392	221.806	234.577	264.697	279.050	287.882	293.714	304.940	311.346
251	197.046	201.835	209.010	215.318	222.749	235.547	265.727	280.108	288.955	294.798	306.044	312.461
252	197.931	202.731	209.923	216.245	223.691	236.516	266.757	281.165	290.028	295.882	307.147	313.576
253	198.816	203.627	210.835	217.171	224.634	237.486	267.787	282.222	291.102	296.966	308.251	314.691
254	199.702	204.524	211.748	218.098	225.577	238.456	268.817	283.279	292.175	298.050	309.354	315.805
255	200.588	205.421	212.661	219.025	226.520	239.426	269.847	284.336	293.248	299.133	310.457	316.919
256	201.474	206.318	213.575	219.952	227.464	240.397	270.877	285.393	294.321	300.216	311.560	318.033
257	202.360	207.215	214.488	220.880	228.407	241.367	271.907	286.449	295.393	301.299	312.663	319.147
258	203.246	208.113	215.402	221.807	229.351	242.337	272.937	287.506	296.466	302.382	313.766	320.261
259	204.133	209.010	216.315	222.735	230.294	243.307	273.966	288.562	297.538	303.465	314.868	321.374
260	205.020	209.908	217.229	223.663	231.238	244.278	274.996	289.619	298.611	304.548	315.970	322.487
261	205.907	210.806	218.143	224.590	232.182	245.248	276.026	290.675	299.683	305.630	317.072	323.600
262	206.795	211.704	219.058	225.518	233.125	246.219	277.055	291.731	300.755	306.712	318.174	324.713
263	207.682	212.603	219.972	226.447	234.069	247.189	278.085	292.787	301.827	307.795	319.275	325.825
264	208.570	213.502	220.887	227.375	235.014	248.160	279.114	293.843	302.898	308.877	320.377	326.937
265	209.458	214.400	221.801	228.303	235.958	249.130	280.143	294.899	303.970	309.958	321.478	328.049
266	210.346	215.299	222.716	229.232	236.902	250.101	281.173	295.954	305.041	311.040	322.579	329.161
267	211.235	216.199	223.631	230.161	237.847	251.072	282.202	297.010	306.113	312.122	323.680	330.273
268	212.123	217.098	224.547	231.089	238.791	252.042	283.231	298.065	307.184	313.203	324.780	331.384
269	213.012	217.998	225.462	232.018	239.736	253.013	284.260	299.121	308.255	314.284	325.881	332.495
270	213.901	218.897	226.377	232.947	240.680	253.984	285.289	300.176	309.326	315.365	326.981	333.606
271	214.790	219.797	227.293	233.877	241.625	254.955	286.318	301.231	310.397	316.446	328.081	334.717
272	215.680	220.697	228.209	234.806	242.570	255.926	287.347	302.286	311.467	317.527	329.181	335.827
273	216.570	221.598	229.125	235.735	243.515	256.897	288.376	303.341	312.538	318.608	330.281	336.938
274	217.459	222.498	230.041	236.665	244.460	257.868	289.405	304.396	313.608	319.688	331.380	338.048
275	218.349	223.399	230.957	237.595	245.406	258.840	290.434	305.451	314.678	320.768	332.480	339.158
276	219.240	224.300	231.874	238.525	246.351	259.811	291.463	306.505	315.749	321.849	333.579	340.268
277	220.130	225.201	232.790	239.455	247.296	260.782	292.492	307.560	316.819	322.929	334.678	341.377
278	221.021	226.102	233.707	240.385	248.242	261.753	293.520	308.614	317.888	324.009	335.776	342.487

续表

n \ α	0.995	0.990	0.975	0.95	0.90	0.75	0.25	0.10	0.05	0.03	0.01	0.005
279	221.912	227.004	234.624	241.315	249.188	262.725	294.549	309.669	318.958	325.088	336.875	343.596
280	222.803	227.905	235.541	242.245	250.133	263.696	295.577	310.723	320.028	326.168	337.974	344.705
281	223.694	228.807	236.458	243.176	251.079	264.668	296.606	311.777	321.097	327.247	339.072	345.813
282	224.585	229.709	237.376	244.107	252.025	265.639	297.634	312.831	322.167	328.327	340.170	346.922
283	225.477	230.611	238.293	245.037	252.971	266.611	298.663	313.885	323.236	329.406	341.268	348.030
284	226.369	231.513	239.211	245.968	253.917	267.582	299.691	314.939	324.305	330.485	342.365	349.139
285	227.261	232.416	240.129	246.899	254.864	268.554	300.720	315.993	325.374	331.564	343.463	350.247
286	228.153	233.318	241.047	247.830	255.810	269.526	301.748	317.047	326.443	332.643	344.560	351.354
287	229.046	234.221	241.965	248.761	256.756	270.498	302.776	318.100	327.512	333.721	345.658	352.462
288	229.938	235.124	242.883	249.693	257.703	271.470	303.804	319.154	328.580	334.800	346.755	353.569
289	230.831	236.027	243.801	250.624	258.649	272.441	304.832	320.207	329.649	335.878	347.852	354.677
290	231.724	236.930	244.720	251.556	259.596	273.413	305.860	321.260	330.717	336.956	348.948	355.784
291	232.617	237.834	245.638	252.488	260.543	274.385	306.888	322.314	331.786	338.034	350.045	356.891
292	233.510	238.738	246.557	253.419	261.490	275.357	307.916	323.367	332.854	339.112	351.141	357.997
293	234.404	239.641	247.476	254.351	262.437	276.329	308.944	324.420	333.922	340.190	352.237	359.104
294	235.298	240.545	248.395	255.283	263.384	277.302	309.972	325.473	334.990	341.268	353.334	360.210
295	236.191	241.449	249.314	256.216	264.331	278.274	311.000	326.526	336.058	342.345	354.429	361.316
296	237.085	242.354	250.234	257.148	265.278	279.246	312.028	327.578	337.125	343.423	355.525	362.422
297	237.980	243.258	251.153	258.080	266.225	280.218	313.055	328.631	338.193	344.500	356.621	363.528
298	238.874	244.163	252.073	259.013	267.173	281.191	314.083	329.684	339.260	345.577	357.716	364.634
299	239.769	245.068	252.992	259.945	268.120	282.163	315.111	330.736	340.328	346.654	358.811	365.739
300	240.663	245.972	253.912	260.878	269.068	283.135	316.138	331.789	341.395	347.731	359.906	366.844

附表 B-3　*t* 分布表

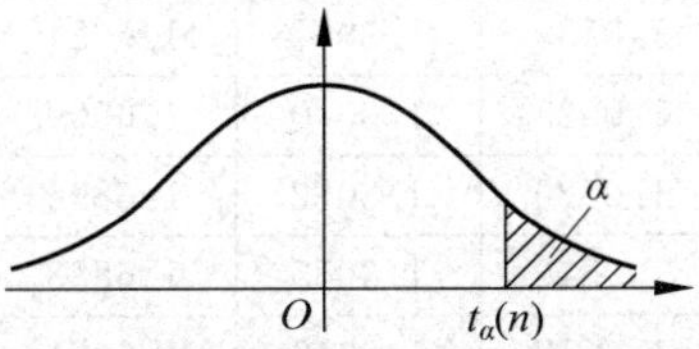

$P\{t(n)>t_\alpha(n)\}=\alpha$

n \ α	0.25	0.20	0.15	0.10	0.05	0.025	0.01	0.005
1	1.0000	1.3764	1.9626	3.0777	6.3138	12.7062	31.8205	63.6567
2	0.8165	1.0607	1.3862	1.8856	2.9200	4.3027	6.9646	9.9248
3	0.7649	0.9785	1.2498	1.6377	2.3534	3.1824	4.5407	5.8409
4	0.7407	0.9410	1.1896	1.5332	2.1318	2.7764	3.7469	4.6041
5	0.7267	0.9195	1.1558	1.4759	2.0150	2.5706	3.3649	4.0321
6	0.7176	0.9057	1.1342	1.4398	1.9432	2.4469	3.1427	3.7074
7	0.7111	0.8960	1.1192	1.4149	1.8946	2.3646	2.9980	3.4995
8	0.7064	0.8889	1.1081	1.3968	1.8595	2.3060	2.8965	3.3554
9	0.7027	0.8834	1.0997	1.3830	1.8331	2.2622	2.8214	3.2498
10	0.6998	0.8791	1.0931	1.3722	1.8125	2.2281	2.7638	3.1693

续表

n \ α	0.25	0.20	0.15	0.10	0.05	0.025	0.01	0.005
11	0.6974	0.8755	1.0877	1.3634	1.7959	2.2010	2.7181	3.1058
12	0.6955	0.8726	1.0832	1.3562	1.7823	2.1788	2.6810	3.0545
13	0.6938	0.8702	1.0795	1.3502	1.7709	2.1604	2.6503	3.0123
14	0.6924	0.8681	1.0763	1.3450	1.7613	2.1448	2.6245	2.9768
15	0.6912	0.8662	1.0735	1.3406	1.7531	2.1314	2.6025	2.9467
16	0.6901	0.8647	1.0711	1.3368	1.7459	2.1199	2.5835	2.9208
17	0.6892	0.8633	1.0690	1.3334	1.7396	2.1098	2.5669	2.8982
18	0.6884	0.8620	1.0672	1.3304	1.7341	2.1009	2.5524	2.8784
19	0.6876	0.8610	1.0655	1.3277	1.7291	2.0930	2.5395	2.8609
20	0.6870	0.8600	1.0640	1.3253	1.7247	2.0860	2.5280	2.8453
21	0.6864	0.8591	1.0627	1.3232	1.7207	2.0796	2.5176	2.8314
22	0.6858	0.8583	1.0614	1.3212	1.7171	2.0739	2.5083	2.8188
23	0.6853	0.8575	1.0603	1.3195	1.7139	2.0687	2.4999	2.8073
24	0.6848	0.8569	1.0593	1.3178	1.7109	2.0639	2.4922	2.7969
25	0.6844	0.8562	1.0584	1.3163	1.7081	2.0595	2.4851	2.7874
26	0.6840	0.8557	1.0575	1.3150	1.7056	2.0555	2.4786	2.7787
27	0.6837	0.8551	1.0567	1.3137	1.7033	2.0518	2.4727	2.7707
28	0.6834	0.8546	1.0560	1.3125	1.7011	2.0484	2.4671	2.7633
29	0.6830	0.8542	1.0553	1.3114	1.6991	2.0452	2.4620	2.7564
30	0.6828	0.8538	1.0547	1.3104	1.6973	2.0423	2.4573	2.7500
31	0.6825	0.8534	1.0541	1.3095	1.6955	2.0395	2.4528	2.7440
32	0.6822	0.8530	1.0535	1.3086	1.6939	2.0369	2.4487	2.7385
33	0.6820	0.8526	1.0530	1.3077	1.6924	2.0345	2.4448	2.7333
34	0.6818	0.8523	1.0525	1.3070	1.6909	2.0322	2.4411	2.7284
35	0.6816	0.8520	1.0520	1.3062	1.6896	2.0301	2.4377	2.7238
36	0.6814	0.8517	1.0516	1.3055	1.6883	2.0281	2.4345	2.7195
37	0.6812	0.8514	1.0512	1.3049	1.6871	2.0262	2.4314	2.7154
38	0.6810	0.8512	1.0508	1.3042	1.6860	2.0244	2.4286	2.7116
39	0.6808	0.8509	1.0504	1.3036	1.6849	2.0227	2.4258	2.7079
40	0.6807	0.8507	1.0500	1.3031	1.6839	2.0211	2.4233	2.7045
41	0.6805	0.8505	1.0497	1.3025	1.6829	2.0195	2.4208	2.7012
42	0.6804	0.8503	1.0494	1.3020	1.6820	2.0181	2.4185	2.6981
43	0.6802	0.8501	1.0491	1.3016	1.6811	2.0167	2.4163	2.6951
44	0.6801	0.8499	1.0488	1.3011	1.6802	2.0154	2.4141	2.6923
45	0.6800	0.8497	1.0485	1.3006	1.6794	2.0141	2.4121	2.6896
46	0.6799	0.8495	1.0483	1.3002	1.6787	2.0129	2.4102	2.6870
47	0.6797	0.8493	1.0480	1.2998	1.6779	2.0117	2.4083	2.6846
48	0.6796	0.8492	1.0478	1.2994	1.6772	2.0106	2.4066	2.6822

续表

n \ α	0.25	0.20	0.15	0.10	0.05	0.025	0.01	0.005
49	0.6795	0.8490	1.0475	1.2991	1.6766	2.0096	2.4049	2.6800
50	0.6794	0.8489	1.0473	1.2987	1.6759	2.0086	2.4033	2.6778
51	0.6793	0.8487	1.0471	1.2984	1.6753	2.0076	2.4017	2.6757
52	0.6792	0.8486	1.0469	1.2980	1.6747	2.0066	2.4002	2.6737
53	0.6791	0.8485	1.0467	1.2977	1.6741	2.0057	2.3988	2.6718
54	0.6791	0.8483	1.0465	1.2974	1.6736	2.0049	2.3974	2.6700
55	0.6790	0.8482	1.0463	1.2971	1.6730	2.0040	2.3961	2.6682
56	0.6789	0.8481	1.0461	1.2969	1.6725	2.0032	2.3948	2.6665
57	0.6788	0.8480	1.0459	1.2966	1.6720	2.0025	2.3936	2.6649
58	0.6787	0.8479	1.0458	1.2963	1.6716	2.0017	2.3924	2.6633
59	0.6787	0.8478	1.0456	1.2961	1.6711	2.0010	2.3912	2.6618
60	0.6786	0.8477	1.0455	1.2958	1.6706	2.0003	2.3901	2.6603
61	0.6785	0.8476	1.0453	1.2956	1.6702	1.9996	2.3890	2.6589
62	0.6785	0.8475	1.0452	1.2954	1.6698	1.9990	2.3880	2.6575
63	0.6784	0.8474	1.0450	1.2951	1.6694	1.9983	2.3870	2.6561
64	0.6783	0.8473	1.0449	1.2949	1.6690	1.9977	2.3860	2.6549
65	0.6783	0.8472	1.0448	1.2947	1.6686	1.9971	2.3851	2.6536
66	0.6782	0.8471	1.0446	1.2945	1.6683	1.9966	2.3842	2.6524
67	0.6782	0.8470	1.0445	1.2943	1.6679	1.9960	2.3833	2.6512
68	0.6781	0.8469	1.0444	1.2941	1.6676	1.9955	2.3824	2.6501
69	0.6781	0.8469	1.0443	1.2939	1.6672	1.9949	2.3816	2.6490
70	0.6780	0.8468	1.0442	1.2938	1.6669	1.9944	2.3808	2.6479
71	0.6780	0.8467	1.0441	1.2936	1.6666	1.9939	2.3800	2.6469
72	0.6779	0.8466	1.0440	1.2934	1.6663	1.9935	2.3793	2.6459
73	0.6779	0.8466	1.0438	1.2933	1.6660	1.9930	2.3785	2.6449
74	0.6778	0.8465	1.0437	1.2931	1.6657	1.9925	2.3778	2.6439
75	0.6778	0.8464	1.0436	1.2929	1.6654	1.9921	2.3771	2.6430
76	0.6777	0.8464	1.0436	1.2928	1.6652	1.9917	2.3764	2.6421
77	0.6777	0.8463	1.0435	1.2926	1.6649	1.9913	2.3758	2.6412
78	0.6776	0.8463	1.0434	1.2925	1.6646	1.9908	2.3751	2.6403
79	0.6776	0.8462	1.0433	1.2924	1.6644	1.9905	2.3745	2.6395
80	0.6776	0.8461	1.0432	1.2922	1.6641	1.9901	2.3739	2.6387
81	0.6775	0.8461	1.0431	1.2921	1.6639	1.9897	2.3733	2.6379
82	0.6775	0.8460	1.0430	1.2920	1.6636	1.9893	2.3727	2.6371
83	0.6775	0.8460	1.0429	1.2918	1.6634	1.9890	2.3721	2.6364
84	0.6774	0.8459	1.0429	1.2917	1.6632	1.9886	2.3716	2.6356
85	0.6774	0.8459	1.0428	1.2916	1.6630	1.9883	2.3710	2.6349
86	0.6774	0.8458	1.0427	1.2915	1.6628	1.9879	2.3705	2.6342

续表

α / n	0.25	0.20	0.15	0.10	0.05	0.025	0.01	0.005
87	0.6773	0.8458	1.0426	1.2914	1.6626	1.9876	2.3700	2.6335
88	0.6773	0.8457	1.0426	1.2912	1.6624	1.9873	2.3695	2.6329
89	0.6773	0.8457	1.0425	1.2911	1.6622	1.9870	2.3690	2.6322
90	0.6772	0.8456	1.0424	1.2910	1.6620	1.9867	2.3685	2.6316
91	0.6772	0.8456	1.0424	1.2909	1.6618	1.9864	2.3680	2.6309
92	0.6772	0.8455	1.0423	1.2908	1.6616	1.9861	2.3676	2.6303
93	0.6771	0.8455	1.0422	1.2907	1.6614	1.9858	2.3671	2.6297
94	0.6771	0.8455	1.0422	1.2906	1.6612	1.9855	2.3667	2.6291
95	0.6771	0.8454	1.0421	1.2905	1.6611	1.9853	2.3662	2.6286
96	0.6771	0.8454	1.0421	1.2904	1.6609	1.9850	2.3658	2.6280
97	0.6770	0.8453	1.0420	1.2903	1.6607	1.9847	2.3654	2.6275
98	0.6770	0.8453	1.0419	1.2902	1.6606	1.9845	2.3650	2.6269
99	0.6770	0.8453	1.0419	1.2902	1.6604	1.9842	2.3646	2.6264
100	0.6770	0.8452	1.0418	1.2901	1.6602	1.9840	2.3642	2.6259
101	0.6769	0.8452	1.0418	1.2900	1.6601	1.9837	2.3638	2.6254
102	0.6769	0.8452	1.0417	1.2899	1.6599	1.9835	2.3635	2.6249
103	0.6769	0.8451	1.0417	1.2898	1.6598	1.9833	2.3631	2.6244
104	0.6769	0.8451	1.0416	1.2897	1.6596	1.9830	2.3627	2.6239
105	0.6768	0.8451	1.0416	1.2897	1.6595	1.9828	2.3624	2.6235
106	0.6768	0.8450	1.0415	1.2896	1.6594	1.9826	2.3620	2.6230
107	0.6768	0.8450	1.0415	1.2895	1.6592	1.9824	2.3617	2.6226
108	0.6768	0.8450	1.0414	1.2894	1.6591	1.9822	2.3614	2.6221
109	0.6767	0.8449	1.0414	1.2894	1.6590	1.9820	2.3610	2.6217
110	0.6767	0.8449	1.0413	1.2893	1.6588	1.9818	2.3607	2.6213
111	0.6767	0.8449	1.0413	1.2892	1.6587	1.9816	2.3604	2.6208
112	0.6767	0.8448	1.0413	1.2892	1.6586	1.9814	2.3601	2.6204
113	0.6767	0.8448	1.0412	1.2891	1.6585	1.9812	2.3598	2.6200
114	0.6766	0.8448	1.0412	1.2890	1.6583	1.9810	2.3595	2.6196
115	0.6766	0.8448	1.0411	1.2890	1.6582	1.9808	2.3592	2.6193
116	0.6766	0.8447	1.0411	1.2889	1.6581	1.9806	2.3589	2.6189
117	0.6766	0.8447	1.0410	1.2888	1.6580	1.9804	2.3586	2.6185
118	0.6766	0.8447	1.0410	1.2888	1.6579	1.9803	2.3584	2.6181
119	0.6766	0.8447	1.0410	1.2887	1.6578	1.9801	2.3581	2.6178
120	0.6765	0.8446	1.0409	1.2886	1.6577	1.9799	2.3578	2.6174

附表 B-4　F 分布表

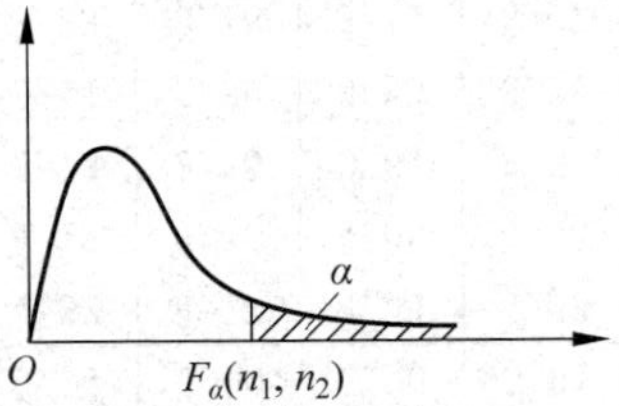

$P\{F(n_1,n_2)>F_\alpha(n_1,n_2)\}=\alpha$

n_2 \ n_1	1	2	3	4	5	6	7	8	9	10	12	15	20	24	30	40	60	120	∞
$\alpha=0.1$																			
1	39.86	49.50	53.59	55.83	57.24	58.20	58.91	59.44	59.86	60.19	60.71	61.22	61.74	62.00	62.26	62.53	62.79	63.06	63.33
2	8.53	9.00	9.16	9.24	9.29	9.33	9.35	9.37	9.38	9.39	9.41	9.42	9.44	9.45	9.46	9.47	9.47	9.48	9.49
3	5.54	5.46	5.39	5.34	5.31	5.28	5.27	5.25	5.24	5.23	5.22	5.20	5.18	5.18	5.17	5.16	5.15	5.14	5.13
4	4.54	4.32	4.19	4.11	4.05	4.01	3.98	3.95	3.94	3.92	3.90	3.87	3.84	3.83	3.82	3.80	3.79	3.78	3.76
5	4.06	3.78	3.62	3.52	3.45	3.40	3.37	3.34	3.32	3.30	3.27	3.24	3.21	3.19	3.17	3.16	3.14	3.12	3.10
6	3.78	3.46	3.29	3.18	3.11	3.05	3.01	2.98	2.96	2.94	2.90	2.87	2.84	2.82	2.80	2.78	2.76	2.74	2.72
7	3.59	3.26	3.07	2.96	2.88	2.83	2.78	2.75	2.72	2.70	2.67	2.63	2.59	2.58	2.56	2.54	2.51	2.49	2.47
8	3.46	3.11	2.92	2.81	2.73	2.67	2.62	2.59	2.56	2.54	2.50	2.46	2.42	2.40	2.38	2.36	2.34	2.32	2.29
9	3.36	3.01	2.81	2.69	2.61	2.55	2.51	2.47	2.44	2.42	2.38	2.34	2.30	2.28	2.25	2.23	2.21	2.18	2.16
10	3.29	2.92	2.73	2.61	2.52	2.46	2.41	2.38	2.35	2.32	2.28	2.24	2.20	2.18	2.16	2.13	2.11	2.08	2.06
11	3.23	2.86	2.66	2.54	2.45	2.39	2.34	2.30	2.27	2.25	2.21	2.17	2.12	2.10	2.08	2.05	2.03	2.00	1.97
12	3.18	2.81	2.61	2.48	2.39	2.33	2.28	2.24	2.21	2.19	2.15	2.10	2.06	2.04	2.01	1.99	1.96	1.93	1.90
13	3.14	2.76	2.56	2.43	2.35	2.28	2.23	2.20	2.16	2.14	2.10	2.05	2.01	1.98	1.96	1.93	1.90	1.88	1.85
14	3.10	2.73	2.52	2.39	2.31	2.24	2.19	2.15	2.12	2.10	2.05	2.01	1.96	1.94	1.91	1.89	1.86	1.83	1.80
15	3.07	2.70	2.49	2.36	2.27	2.21	2.16	2.12	2.09	2.06	2.02	1.97	1.92	1.90	1.87	1.85	1.82	1.79	1.76
16	3.05	2.67	2.46	2.33	2.24	2.18	2.13	2.09	2.06	2.03	1.99	1.94	1.89	1.87	1.84	1.81	1.78	1.75	1.72
17	3.03	2.64	2.44	2.31	2.22	2.15	2.10	2.06	2.03	2.00	1.96	1.91	1.86	1.84	1.81	1.78	1.75	1.72	1.69
18	3.01	2.62	2.42	2.29	2.20	2.13	2.08	2.04	2.00	1.98	1.93	1.89	1.84	1.81	1.78	1.75	1.72	1.69	1.66
19	2.99	2.61	2.40	2.27	2.18	2.11	2.06	2.02	1.98	1.96	1.91	1.86	1.81	1.79	1.76	1.73	1.70	1.67	1.63

续表

n_2 \ n_1	1	2	3	4	5	6	7	8	9	10	12	15	20	24	30	40	60	120	∞
$\alpha=0.1$																			
20	2.97	2.59	2.38	2.25	2.16	2.09	2.04	2.00	1.96	1.94	1.89	1.84	1.79	1.77	1.74	1.71	1.68	1.64	1.61
21	2.96	2.57	2.36	2.23	2.14	2.08	2.02	1.98	1.95	1.92	1.87	1.83	1.78	1.75	1.72	1.69	1.66	1.62	1.59
22	2.95	2.56	2.35	2.22	2.13	2.06	2.01	1.97	1.93	1.90	1.86	1.81	1.76	1.73	1.70	1.67	1.64	1.60	1.57
23	2.94	2.55	2.34	2.21	2.11	1.05	1.99	1.95	1.92	1.89	1.84	1.80	1.74	1.72	1.69	1.66	1.62	1.59	1.55
24	2.93	2.54	2.33	2.19	2.10	2.04	1.98	1.94	1.91	1.88	1.83	1.78	1.73	1.70	1.67	1.64	1.61	1.57	1.53
25	2.92	2.53	2.32	2.18	2.09	2.02	1.97	1.93	1.89	1.87	1.82	1.77	1.72	1.69	1.66	1.63	1.59	1.56	1.52
26	2.91	2.52	2.31	2.17	2.08	2.01	1.96	1.92	1.88	1.86	1.81	1.76	1.71	1.68	1.65	1.61	1.58	1.54	1.50
27	2.90	2.51	2.30	2.17	2.07	2.00	1.95	1.91	1.87	1.85	1.80	1.75	1.70	1.67	1.64	1.60	1.57	1.53	1.49
28	2.89	2.50	2.29	2.16	2.06	2.00	1.94	1.90	1.87	1.84	1.79	1.74	1.69	1.66	1.63	1.59	1.56	1.52	1.48
29	2.89	2.50	2.28	2.15	2.06	1.99	1.93	1.89	1.86	1.83	1.78	1.73	1.68	1.65	1.62	1.58	1.55	1.51	1.47
30	2.88	2.49	2.28	2.14	2.05	1.98	1.93	1.88	1.85	1.82	1.77	1.72	1.67	1.64	1.61	1.57	1.54	1.50	1.46
40	2.84	2.44	2.23	2.09	2.00	1.93	1.87	1.83	1.79	1.76	1.71	1.66	1.61	1.57	1.54	1.51	1.47	1.42	1.38
60	2.79	2.39	2.18	2.04	1.95	1.87	1.82	1.77	1.74	1.71	1.66	1.60	1.54	1.51	1.48	1.44	1.40	1.35	1.29
120	2.75	2.35	2.13	1.99	1.90	1.82	1.77	1.72	1.68	1.65	1.60	1.55	1.48	1.45	1.41	1.37	1.32	1.26	1.19
∞	2.71	2.30	2.08	1.94	1.85	1.77	1.72	1.67	1.63	1.60	1.55	1.49	1.42	1.38	1.34	1.30	1.24	1.17	1.00
$\alpha=0.05$																			
1	161.4	199.5	215.7	224.6	230.2	234.0	236.8	238.9	240.5	241.9	243.9	245.9	248.0	249.1	250.1	251.1	252.2	253.3	254.3
2	18.51	19.00	19.16	19.25	19.30	19.33	19.35	19.37	19.38	19.40	19.41	19.43	19.45	19.45	19.46	19.47	19.48	19.49	19.50
3	10.13	9.55	9.28	9.12	9.01	8.94	8.89	8.85	8.81	8.79	8.74	8.70	8.66	8.64	8.62	8.59	8.57	8.55	8.53
4	7.71	6.94	6.59	6.39	6.26	6.16	6.09	6.04	6.00	5.96	5.91	5.86	5.80	5.77	5.75	5.72	5.69	5.66	5.63
5	6.61	5.79	5.41	5.19	5.05	4.95	4.88	4.82	4.77	4.74	4.68	4.62	4.56	4.53	4.50	4.46	4.43	4.40	4.36
6	5.99	5.14	4.76	4.53	4.39	4.28	4.21	4.15	4.10	4.06	4.00	3.94	3.87	3.84	3.81	3.77	3.74	3.70	3.67
7	5.59	4.74	4.35	4.12	3.97	3.87	3.79	3.73	3.68	3.64	3.57	3.51	3.44	3.41	3.38	3.34	3.30	3.27	3.23
8	5.32	4.46	4.07	3.84	3.69	3.58	3.50	3.44	3.39	3.35	3.28	3.22	3.15	3.12	3.08	3.04	3.01	2.97	2.93
9	5.12	4.26	3.86	3.63	3.48	3.37	3.29	3.23	3.18	3.14	3.07	3.01	2.94	2.90	2.86	2.83	2.79	2.75	2.71

续表

n_2 \ n_1	1	2	3	4	5	6	7	8	9	10	12	15	20	24	30	40	60	120	∞
										$\alpha=0.05$									
10	4.96	4.10	3.71	3.48	3.33	3.22	3.14	3.07	3.02	2.98	2.91	2.85	2.77	2.74	2.70	2.66	2.62	2.58	2.54
11	4.84	3.98	3.59	3.36	3.20	3.09	3.01	2.95	2.90	2.85	2.79	2.72	2.65	2.61	2.57	2.53	2.49	2.45	2.40
12	4.75	3.89	3.49	3.26	3.11	3.00	2.91	2.85	2.80	2.75	2.69	2.62	2.54	2.51	2.47	2.43	2.38	2.34	2.30
13	4.67	3.81	3.41	3.18	3.03	2.92	2.83	2.77	2.71	2.67	2.60	2.53	2.46	2.42	2.38	2.34	2.30	2.25	2.21
14	4.60	3.74	3.34	3.11	2.96	2.85	2.76	2.70	2.65	2.60	2.53	2.46	2.39	2.35	2.31	2.27	2.22	2.18	2.13
15	4.54	3.68	3.29	3.06	2.90	2.79	2.71	2.64	2.59	2.54	2.48	2.40	2.33	2.29	2.25	2.20	2.16	2.11	2.07
16	4.49	3.63	3.24	3.01	2.85	2.74	2.66	2.59	2.54	2.49	2.42	2.35	2.28	2.24	2.19	2.15	2.11	2.06	2.01
17	4.45	3.59	3.20	2.96	2.81	2.70	2.61	2.55	2.49	2.45	2.38	2.31	2.23	2.19	2.15	2.10	2.06	2.01	1.96
18	4.41	3.55	3.16	2.93	2.77	2.66	2.58	2.51	2.46	2.41	2.34	2.27	2.19	2.15	2.11	2.06	2.02	1.97	1.92
19	4.38	3.52	3.13	2.90	2.74	2.63	2.54	2.48	2.42	2.38	2.31	2.23	2.16	2.11	2.07	2.03	1.98	1.93	1.88
20	4.35	3.49	3.10	2.87	2.71	2.60	2.51	2.45	2.39	2.35	2.28	2.20	2.12	2.08	2.04	1.99	1.95	1.90	1.84
21	4.32	3.47	3.07	2.84	2.68	2.57	2.49	2.42	2.37	2.32	2.25	2.18	2.10	2.05	2.01	1.96	1.92	1.87	1.81
22	4.30	3.44	3.05	2.82	2.66	2.55	2.46	2.40	2.34	2.30	2.23	2.15	2.07	2.03	1.98	1.94	1.89	1.84	1.78
23	4.28	3.42	3.03	2.80	2.64	2.53	2.44	2.37	2.32	2.27	2.20	2.13	2.05	2.01	1.96	1.91	1.86	1.81	1.76
24	4.26	3.40	3.01	2.78	2.62	2.51	2.42	2.36	2.30	2.25	2.18	2.11	2.03	1.98	1.94	1.89	1.84	1.79	1.73
25	4.24	3.39	2.99	2.76	2.60	2.49	2.40	2.34	2.28	2.24	2.16	2.09	2.01	1.96	1.92	1.87	1.82	1.77	1.71
26	4.23	3.37	2.98	2.74	2.59	2.47	2.39	2.32	2.27	2.22	2.15	2.07	1.99	1.95	1.90	1.85	1.80	1.75	1.69
27	4.21	3.35	2.96	2.73	2.57	2.46	2.37	2.31	2.25	2.20	2.13	2.06	1.97	1.93	1.88	1.84	1.79	1.73	1.67
28	4.20	3.34	2.95	2.71	2.56	2.45	2.36	2.29	2.24	2.19	2.12	2.04	1.96	1.91	1.87	1.82	1.77	1.71	1.65
29	4.18	3.33	2.93	2.70	2.55	2.43	2.35	2.28	2.22	2.18	2.10	2.03	1.94	1.90	1.85	1.81	1.75	1.70	1.64
30	4.17	3.32	2.92	2.69	2.53	2.42	2.33	2.27	2.21	2.16	2.09	2.01	1.93	1.89	1.84	1.79	1.74	1.68	1.62
40	4.08	3.23	2.84	2.61	2.45	2.34	2.25	2.18	2.12	2.08	2.00	1.92	1.84	1.79	1.74	1.69	1.64	1.58	1.51
60	4.00	3.15	2.76	2.53	2.37	2.25	2.17	2.10	2.04	1.99	1.92	1.84	1.75	1.70	1.65	1.59	1.53	1.47	1.39
120	3.92	3.07	2.68	2.45	2.29	2.17	2.09	2.02	1.96	1.91	1.83	1.75	1.66	1.61	1.55	1.50	1.43	1.35	1.25
∞	3.84	3.00	2.60	2.37	2.21	2.10	2.01	1.94	1.88	1.83	1.75	1.67	1.57	1.52	1.46	1.39	1.32	1.22	1.00

续表

n_2 \ n_1	1	2	3	4	5	6	7	8	9	10	12	15	20	24	30	40	60	120	∞
										$\alpha=0.025$									
1	647.8	799.5	864.2	899.6	921.8	937.1	948.2	956.7	963.3	968.6	976.7	984.9	993.1	997.2	1001	1006	1010	1014	1018
2	38.51	39.00	39.17	39.25	39.30	39.33	39.36	39.37	39.39	39.40	39.41	39.43	39.45	39.46	39.46	39.47	39.48	39.40	39.50
3	17.44	16.04	15.44	15.10	14.88	14.73	14.62	14.54	14.47	14.42	14.34	14.25	14.17	14.12	14.08	14.04	13.99	13.95	13.90
4	12.22	10.65	9.98	9.60	9.36	9.20	9.07	8.98	8.90	8.84	8.75	8.66	8.56	8.51	8.46	8.41	8.36	8.31	8.26
5	10.01	8.43	7.76	7.39	7.15	6.98	6.85	6.76	6.68	6.62	6.52	6.43	6.33	6.28	6.23	6.18	6.12	6.07	6.02
6	8.81	7.26	6.60	6.23	5.99	5.82	5.70	5.60	5.52	5.46	5.37	5.27	5.17	5.12	5.07	5.01	4.96	4.90	4.85
7	8.07	6.54	5.89	5.52	5.29	5.12	4.99	4.90	4.82	4.76	4.67	4.57	4.47	4.42	4.36	4.31	4.25	4.20	4.14
8	7.57	6.06	5.42	5.05	4.82	4.65	4.53	4.43	4.36	4.30	4.20	4.10	4.00	3.95	3.89	3.84	3.78	3.73	3.67
9	7.21	5.71	5.08	4.72	4.48	4.23	4.20	4.10	4.03	3.96	3.87	3.77	3.67	3.61	3.56	3.51	3.45	3.39	3.33
10	6.94	5.46	4.83	4.47	4.24	4.07	3.95	3.85	3.78	3.72	3.62	3.52	3.42	3.37	3.31	3.26	3.20	3.14	3.08
11	6.72	5.26	4.63	4.28	4.04	3.88	3.76	3.66	3.59	3.53	3.43	3.33	3.23	3.17	3.12	3.06	3.00	2.94	2.88
12	6.55	5.10	4.47	4.12	3.89	3.73	3.61	3.51	3.44	3.37	3.28	3.18	3.07	3.02	2.96	2.91	2.85	2.79	2.72
13	6.41	4.97	4.35	4.00	3.77	3.60	3.48	3.39	3.31	3.25	3.15	3.05	2.95	2.89	2.84	2.78	2.72	2.66	2.60
14	6.30	4.86	4.24	3.89	3.66	3.50	3.38	3.29	3.21	3.15	3.05	2.95	2.84	2.79	2.73	2.67	2.61	2.55	2.49
15	6.20	4.77	4.15	3.80	3.58	3.41	3.29	3.20	3.12	3.06	2.96	2.86	2.76	2.70	2.64	2.59	2.52	2.46	2.40
16	6.12	4.69	4.08	3.73	3.50	3.34	3.22	3.12	3.05	2.99	2.89	2.79	2.68	2.63	2.57	2.51	2.45	2.38	2.32
17	6.04	4.62	4.01	3.66	3.44	3.28	3.26	3.06	2.98	2.92	2.82	2.72	2.62	2.56	2.50	2.44	2.38	2.32	2.25
18	5.98	4.56	3.95	3.61	3.38	3.22	3.10	3.01	2.93	2.87	2.77	2.67	2.56	2.50	2.44	2.38	2.32	2.26	2.19
19	5.92	4.51	3.90	3.56	3.33	3.17	3.05	2.96	2.88	2.82	2.72	2.62	2.51	2.45	2.39	2.33	2.27	2.20	2.13
20	5.87	4.46	3.86	3.51	3.29	3.13	3.01	2.91	2.84	2.77	2.68	2.57	2.46	2.41	2.35	2.29	2.22	2.16	2.09
21	5.83	4.42	3.82	3.48	3.25	3.09	2.97	2.87	2.80	2.73	2.64	2.53	2.42	2.37	2.31	2.25	2.18	2.11	2.04
22	5.79	4.38	3.78	3.44	3.22	3.05	2.73	2.84	2.76	2.70	2.60	2.50	2.39	2.33	2.27	2.21	2.14	2.08	2.00
23	5.75	4.35	3.75	3.41	3.18	3.02	2.90	2.81	2.73	2.67	2.57	2.47	2.36	2.30	2.24	2.18	2.11	2.04	1.97
24	5.72	4.32	3.72	3.38	3.15	2.99	2.87	2.78	2.70	2.64	2.54	2.44	2.33	2.27	2.21	2.15	2.08	2.01	1.94
25	5.69	4.29	3.69	3.35	3.13	2.97	2.85	2.75	2.68	2.61	2.51	2.41	2.30	2.24	2.18	2.12	2.05	1.98	1.91
26	5.66	4.27	3.67	3.33	3.10	2.94	2.82	2.73	2.65	2.59	2.49	2.39	2.28	2.22	2.16	2.09	2.03	1.95	1.88

续表

$n_2 \backslash n_1$	1	2	3	4	5	6	7	8	9	10	12	15	20	24	30	40	60	120	∞
									$\alpha=0.025$										
27	5.63	4.24	3.65	3.31	3.08	2.92	2.80	2.71	2.63	2.57	2.47	2.36	2.25	2.19	2.13	2.07	2.00	1.93	1.85
28	5.61	4.22	3.63	3.29	3.06	2.90	2.78	2.69	2.61	2.55	2.45	2.34	2.23	2.17	2.11	2.05	1.98	1.91	1.83
29	5.59	4.20	3.61	3.27	3.04	2.88	2.76	2.67	2.59	2.53	2.43	2.32	2.21	2.15	2.09	2.03	1.96	1.89	1.81
30	5.57	4.18	3.59	3.25	3.03	2.87	2.75	2.65	2.57	2.51	2.41	2.31	2.20	2.14	2.07	2.01	1.94	1.87	1.79
40	5.42	4.05	3.46	3.13	3.90	2.74	2.62	2.53	2.45	2.39	2.29	2.18	2.07	2.01	1.94	1.88	1.80	1.72	1.64
60	5.29	3.93	3.34	3.01	2.79	2.63	2.51	2.41	2.33	2.27	3.17	2.06	1.94	1.88	1.82	1.74	1.67	1.58	1.48
120	5.15	3.80	3.23	2.89	2.67	2.52	2.39	2.30	2.22	2.16	2.05	1.94	1.82	1.76	1.69	1.61	1.53	1.43	1.31
∞	5.02	3.69	3.12	2.79	2.57	2.41	2.29	2.19	2.11	2.05	1.94	1.83	1.71	1.64	1.57	1.48	1.39	1.27	1.00
									$\alpha=0.01$										
1	4052	4999.5	5403	5625	5764	5859	5928	5982	6022	6056	6106	6157	6209	6235	6261	6287	6313	6339	6366
2	98.50	99.00	99.17	99.25	99.30	99.33	99.36	99.37	99.39	99.40	99.42	99.43	99.45	99.46	99.47	99.47	99.48	99.49	99.50
3	34.12	30.82	29.46	28.71	28.24	27.91	27.67	27.49	27.35	27.23	27.05	26.87	26.69	26.60	26.50	26.41	26.32	26.22	26.13
4	21.20	18.00	16.69	15.98	15.52	15.21	14.98	14.80	14.66	14.55	14.37	24.20	14.02	13.93	13.84	13.75	13.65	13.56	13.46
5	16.26	13.27	12.06	11.39	10.97	10.67	10.46	10.29	10.16	10.05	9.89	9.72	9.55	9.47	9.38	9.29	9.20	9.11	9.02
6	13.75	10.93	9.78	9.15	8.75	8.47	8.26	8.10	7.98	7.87	7.72	7.56	7.40	7.31	7.23	7.14	7.06	6.97	6.88
7	12.25	9.55	8.45	7.85	7.46	7.19	6.99	6.84	6.72	6.62	6.47	6.31	6.16	6.07	5.99	5.91	5.82	5.74	5.65
8	11.26	8.65	7.59	7.01	6.63	6.37	6.18	6.03	5.91	5.81	5.67	5.52	5.36	5.28	5.20	5.12	5.03	4.95	4.86
9	10.56	8.02	6.99	6.42	6.06	5.80	5.61	5.47	5.35	5.26	5.11	4.96	4.81	4.73	4.65	4.57	4.48	4.40	4.31
10	10.04	7.56	6.55	5.99	5.64	5.39	5.20	5.06	4.94	4.85	4.71	4.56	4.41	4.33	4.25	4.17	4.08	4.00	3.91
11	9.65	7.21	6.22	5.67	5.32	5.07	4.89	4.74	4.63	4.54	4.40	4.25	4.10	4.02	3.94	3.86	3.78	3.69	3.60
12	9.33	6.93	5.95	5.41	5.06	4.82	4.64	4.50	4.39	4.30	4.16	4.01	3.86	3.78	3.70	3.62	3.54	3.45	3.36
13	9.07	6.70	5.74	5.21	4.86	4.62	4.44	4.30	4.19	4.10	3.96	3.82	3.66	3.59	3.51	3.43	3.34	3.25	3.17
14	8.86	6.51	5.56	5.04	4.69	4.46	4.28	4.14	4.03	3.94	3.80	3.66	3.51	3.43	3.35	3.27	3.18	3.09	3.00
15	8.68	6.36	5.42	4.89	4.56	4.32	4.14	4.00	3.89	3.80	3.67	3.52	3.37	3.29	3.21	3.13	3.05	2.96	2.87
16	8.53	6.23	5.29	4.77	4.44	4.20	4.03	3.89	3.78	3.69	3.55	3.41	3.26	3.18	3.10	3.02	2.93	2.84	2.75

续表

n_2 \ n_1	1	2	3	4	5	6	7	8	9	10	12	15	20	24	30	40	60	120	∞
										$\alpha=0.025$									
17	8.40	6.11	5.18	4.67	4.34	4.10	3.93	3.79	3.68	3.59	3.46	3.31	3.16	3.08	3.00	2.92	2.83	2.75	2.65
18	8.29	6.01	5.09	4.58	4.25	4.01	3.94	3.71	3.60	3.51	3.37	3.23	3.08	3.00	2.92	2.84	2.75	2.66	2.57
19	8.18	5.93	5.01	4.50	4.17	3.94	3.77	3.63	3.52	3.43	3.30	3.15	3.00	2.92	2.84	2.76	2.67	2.58	2.49
20	8.10	5.85	4.94	4.43	4.10	3.87	3.70	3.56	3.46	3.37	3.23	3.09	2.94	2.86	2.78	2.69	2.61	2.52	2.42
21	8.02	5.78	4.87	4.37	4.04	3.81	3.64	3.51	3.40	3.31	3.17	3.03	2.88	2.80	2.72	2.64	2.55	2.46	2.36
22	7.95	5.72	4.82	4.31	3.99	3.76	3.59	3.45	3.35	3.26	3.12	2.98	2.83	2.75	2.67	2.58	2.50	2.40	2.31
23	7.88	5.66	4.76	4.26	3.94	3.71	3.54	3.41	3.30	3.21	3.07	2.93	2.78	2.70	2.62	2.54	2.45	2.35	2.26
24	7.82	5.61	4.72	4.22	3.90	3.67	3.50	3.36	3.26	3.17	3.03	2.89	2.74	2.66	2.58	2.49	2.40	2.31	2.21
25	7.77	5.57	4.68	4.18	3.85	3.63	3.46	3.32	3.22	3.13	2.99	2.85	2.70	2.62	2.54	2.45	2.36	2.27	2.17
26	7.72	5.53	4.64	4.14	3.82	3.59	3.42	3.29	3.18	3.09	2.96	2.81	2.66	2.58	2.50	2.42	2.33	2.23	2.13
27	7.68	5.49	4.60	4.11	3.78	3.56	3.39	3.26	3.15	3.06	2.93	2.78	2.63	2.55	2.47	2.38	2.29	2.20	2.10
28	7.64	5.45	4.57	4.07	3.75	3.53	3.36	3.23	3.12	3.03	2.90	2.75	2.60	2.52	2.44	2.35	2.26	2.17	2.06
29	7.60	5.42	4.54	4.04	3.73	3.50	3.33	3.20	3.09	3.00	2.87	2.73	2.57	2.49	2.41	2.33	2.23	2.14	2.03
30	7.56	5.39	4.51	4.02	3.70	3.47	3.30	3.17	3.07	2.98	2.84	2.70	2.55	2.47	2.39	2.30	2.21	2.11	2.01
40	7.31	5.18	4.31	3.83	3.51	3.29	3.12	2.99	2.89	2.80	2.66	2.52	2.37	2.29	2.20	2.11	2.02	1.92	1.80
60	7.08	4.98	4.13	3.65	3.34	3.12	2.95	2.82	2.72	2.63	2.50	2.35	2.20	2.12	2.03	1.94	1.84	1.73	1.60
120	6.85	4.79	3.95	3.48	3.17	2.96	2.79	2.66	2.56	2.47	2.34	2.19	2.03	1.95	1.86	1.76	1.66	1.53	1.38
∞	6.63	4.61	3.78	3.32	3.02	2.80	2.64	2.51	2.41	2.32	2.18	2.04	1.88	1.79	1.70	1.59	1.47	1.32	1.00

附表 B-5　符号检验表

n \ α	0.01	0.025	0.05	0.1	0.25	n \ α	0.01	0.025	0.05	0.1	0.25
1						46	13	14	15	16	18
2						47	14	15	16	17	19
3						48	14	15	16	17	19
4						49	15	16	17	18	19
5						50	15	16	17	18	20
6					1	51	15	17	18	19	20
7					1	52	16	17	18	19	21
8				1	1	53	16	17	18	20	21
9			1	1	2	54	17	18	19	20	22
10		1	1	1	2	55	17	18	19	20	22
11		1	1	2	3	56	17	19	20	21	23
12	1	1	2	2	3	57	18	19	20	21	23
13	1	2	2	3	3	58	18	20	21	22	24
14	1	2	2	3	4	59	19	20	21	22	24
15	2	2	3	3	4	60	19	20	21	23	25
16	2	3	3	4	5	61	20	21	22	23	25
17	2	3	4	4	5	62	20	21	22	24	25
18	3	3	4	5	6	63	20	22	23	24	26
19	3	4	4	5	6	64	21	22	23	24	26
20	3	4	5	5	6	65	21	23	24	25	27
21	4	4	5	6	7	66	22	23	24	25	27
22	4	5	5	6	7	67	22	23	25	26	28
23	4	5	6	7	8	68	22	24	25	26	28
24	5	6	6	7	8	69	23	24	25	27	29
25	5	6	7	7	9	70	23	25	26	27	29
26	6	6	7	8	9	71	24	25	26	28	30
27	6	7	7	8	10	72	24	26	27	28	30
28	6	7	8	9	10	73	25	26	27	28	31
29	7	8	8	9	10	74	25	26	28	29	31
30	7	8	9	10	11	75	25	27	28	29	32
31	7	8	9	10	11	76	26	27	28	30	32
32	8	9	9	10	12	77	26	28	29	30	32
33	8	9	10	11	12	78	27	28	29	31	33
34	9	10	10	11	13	79	27	29	30	31	33
35	9	10	11	12	13	80	28	29	30	32	34
36	9	10	11	12	14	81	28	29	31	32	34
37	10	11	12	13	14	82	28	30	31	33	35
38	10	11	12	13	14	83	29	30	32	33	35
39	11	12	12	13	15	84	29	31	32	33	36
40	11	12	13	14	15	85	30	31	32	34	36
41	11	12	13	14	16	86	30	32	33	34	37
42	12	13	14	15	16	87	31	32	33	35	37
43	12	13	14	15	17	88	31	33	34	35	38
44	13	14	15	16	17	89	31	33	34	36	38
45	13	14	15	16	18	90	32	33	35	36	39

附表 B-6　秩和检验表

$$P\{T<t_{\alpha}(n,m)\}=\alpha,\quad n\leqslant m$$

n	m	α											
		0.005	0.01	0025	0.05	0.1	0.2	0.8	0.9	0.95	0.975	0.99	0.995
4	4	10	11	13	14	22	23	25	26				
	5	10	11	12	14	15	25	26	28	29	30		
	34	6	10	11	12	13	15	17	27	29	31	32	33
	7	10	11	13	14	16	18	30	32	34	35	37	38
	8	11	12	14	15	17	20	32	35	37	38	40	41
	9	11	13	14	16	19	21	35	37	40	42	43	45
	10	12	13	15	17	20	23	37	40	43	45	47	48
	11	12	14	16	18	21	24	40	43	46	48	50	52
	12	13	15	17	19	22	26	42	46	49	51	53	55
5	5	15	16	17	19	20	22	33	35	36	38	39	40
	6	16	17	18	20	22	24	36	38	40	42	43	44
	7	16	18	20	21	23	26	39	42	44	45	47	49
	8	17	19	21	23	25	28	42	45	47	49	51	53
	9	18	20	22	24	27	30	45	48	51	53	55	57
	10	19	21	23	26	28	32	48	52	54	57	59	61
	11	20	22	24	27	30	34	51	55	58	61	63	65
	12	21	23	26	28	32	36	54	58	62	64	67	69
6	6	23	24	26	28	30	33	45	48	50	52	54	55
	7	24	25	27	29	32	35	49	52	55	57	59	60
	8	25	27	29	31	34	37	53	56	59	61	63	65
	9	26	28	31	33	36	40	56	60	63	65	68	70
	10	27	29	32	35	38	42	60	64	67	70	73	75
	11	28	30	34	37	40	44	64	68	71	74	78	80
	12	30	32	35	38	42	47	67	72	76	79	82	84
7	7	32	34	36	39	41	45	60	64	66	69	71	
	8	34	35	38	41	44	48	64	68	71	74	77	78
	9	35	37	40	43	46	50	69	73	76	79	82	84
	10	37	39	42	45	49	53	73	77	81	84	87	89
	11	38	40	44	47	51	56	77	82	86	89	93	95
	12	40	42	46	49	54	59	81	86	91	94	98	100
8	8	43	45	49	51	55	59	77	81	85	87	91	93
	9	45	47	51	54	58	62	82	86	90	93	97	99
	10	47	49	53	56	60	65	87	92	96	99	103	105
	11	49	51	55	59	63	69	91	97	101	105	109	111
	12	51	53	58	62	66	72	96	102	106	110	115	117
9	9	56	59	62	66	70	75	96	101	105	109	112	115
	10	58	61	65	69	73	78	102	107	111	115	119	122
	11	61	63	68	72	76	82	107	113	117	121	126	128
	12	63	66	71	75	80	86	112	118	123	127	132	135
10	10	71	74	78	82	87	93	117	123	128	132	136	139
	11	73	77	81	86	91	97	123	129	134	139	143	147
	12	76	79	84	89	94	101	129	136	141	146	151	154
11	11	87	91	96	100	106	112	141	147	153	157	162	166
	12	90	94	99	104	110	117	147	154	160	165	170	174
12	12	105	109	115	120	127	134	166	173	180	185	191	195